云计算技术实践系列丛书

DevOps with Kubernetes

Accelerating software delivery with container orchestrators

基于Kubernetes的DevOps实践
容器加速软件交付

[日] Hideto Saito　[加] Hui-Chuan Chloe Lee　Cheng-Yang Wu 著◎

史 天　肖 力　刘志红 译◎

电子工业出版社

Publishing House of Electronics Industry

北京·BEIJING

内 容 简 介

容器化被认为是实现 DevOps 的最佳方式。谷歌开发了 Kubernetes，它有效地协调容器，被认为是容器编排的领跑者。Kubernetes 是一个编排器，可以在服务集群上创建和管理容器。本书将指导管理 Kubernetes 集群，然后学习如何在 DevOps 中监控、记录日志和持续部署。

本书将介绍 DevOps 和容器的基本概念，部署和将应用程序容器化，并介绍 Kubernetes 中的网络和存储。然后，使用先进的 DevOps 技能，如通过基于属性的访问控制和基于角色的访问控制，监控、记录和连续引入 Kubernetes 资源的权限控制。本书还涵盖部署和管理 Amazon Web Services 和 Google Cloud Platform 相关内容。最后，讨论了其他编排框架，如 Docker Swarm 模式、Amazon ECS 和 Apache Mesos。

Copyright © Packt Publishing 2017. First published in the English language under the title 'DevOps with kubernetes'-(9781788396646).

本书简体中文版专有翻译出版权由 Packt Publishing 授予电子工业出版社。
版权贸易合同登记号　图字：01-2018-3990

图书在版编目（CIP）数据

基于 Kubernetes 的 DevOps 实践：容器加速软件交付 /（日）希迪托·佐藤（Hideto Saito）等著；史天，肖力，刘志红译. —北京：电子工业出版社，2019.7
（云计算技术实践系列丛书）
书名原文：DevOps with Kubernetes: Accelerating software delivery with container orchestrators
ISBN 978-7-121-36570-6

Ⅰ.①基… Ⅱ.①希… ②史… ③肖… ④刘… Ⅲ.①云计算—研究 Ⅳ.①TP393.027

中国版本图书馆 CIP 数据核字（2019）第 092767 号

责任编辑：刘志红　　　特约编辑：李　姣
印　　刷：北京盛通商印快线网络科技有限公司
装　　订：北京盛通商印快线网络科技有限公司
出版发行：电子工业出版社
　　　　　北京市海淀区万寿路 173 信箱　邮编　100036
开　　本：787×980　1/16　印张：19.5　字数：437 千字
版　　次：2019 年 7 月第 1 版
印　　次：2023 年 7 月第 8 次印刷
定　　价：108.00 元

凡所购买电子工业出版社图书有缺损问题，请向购买书店调换。若书店售缺，请与本社发行部联系，联系及邮购电话：（010）88254888，88258888。
质量投诉请发邮件至 zlts@phei.com.cn，盗版侵权举报请发邮件至 dbqq@phei.com.cn。
本书咨询联系方式：（010）88254479，lzhmails@phei.com.cn。

译者序

随着技术的不断进步，软件交付方式经过三个阶段。第一阶段是以光盘为代表的实物交付方式，第二阶段是基于互联网的电子交付方式，第三阶段是以云计算为基础的在线交付。软件交付的周期也越来越短，同时应用程序的规模越来越大，随着 DevOps 解决方案应运而生，DevOps 以持续快速发布为目标，致力于通过发布流水线支持持续的软件构建和交付。

容器的出现，巧妙地解决了应用程序隔离的问题，Kubernetes 进一步释放了容器的能力。DevOps 的理念已经深入人心，Kubernetes 更是热度不减，并且走向成熟。容器的出现加速了 DevOps 的落地，Kubernetes 让容器管理更便捷。随着技术的发展，在 Kubernetes 之上构建 DevOps 无疑是正确甚至是最佳选择之一。

本书主要介绍在 Kubernetes 之上构建 DevOps 的最佳实践，先介绍了 DevOps 和 Kubernetes 的基本知识，然后介绍了在 Kubernetes 之上构建 DevOps 常见场景的最佳实践，包括存储、网络和安全、监控和日志记录、持续交付、集群管理，以及 AWS 和 GCP 上的 Kubernetes 使用。通过阅读本书，有助于提高软件交付自动化，缩短软件交付时间。

本书注重实践，是不可多得的在 Kubernetes 之上构建 DevOps 的参考手册。相信通过阅读本书，可以带给读者不少启发，节省不少实际中摸索的时间。另外，由于译者水平有限，虽然经过了反复核对，仍然难免有错误的地方，恳请各位读者指正。

关于作者

Hideto Saito 在计算机行业拥有约 20 年的经验。1998 年，在日本 SUN Microsystems 工作期间，他对 Solaris OS、OPENSTEP 和 Sun Ultra Enterprise 10000（即 StarFire）有深入研究，是 UNIX 和 MacOS X 操作系统拥护者。

2006 年，他搬到南加州，作为一名软件工程师开发在 Linux 和 MacOS X 上运行的产品和服务。以快速地 Objective-C 编码而闻名。

Hui-Chuan Chloe Lee 是 DevOps 拥护者和软件开发者。她在软件行业从业已超过 5 年。作为技术爱好者，她喜欢学习新技术，这让她的生活更快乐和充实。她喜欢阅读、旅行，与爱人共度时光。

Cheng-Yang Wu 自从获得中国台湾大学计算机科学硕士学位以来，一直致力于解决基础设施和系统可靠性问题。他的懒惰促使他掌握 DevOps 技能，最大限度地提高了工作效率，然后挤出时间以编写代码为乐趣。他喜欢烹饪，因为就像使用软件一样——完美的菜肴总是需要精心的调制。

关于审稿者

Guang Ya Liu 是 IBM CSL 的高级软件架构师,现在专注于云计算、数据中心操作系统和容器技术,他也是 IBM 技术学院的成员。他曾经是 2015—2017 年的 OpenStack Magnum 核心成员,现在担任 Kubernetes 会员、Apache Mesos 委员和 PMC 会员。Guang Ya 还是 Mesos、Kubernetes 和 OpenStack 西安 Meetup 的组织者,并成功为中国的开源项目举办了多次 Meetup。他拥有两项与云相关的美国专利,以及六项知识产权。更多内容可以参考他的 GitHub 主页:`https://github.com/gyliu513`。

前　言

本书带领你开启 DevOps、容器和 Kubernetes 基本概念和实用技能的学习之旅。

本书涉及的内容

第 1 章，DevOps 简介。介绍从过去到今天 DevOps 的演变过程，以及应该了解的 DevOps 工具。在过去几年中，对具有 DevOps 技能的工程师的需求一直在快速增长。它加快了软件开发和交付速度，也有助于提高业务灵活性。

第 2 章，DevOps 和容器。帮助人们学习容器基础知识和容器编排，随着微服务的发展，容器因与语言无关的隔离性而成为 DevOps 的必备便捷工具。

第 3 章，Kubernetes 入门。探讨了 Kubernetes 中的关键组件和 API 对象，以及如何在 Kubernetes 集群中部署和管理容器。Kubernetes 通过许多"杀手级"功能，例如，弹性扩展、挂载存储系统、服务发现，极大地减少了容器编排的工作量。

第 4 章，存储与资源管理。介绍了卷管理，以及 Kubernetes 中的 CPU 和内存管理。集群中的容器存储管理通常是一个难点。

第 5 章，网络与安全。介绍了如何允许入站连接访问 Kubernetes 服务，以及默认网络如何在 Kubernetes 中工作。从外部访问服务是业务需求所必需的。

第 6 章，监控与日志。介绍如何使用 Prometheus 监控应用程序、容器和节点资源使用情况。介绍了如何从应用程序中收集日志，以及如何在 Kubernetes 中使用 Elasticsearch、Fluentd 及 Kibana 堆栈。确保服务正常运行是 DevOps 的主要职责之一。

第 7 章，持续交付。介绍了如何使用 GitHub/Docker Hub/TravisCI 构建持续发布流水线，还介绍了如何管理更新，消除滚动更新时可能产生的影响，并防止可能发生的故障。持续交付是一种加快产品上市的方法。

第 8 章，集群管理。介绍如何使用 Kubernetes 命名空间和资源配额解决资源管理的问题，以及如何在 Kubernetes 中进行访问控制。为 Kubernetes 集群设置管理边界和访问控制对 DevOps 至关重要。

第 9 章，AWS 上的 Kubernetes。介绍了 AWS 各项服务，并展示了如何在 AWS 上配置 Kubernetes。AWS 是目前最受欢迎的公有云，它为全球基础设施带来了灵活性和敏捷性。

第 10 章，GCP 上的 Kubernetes。帮助你了解 GCP 和 AWS 之间的区别，以及从

Kubernetes的角度来看在托管服务中运行容器化应用程序的好处。*谷歌容器引擎(Google Container Engine)是GCP平台上Kubernetes的托管环境。

第11章，未来探究。介绍了其他一些类似的容器编排技术，如Docker Swarm、Amazon ECS和Apache Mesos，你将从中了解哪种方法最适合自己的业务。Kubernetes是开源项目。本章将介绍如何与Kubernetes社区联系，以参考社区中其他人的思路。

运行本书代码的环境准备

本书将介绍如何借助macOS和公有云(AWS和GCP)使用Docker容器和Kubernetes进行软件开发和交付的方法。你需要安装minikube、AWS CLI和Cloud SDK，以便运行本书中提供的示例代码。

谁适合阅读本书

本书面向具有一定软件开发经验的DevOps专业人员，探索扩展、自动化和缩短软件上市交付时间。

约定

在本书中，你将找到许多区分不同类型信息的文本样式。以下是这些样式的一些示例，以及它们的含义说明。

代码文本、数据库表名、文件夹名、文件名、文件扩展名、路径名、虚拟URL、用户输入和Twitter样式如下所示："将下载的WebStorm-10*.dmg磁盘镜像文件作为另一个磁盘装入你的系统。"

命令行输入或输出参照如下形式：

```
$ sudo yum -y -q install nginx
$ sudo /etc/init.d/nginx start Starting nginx:
```

新术语和**重要内容**以粗体显示。在屏幕上看到的单词(例如，在菜单或对话框中)会以后述方式出现在文本中："本书中的快捷方式基于**Mac OS X 10.5+操作系统**。"

> 警告或重要说明。

> 提示和技巧。

读者反馈

欢迎来自读者的反馈。让我们知道你对本书的看法——你喜欢或不喜欢的内容。读

---

*译者注：AWS也提供Kubernetes的托管服务EKS(Amazon Elastic Container Service for Kubernetes)，于2018年5月正式推出，是在本书原著撰写之后。

者反馈对我们很重要，因为它可以帮助我们开发那些可以真正帮助你获得收益的内容。

向我们发送一般反馈，请发送电子邮件至 lzhmails@phei.com.cn，并在邮件主题中提及该书的标题。如果你有相关专业知识，并且有兴趣撰写书籍，请参阅本书后附的《选题申报表》，并与我们取得联系。

客户支持

作为 Packt 书籍读者，通过客户支持可以帮助用户获得最大收益。

示例代码下载

读者可以从 http://www.packtpub.com 下载此书的示例代码。如果你在其他地方购买了本书，可以访问 http://www.packtpub.com/support 并注册，以方便我们将文件直接通过电子邮件发送给你。你可以按照以下步骤下载代码文件：

1. 使用你的电子邮件地址和密码在网站登录或注册。
2. 将鼠标指针悬停在顶部的"SUPPORT"选项卡上。
3. 单击"Code Downloads & Errata"。
4. 在"Search"框中输入图书的名称。
5. 选择你要下载代码文件的书籍。
6. 从下拉菜单中选择你购买的书。
7. 单击"Code Download"。

下载文件后，请确保使用最新版本解压缩文件夹：
- Windows 上的 WinR5AR / 7-Zip
- Mac 上的 Zipeg / iZip / UnRarX for
- Linux 上的 7-Zip / PeaZip

本书的代码包托管在 GitHub 上，网址为：https://github.com/PacktPublishing/DevOpswithKubernetes。还有来自其他书籍的视频代码包，可通过 https://github.com/PacktPublishing/获得。去看一下吧！

下载本书的彩色图片

我们还为你提供了一个 PDF 文件，包含本书中使用的屏幕截图/图表的彩色图片。彩色图片将帮助读者更好地了解输出的变化。你可以从下面的地址下载此文件：

https://www.packtpub.com/sites/default/files/downloads/DevOpswithKubernetes_ColorImages.pdf。

勘误表

虽然我们已经尽力确保内容的准确性，但仍难免发生错误。如果你在本书中发现了错误，可能是文本或代码的错误，请向我们报告，我们将非常感激。这样做你可以帮助其他读者，并帮助我们改进本书的后续版本。如果你发现任何勘误，请访问 http://www.packtpub.com/submit-errata，选择相应的图书，点击 Errata Submission Form 链接，然后输入勘误的详细信息。一旦勘误得到验证，你的提交将被接受，勘误将上传到网站，或添加到该标题的勘误部分下的勘误表中。

要查看以前提交的勘误，请转到 https://www.packtpub.com/books/content/support，并在搜索字段中输入该书的名称。勘误信息将显示在 Errata 部分。

盗版行为

互联网上受版权保护的资料被盗版一直是媒体持续关注的问题。在 Packt，我们非常重视保护我们的版权。如果你在互联网上发现我们作品的任何非法副本，请立即向我们提供地址或网站名称，以便我们寻求补救措施。请通过 copyright@packtpub.com （或 dbqq@phei.com.cn）与我们联系，并提供可疑盗版资料的链接。

我们非常感谢你在帮助我们打击盗版行为上提供的帮助。

问题反馈

如果你对本书的任何方面有疑问，可以通过 lzhmails@phei.com.cn 与我们联系，我们将尽力解决。

目 录

1 DevOps 简介 ··· 001
软件交付的挑战 ·· 001
瀑布模型和实物交付 ·· 001
敏捷模型和电子交付 ·· 002
云端的软件交付 ··· 002
持续集成 ·· 003
持续交付 ·· 003
配置管理 ··· 004
基础设施即代码 ··· 004
编排 ·· 005
微服务趋势 ·· 005
模块化编程 ··· 006
包管理 ·· 006
MVC 设计模型 ··· 008
单体架构应用程序 ·· 009
远程过程调用 ·· 009
RESTful 设计 ·· 010
微服务 ·· 011
自动化工具 ·· 012
持续集成工具 ·· 012
持续交付工具 ·· 013
监控和日志工具 ··· 016
沟通工具 ·· 018
公有云 ·· 019
总结 ·· 021

2　DevOps 与容器 · · · · · · 022
了解容器 · · · · · · 022
资源隔离 · · · · · · 022
Linux 容器概念 · · · · · · 023
容器交付 · · · · · · 027
容器入门 · · · · · · 027
在 Ubuntu 上安装 Docker · · · · · · 028
在 CentOS 上安装 Docker · · · · · · 028
在 macOS 上安装 Docker · · · · · · 029
容器生命周期 · · · · · · 029
Docker 基础 · · · · · · 029
层、镜像、容器和卷 · · · · · · 031
分发镜像 · · · · · · 033
连接容器 · · · · · · 035
使用 Dockerfile · · · · · · 037
编写第一个 Dockerfile · · · · · · 037
Dockerfile 语法 · · · · · · 039
组织 Dockerfile · · · · · · 043
多容器编排 · · · · · · 045
容器堆积 · · · · · · 045
Docker Compose 概述 · · · · · · 046
组合容器 · · · · · · 047
总结 · · · · · · 050

3　Kubernetes 入门 · · · · · · 051
理解 Kubernetes · · · · · · 051
Kubernetes 组件 · · · · · · 052
Master 组件 · · · · · · 052
节点组件 · · · · · · 053
Master 与节点通信 · · · · · · 054
开始使用 Kubernetes · · · · · · 054
准备环境 · · · · · · 055
kubectl · · · · · · 057
Kubernetes 资源 · · · · · · 058
Kubernetes 对象 · · · · · · 058
容器编排 · · · · · · 095

总结 103

4 存储与资源管理 104
Kubernetes 卷管理 104
容器卷生命周期 104
Pod 内共享卷 106
无状态和有状态应用程序 106
Kubernetes 持久卷和动态配置 108
持久卷抽象层声明 109
动态配置和存储类型 111
临时存储和永久存储配置案例 113
使用状态集（StatefulSet）管理具有持久卷的 Pod 116
持久卷示例 118
Elasticsearch 集群 118
Kubernetes 资源管理 122
资源服务质量（QoS） 122
配置 BestEffort Pod 125
配置 Guaranteed Pod 127
配置 Burstable Pod 128
资源使用监控 130
总结 132

5 网络与安全 133
Kubernetes 网络 133
Docker 网络 133
容器间通信 136
Pod 间通信 138
同一节点内 Pod 间通信 138
跨节点 Pod 间通信 139
Pod 与服务间通信 141
外部与服务通信 144
Ingress 145
网络策略 150
总结 153

6 监控与日志 154
容器检查 154
Kubernetes 仪表盘 155

- 监控 Kubernetes ··· 156
  - 应用程序 ··· 156
  - 主机 ··· 157
  - 外部资源 ··· 157
  - 容器 ··· 158
  - Kubernetes ··· 158
  - Kubernetes 监控要点 ·· 159
- 监控实践 ··· 161
  - Prometheus 介绍 ·· 161
  - 部署 Prometheus ·· 162
  - 使用 PromQL ·· 162
  - Kubernetes 目标发现 ·· 163
  - 从 Kubernetes 收集数据 ··· 165
  - 使用 Grafana 查看指标 ··· 166
- 日志 ··· 167
  - 日志聚合模式 ··· 168
    - 节点代理方式收集日志 ··· 168
    - Sidecar 容器方式转发日志 ·· 169
  - 获取 Kubernetes 事件 ··· 170
  - Fluentd 和 Elasticsearch 日志 ··· 171
- 从日志中提取指标 ··· 172
- 总结 ··· 173

7 持续交付

- 资源更新 ··· 174
  - 触发更新 ··· 174
  - 管理滚动更新 ··· 176
  - 更新 DaemonSet 和 StatefulSet ·· 178
    - DaemonSet ·· 178
    - StatefulSet ·· 179
- 构建交付管道 ··· 180
  - 工具选择 ··· 180
    - 过程解析 ··· 181
- 深入解析 Pod ··· 185
  - 启动 Pod ··· 186
    - Liveness 和 Readiness 探针 ··· 186

/ XIV /

初始化容器 ··188
　　终止 Pod ··189
　　　处理 SIGTERM ··189
　　容器生命周期钩子 ··192
　　放置 Pod ··193
总结 ··194

8 集群管理 ··196
Kubernetes 命名空间 ··196
　默认命名空间 ··197
　创建命名空间 ··197
　　上下文 ··198
资源配额 ··199
　创建资源配额 ··200
　　请求具有默认计算资源限制的 Pod ··202
　删除命名空间 ··203
Kubeconfig ··204
服务账户 ··205
认证与授权 ··206
　认证 ··207
　　服务账户认证 ··207
　　用户账户认证 ··207
　授权 ··209
　基于属性的访问控制（ABAC）··209
　基于角色的访问控制（RBAC）··210
　　角色和集群角色 ··210
　　角色绑定和集群角色绑定 ··212
准入控制 ··213
　命名空间生命周期（NamespaceLifecycle）··214
　范围限制（LimitRanger）··214
　服务账户（Service account）··214
　持久卷标签（PersistentVolumeLabel）··214
　默认存储类型（DefaultStorageClass）··214
　资源配额（ResourceQuota）··214
　默认容忍时间（DefaultTolerationSeconds）··215
　　污点（taint）和容忍（toleration）··215

Pod 节点选择器（PodNodeSelector） ································216
　　　始终准许（AlwaysAdmit） ···216
　　　始终拉取镜像（AlwaysPullImages） ·······································217
　　　始终拒绝（AlwaysDeny） ···217
　　　拒绝升级执行（DenyEscalatingExec） ····································217
　　　其他准入插件 ··217
　总结 ··217

9　AWS 上的 Kubernetes ···218
　AWS 简介 ···218
　　公有云 ···219
　　API 和基础设施即代码 ··219
　　AWS 组件 ···220
　　　VPC 和子网 ··220
　　　互联网网关和 NAT-GW ···222
　　　安全组 ···226
　　　EC2 和 EBS ··227
　　　Route 53 ··232
　　　ELB ··234
　　　S3 ··236
　在 AWS 上安装和配置 Kubernetes ··237
　　安装 kops ···238
　　运行 kops ···238
　　Kubernetes 云提供商 ··240
　　　L4 负载均衡 ··240
　　　L7 负载均衡（Ingress） ··242
　　　存储类型（StorageClass） ···245
　　通过 kops 维护 Kubernetes 集群 ···246
　总结 ··248

10　GCP 上的 Kubernetes ··249
　GCP 简介 ···249
　　GCP 组件 ···250
　　　VPC ···250
　　　子网 ···251
　　　防火墙规则 ··252
　　　VM 实例 ···253

/ XVI /

　　　　负载均衡···257
　　　　持久化磁盘···262
　Google 容器引擎（GKE）··264
　　　在 GKE 上设置第一个 Kubernetes 集群··························265
　　　节点池···267
　　　多区域集群···270
　　　集群升级··271
　　Kubernetes 云提供商··273
　　　　存储类型（StorageClass）···································273
　　　　L4 负载均衡··275
　　　　L7 负载均衡（Ingress）·····································276
　　总结···280
11　未来探究···281
　　探索 Kubernetes 的可能性·······································281
　　　掌握 Kubernetes··281
　　　　Job 和 CronJob···282
　　　　Pod 和节点之间的亲和性与反亲和性··························282
　　　　Pod 的自动伸缩··282
　　　　防止和缓解 Pod 中断·······································282
　　　　Kubernetes 集群联邦（federation）··························283
　　　　集群附加组件··283
　　　Kubernetes 和社区··284
　　　　Kubernetes 孵化器··284
　　　　Helm 和 chart··285
　　未来基础设施··287
　　　Docker Swarm 模式··287
　　　Amazon Elastic Container Service······························288
　　　Apache Mesos···289
　　总结···290
读者调查表···291
电子工业出版社编著书籍推荐表···································293
反侵权盗版声明···294

DevOps 简介

软件交付周期越来越短，与此同时，应用程序的规模越来越大，软件开发工程师和运维工程师面临寻找解决方案的压力。然后，一个叫 DevOps 的新角色诞生了，它致力于支持软件的持续构建和交付。

本章包含以下内容：
- 软件交付方法是如何演进的？
- 什么是微服务？为什么要采取这个架构？
- DevOps 如何支持应用程序的构建，并将其交付给用户？

软件交付的挑战

如何构建计算机应用程序并且交付给用户，一直以来都是被不断讨论的话题，并且随着时间的推移不断发展。它和软件开发周期（Software Development Life Cycle，SDLC）息息相关，这里将介绍几种常见类型的流程、方法和历史。在本章中，我们将介绍这个发展过程。

瀑布模型和实物交付

退回到 20 世纪 90 年代，软件交付采用**实物**方式，比如软盘、硬盘或者光盘。因此，SDLC 是一个非常长的周期，因为整个过程并不简单。

在这个阶段，主要的软件开发模型是**瀑布模型**，该模型包含需求、设计、实施、验证、维护阶段，如下图所示。

这种情况下，我们不能从一个阶段返回到上一个阶段。例如，在开始或者结束**实施**阶段后，返回**设计**阶段（例如查找技术可扩展性问题）是不可接受的。这是因为它

基于Kubernetes的DevOps实践
容器加速软件交付

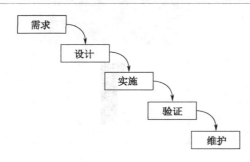

会影响到整体进度和成本。项目趋于继续向前并完成发布，然后进入下一个发布周期，包括新的设计。

这种方式和实物交付完美匹配，因为它需要与制作与交付软盘/CD-ROM 给用户的物流管理协调一致。瀑布模型和实物交付通常需要很长时间，一般是一年到几年。

敏捷模型和电子交付 ●●●●

几年之后，互联网被广泛接受，随之软件交付从实物转变成电子交付，比如在线下载。因此，许多软件公司（也称为 dot-com 网络公司）试图找出如何缩短 SDLC 流程，以交付能够击败竞争对手的软件。

许多开发者开始采用新的方法，比如增量、迭代和敏捷模型，以便更快地交付给用户。即使发现了新的错误，现在也可以更容易地通过电子交付给用户更新和打补丁。微软也从 Windows 98 开始引入 Windows update 更新。

在这种情况下，软件开发者只需要写很少的逻辑和模块，而不是一次性编写整个应用程序。然后交付给质量保证工程师（QA），接着开发者可以继续添加新模块，最后再将其交付给质量保证工程师（QA）。

当所需的模块或功能准备就绪时，它将会被发布，如下图所示。

该模型使 SDLC 循环和软件交付更快，并且在此过程中也易于调整，因为循环一般持续几周到几个月，这个周期足以进行快速调整。

尽管敏捷模型目前受到大多数人的喜爱，但在当时应用软件交付意味着软件二进制文件，例如 EXE 程序，被设计用于在客户的 PC 上安装和运行。另一方面，基础设施（例如服务器和网络）是静态的，并且需要事先设置好。因此，SDLC 的范围不倾向于涉及这些基础设施。

云端的软件交付 ●●●●

几年之后，智能手机（例如 iPhone）和无线技术（例如 Wi-Fi 和 4G 网络）被广泛接受，软件应用程序也从二进制转变为在线服务，网络浏览器是应用程序软件的交互界面，客户不再需要安装应用程序。另外一方面，基础设施转变为动态的，因为应用程序需求不断变化，并且容量也需要持续增长。

虚拟化技术和**软件定义网络（SDN）**使服务器更加动态化。现在，像 **Amazon Web**

Services（AWS）和 Google Cloud Platform（GCP）这样的云服务，可以轻松创建和管理动态基础设施。

现在，基础设施被纳入软件开发交付周期的范围，并且是重要的组件之一，因为应用程序被安装并且运行在服务器上，而不再是客户的 PC 机上。因此，软件和服务交付周期缩短为几天到几周。

持续集成 ●●●

如上文所述，软件交付环境不断变化，交付周期也越来越短。为了实现更高质量的快速交付，开发者和 QA 开始采用一些自动化技术。其中一项流行的自动化技术就是**持续集成**（Continuous Integration，CI），CI 包含一系列工具的组合，例如**版本控制系统**（Version Control Systems，VCS）、**构建服务器和自动化测试工具**。

VCS 帮助开发者在中心服务器上维护程序源代码。它阻止开发者的代码被覆盖或者和其他开发者的代码冲突，并且可以保留历史记录。因此，它可以更容易地保持源代码的一致性，直到下一个交付周期。

与 VCS 相同，持续集成中有一个集中的构建服务器，它连接到 VCS，定期或者在开发者更新代码到 VCS 时自动检索源代码，然后触发新构建。如果构建失败，它会及时通知开发者。因此，当有人将损坏的代码提交到 VCS 时，构建服务器可以帮助开发者及时调整。

自动化测试工具也与构建服务器集成。当构建成功后，它会调用单元测试程序，然后将结果通知给开发者和 QA。这有助于识别何时有人编写错误的代码，并存储到 VCS。

整个 CI 的流程如下图所示：

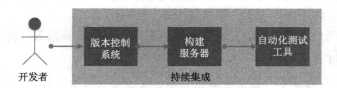

CI 不仅可以帮助开发者和 QA 提升代码质量，并且缩短了程序归档或者模块打包周期。在电子交付的时代，CI 足够应付。然而，交付到用户即意味着需要将应用程序部署到服务器。

持续交付 ●●●●

CI 加上自动化部署是服务器上的应用程序向用户提供服务的理想过程。但是，还有一些技术挑战需要解决。如何将软件交付给服务器？如何优雅地关闭已有的应用程序？

如何替换或者回滚应用程序？如果系统库也要更新，如何升级或者替换？如果需要，如何修改操作系统中的用户和组设置？

因为基础设施包含服务器和网络，所以这些都取决于开发、QA、预发布、生产等环境。每个环境都有不同的服务器配置和 IP 地址。

持续交付（Continuous Delivery，CD）是一种可以实现的最佳实践，它是 CI 工具、配置管理工具和编排工具的组合：

配置管理

配置管理工具帮助配置操作系统，包括用户、用户组和系统库，并且可以管理多台服务器，以便我们更换服务器时与所需的状态或者配置保持一致。

它不是脚本语言，因为脚本语言是逐行执行的命令。如果我们两次运行脚本，则可能导致一些错误，举个例子，如尝试两次创建同一个用户。另外一方面，配置管理会检查状态，所以，如果用户已经创建，配置管理工具不会执行任何操作。但是，如果我们意外或者故意删除用户，配置管理工具将再次创建用户。

它还支持将应用程序部署或安装到服务器中。因为如果你告诉配置管理工具下载应用程序，然后设置并运行应用程序，它就会尝试这样做。

此外，如果你告诉配置管理工具关闭应用程序，然后下载并替换为新的可用的软件包，然后重新启动应用程序，它将保持新版本。

当然，一些用户希望仅在需要时更新应用程序，例如蓝绿部署。配置管理工具将允许你手工触发执行。

蓝绿部署是一种准备两组应用程序堆栈的技术，只有一个环境（例如蓝色）为生产服务。当你需要部署新版本的应用程序时，部署到另一个环境（例如绿色），然后执行最终测试。如果一切工作正常，更改负载均衡器或路由器设置，将网络流量从蓝色切换为绿色。然后绿色变为生产服务，而蓝色变为休眠状态，并等待下一个版本部署。

基础设施即代码

配置管理工具不仅支持操作系统或者虚拟机，还支持云基础设施。如果你需要在云端创建并且配置网络、存储和虚拟机，则需要一些云端操作。

配置管理工具可以通过配置文件自动化设置云基础设施，如下图所示：

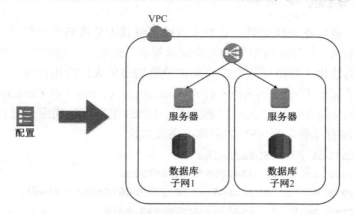

配置管理相对于**标准操作过程**（Standard Operation Procedure，SOP）有一些优势。例如，使用 VCS（比如 Git）维护配置文件，可以跟踪环境设置的更改历史记录。

复制环境也变得容易。例如，你需要在云上部署一套额外的环境。如果你遵循传统方法（即读取 SOP 文档来操作云环境），它总是存在潜在的人为和操作失误。另一方面，我们可以通过配置管理工具执行操作，快速自动地在云上创建环境。

 基础设施即代码可能包含也可能不包含在持续交付（CD）过程中，因为基础设施更换或者更新成本高于仅替换服务器上的应用程序二进制文件。

编排

编排工具也被归为配置管理工具的一种。但是，在配置和分配云资源时，它更加智能和动态。例如，编排工具可以管理多个服务器和网络资源，当管理员想要增加应用程序实例时，编排工具可以确定可用的服务器，然后自动部署和配置应用程序和网络。

虽然编排工具超出了 SDLC 范围，但它在需要扩展应用程序和重构基础设施资源时有助于持续交付。

总而言之，SDLC 已经发展为通过若干流程、工具和方法以实现快速交付。最终，软件（服务）交付只需要几小时。与此同时，软件架构和设计也在不断地发展，以实现大型应用程序。

微服务趋势 ●●●●

基于目标环境和应用程序的大小，软件架构和设计也在不断发展。

基于Kubernetes的DevOps实践
容器加速软件交付

模块化编程 ●●●●

当应用程序规模越来越大时，开发人员试图将其拆分成若干个模块。每个模块应该是独立且可重用的，并且应由不同的开发团队维护。然后，当我们开始实现应用程序时，应用程序只需初始化，并使用这些模块来有效地构建更大的应用程序。

下面的例子显示了 nginx（`https://www.nginx.com`）在 CentOS7 上使用的库。它表明 nginx 使用 OpenSSL、POSIX 线程库、PCRE 正则表达式库、zlib 压缩库、GNU C 库等。nginx 没有重新实现 SSL 加密和正则表达式：

```
$ /usr/bin/ldd /usr/sbin/nginx
  linux-vdso.so.1 =>  (0x00007ffd96d79000)
  libdl.so.2 => /lib64/libdl.so.2 (0x00007fd96d61c000)
  libpthread.so.0 => /lib64/libpthread.so.0
  (0x00007fd96d400000)
  libcrypt.so.1 => /lib64/libcrypt.so.1
  (0x00007fd96d1c8000)
  libpcre.so.1 => /lib64/libpcre.so.1 (0x00007fd96cf67000)
  libssl.so.10 => /lib64/libssl.so.10 (0x00007fd96ccf9000)
  libcrypto.so.10 => /lib64/libcrypto.so.10
  (0x00007fd96c90e000)
  libz.so.1 => /lib64/libz.so.1 (0x00007fd96c6f8000)
  libprofiler.so.0 => /lib64/libprofiler.so.0
  (0x00007fd96c4e4000)
  libc.so.6 => /lib64/libc.so.6 (0x00007fd96c122000)
  ...
```

在 CentOS 中，`ldd` 命令包含在 `glibc-common` 包中。

包管理 ●●●●

Java 语言和一些轻量级的编程语言，比如 Python、Ruby 和 JavaScript 都有自己的模块或者包管理工具。例如，Java 的 Maven（`http://maven.apache.org`），Python 的 pip（`https://pip.pypa.io`），Ruby 的 RubyGems（`https://rubygems.org`）和 JavaScript 的 npm（`https://www.npmjs.com`）。

软件包管理工具允许将模块或软件包注册到集中式或私有存储库，并允许下载必要的软件包。以下屏幕截图显示了 Maven 的 AWS SDK 存储库：

DevOps简介

当向应用程序添加一些特定的依赖项时，Maven 会下载必要的包。以下屏幕截图是将 `awsjava-sdk` 依赖项添加到应用程序时获得的结果：

模块化编程可以帮助提高软件开发速度，并减少重复发明轮子的情况，因此它是现代应用程序开发最流行的方式。

但是，当我们不断添加新的功能和逻辑时，应用程序需要越来越多的模块、包和框架的组合。这将使得应用程序更加复杂和庞大，尤其是服务器端应用程序。因为它通常需要连接到数据库（如 RDBMS），以及身份验证服务器（如 LDAP），然后通过具有适当设计的 HTML 将结果返回给用户。

因此，开发人员采用了一些软件设计模型，以便在应用程序中使用一组模块开发应用程序。

MVC 设计模型 ●●●●

模型视图和控制器（**MVC**）是一种流行的应用程序设计模型。它定义了三个层次，**视图**层负责用户界面（**UI**）输入/输出（**I/O**），**模型**层负责数据查询和持久化，如加载和存储数据到数据库；**控制器**层负责视图和模型之间的业务逻辑。

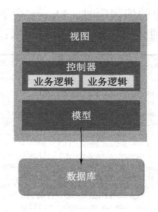

有一些框架可以帮助开发人员简化 MVC，比如 Struts（https://struts.apache.org/），SpringMVC（https://projects.spring.io/spring-framework/），Ruby on Rails（http://rubyonrails.org/）和 Django（https://www.djangoproject.com/）。MVC 是成功的软件设计模型之一，是现代 Web 应用程序和服务的基础。

MVC 定义了每个层之间的边界线，允许多名开发者共同开发相同的应用程序。但是，它也会有副作用，就是应用程序中源代码的体积不断变大。这是因为数据库代码（**Model**）、表示代码（**View**）和业务逻辑（**Controller**）都在同一个 VCS 存储库中。它最终会对软件开发周期产生影响，再次变得更慢！它被称为单体架构（**monolithic**），包含许多构建巨型 exe/war 程序的代码。

DevOps简介

单体架构应用程序 ●●●●

没有明确的定义衡量单体架构应用程序,但它曾经有超过 50 个模块或包,以及超过 50 个数据库表,然后它需要超过 30 分钟来构建。当需要添加或修改其中一个模块时,它会影响很多代码,因此开发人员会尝试最小化应用程序代码更改。这种犹豫导致了更糟糕的效果,比如有些应用程序就"死"掉了,因为没有人想再维护这些代码。

因此,开发者开始将单体架构应用程序拆分成小块应用程序,然后通过网络进行连接。

远程过程调用 ●●●●

实际上,在 20 世纪 90 年代,人们已经尝试将应用程序分成小块并通过网络连接。Sun Microsystems 公司引进了 **Sun RPC**(**Remote Procedure Call**,远程过程调用)。它允许你远程使用该模块。其中一个比较流行的 Sun RPC 实现是**网络文件系统**(**Network File System,NFS**)。因为基于 Sun RPC,NFS 客户端和 NFS 服务器之间的 CPU 和操作系统版本是相互独立的。

编程语言本身也支持 RPC 风格的功能。UNIX 和 C 语言有 `rpcgen` 工具。它有助于开发者生成桩代码[*],该代码负责网络通信,因此开发人员可以使用 C 语言函数样式,进而从困难的网络层编程中解脱出来。

Java 具有类似于 Sun RPC 的 **Java 远程方法调用**(**Remote Method Invocation,RMI**),RMI 编译器(rmic)生成连接远程 Java 进程的桩代码,以调用该方法并获得结果。下图显示了 Java RMI 过程调用的流程:

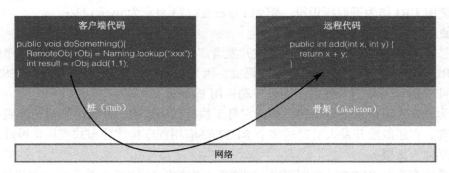

此外,Objective C 有**分布式对象**,.NET 有远程处理功能,因此大多数现代编程语言

---

[*] 译者注:stub code,也被翻译成存根代码,意思是为了使程序在结构上符合标准,先给出待编辑的代码块,随后完善。

都具有开箱即用的远程过程调用功能。

这些远程过程调用设计有利于将应用程序划分为多个进程（程序）。单个程序可以有单独的源代码存储库。尽管机器资源（CPU、内存）在20世纪90年代和21世纪初受到限制，但效果仍然很好。

然而，它被设计为使用相同的编程语言，并且用于客户端/服务器模型的结构，而不是分布式架构。此外，安全方面的因素考虑较少。因此，不建议在公共网络上使用。

在21世纪初，诞生了一种使用 SOAP（HTTP/SSL）作为数据传输的 **Web 服务**，它使用 XML 作为数据表示和服务定义 **Web 服务描述语言**（**Web Services Description Language，WSDL**），然后使用**通用描述、发现和集成**（**Universal Description、Discovery、Integration，UDDI**）作为服务注册来查找 Web 服务应用程序。但是，由于机器资源并不丰富，并且由于 Web 服务编程和可维护性的复杂性，并未被开发者广泛接受。

RESTful 设计

到了2010年，机器的能力甚至智能手机都拥有充足的 CPU 资源，此外还有几百 Mbps 的网络带宽。因此，开发人员开始充分利用这些资源使应用程序代码和系统结构尽可能简化，从而使软件开发周期更快。

基于硬件资源的情况，使用 HTTP/SSL 作为 RPC 传输是一个自然而然的决定，但是由于 Web 服务仍具有难度，因此开发者将其内容简化如下：

- 使用 **HTTP** 和 **SSL/TLS** 作为传输标准；
- 使用 **HTTP** 方法进行创建/加载/上传/删除（Create/Load/Upload/Delete，CLUD）操作，例如 **GET/POST/PUT/DELETE**；
- 使用 **URI** 作为资源标识符，例如：user ID 123 表示为/user/123/；
- 使用 **JSON** 作为标准数据表示。

这被称为 **RESTful** 设计，目前已被开发者广泛接受，并成为分布式应用程序的事实标准。RESTful 应用程序支持任何编程语言，因为它是基于 HTTP 的，因此 RESTful 服务器端可以是 Java 语言开发的，而客户端使用 Python。

这为开发人员带来了自由和机会，它易于执行代码重构、升级库甚至切换到另一种编程语言。它还鼓励开发人员通过多个 RESTful 应用程序构建分布式模块化设计，这种应用程序称为微服务。

如果你有多个 RESTful 应用程序，则需要考虑如何在 VCS 上管理多个源代码，以及如何部署多个 RESTful 服务器。持续集成和持续交付自动化可以帮你更轻松地构建和部署多个 RESTful 服务器应用程序。

因此，微服务设计越来越受到 Web 应用程序开发人员的欢迎。

DevOps简介

微服务 ●●●●

虽然名称中使用"微",但与 20 世纪 90 年代或 21 世纪初的应用相比,实际上它还是相当重。它使用完整堆栈的 HTTP/SSL 服务器,包含整个 MVC 层。微服务设计应该关注以下主题。

- **无状态**:不将用户会话存储到系统中,这有助于更轻松地扩展。
- **无共享数据存储**:微服务应拥自己的数据存储如数据库。它不应与其他应用程序共享。它有助于封装后端数据库,方便代码重构,并在单个微服务中更新数据库模式。
- **版本控制和兼容性**:微服务可能会经常更改和更新 API,应定义版本,并且应具有向后兼容性。这有助于与其他微服务和应用程序解耦。
- **集成 CI/CD**:微服务应采用 CI 和 CD 流程来消除管理工作。

有一些框架可以帮助构建微服务应用程序,如 Spring Boot(https://projects.spring.io/spring-boot/)和 Flask(http://flask.pocoo.org)。也有很多基于 HTTP 的框架,因此开发人员可以随意尝试和选择框架,甚至编程语言。这也是微服务设计的精妙之处。

下图是单体架构应用程序设计和微服务设计之间的比较。它表明微服务(也是 MVC)设计与单体架构相同,包括接口层、业务逻辑层、模型层和数据存储。

但不同之处在于应用程序(服务)由多个微服务构建,并且不同的应用程序可以在下面共享相同的微服务:

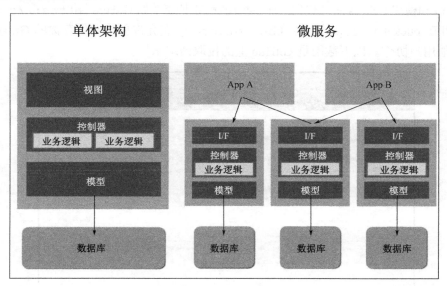

开发者可以使用不会影响现有应用程序(服务)的快速软件交付方法添加必要的微

服务，或者修改现有的微服务。

它是整个软件开发环境和方法的突破，现在已被许多开发者广泛接受。

虽然持续集成和持续交付自动化流程有助于开发和部署多个微服务，但是资源和复杂性（如虚拟机、操作系统、库、磁盘卷和网络）在数量上无法与单体架构应用程序进行比较。

因此，有一些工具和角色可以支持云上的大型自动化环境。

自动化工具

如前文所述，自动化是实现快速软件交付的最佳实践，并解决了管理许多微服务的复杂性。但是，自动化工具不是普通的 IT/基础设施应用程序，如 Active Directory、BIND（DNS）和 Sendmail（MTA）。为了实现自动化，工程师应该具备编写代码的开发技能，特别是脚本语言，以及基础结构运维技能，如虚拟化、网络和存储。

DevOps 是开发和运维的结合，可以实现自动化流程，如持续集成、基础设施即代码和持续交付。DevOps 使用一些 DevOps 工具自动化过程。

持续集成工具

Git 是一款流行的 VCS 工具（https://git-scm.com）。开发人员使用 Git 来检入（checkin）和检出（checkout）代码。有一些托管 Git 服务，如 GitHub（https://github.com）和 Bitbucket（https://bitbucket.org），它允许创建和保存你的 Git 存储库，并与其他用户协作。以下截图是 GitHub 上的拉取请求示例：

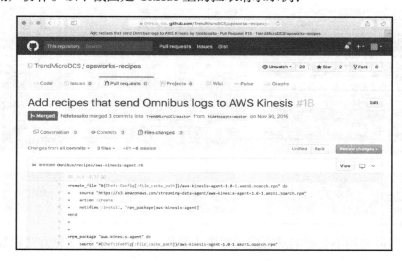

DevOps简介

构建服务器也有很多种，比如 Jenkins（https://jenkins.io）是一个成熟的应用程序，与 TeamCity（https://www.jetbrains.com/teamcity/）相同。除了自建的构建服务器之外，还有托管服务，软件即服务（Software as a Service，SaaS），如 Codeship（https://codeship.com）和 Travis CI（https://travis-ci.org）。SaaS 具有与其他 SaaS 工具集成的优势。

构建服务器能够调用外部命令，例如单元测试程序。因此，构建服务器是 CI 流水线中的关键点。

以下截图是使用 Codeship 的构建示例，它从 GitHub 中检出代码并调用 Maven 进行构建（mvn compile）和单元测试（mvn test）：

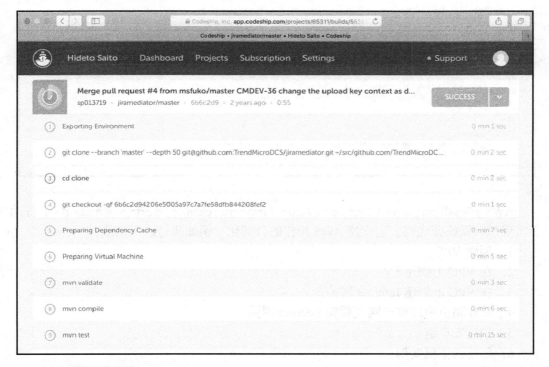

持续交付工具

配置管理工具有很多种，如 Puppet（https://puppet.com）、Chef（https://www.chef.io）和 Ansible（https://www.ansible.com），它们是最受欢迎的配置管理工具。

AWS OpsWorks（https://aws.amazon.com/opsworks/）提供托管 Chef 平台。以下截图是使用 AWS OpsWorks 安装 Amazon CloudWatch Log 代理的 Chef 脚本（配置），

它在启动 EC2 实例时自动安装 CloudWatch Log 代理：

AWS CloudFormation（https://aws.amazon.com/cloudformation/）有助于实现基础设施即代码。它支持 AWS 操作的自动化，例如执行以下功能：

1. 创建 VPC。
2. 在 VPC 上创建子网。
3. 在 VPC 上创建 Internet 网关。
4. 创建路由表以将子网关联到 Internet 网关。
5. 创建安全组。
6. 创建云主机实例。
7. 将安全组关联到云主机实例。

CloudFormation 的配置使用 JSON 编写，如下图所示：

DevOps简介

它支持参数化，因此使用具有相同配置的 JSON 文件很容易创建具有不同参数的环境（例如，VPC 和 CIDR）。此外，它还支持更新操作。因此，如果需要更改一部分基础设施，则无须重新创建。CloudFormation 可以识别增量配置并执行必要的基础设施操作。

AWS CodeDeploy（https://aws.amazon.com/codedeploy/）也是一种有用的自动化工具。它主要聚焦在软件部署，允许用户自定义。以下是 YAML 文件中的一些操作。

1. 到哪里下载和安装。
2. 如何停止应用。
3. 如何安装应用程序。
4. 安装后，如何启动和配置应用程序。

以下截图是 AWS CodeDeploy 配置文件 appspec.yml 的示例：

```
 1 version: 0.0
 2 os: linux
 3 files:
 4   - source: /index.html
 5     destination: /var/www/html/
 6 hooks:
 7   BeforeInstall:
 8     - location: scripts/install_dependencies
 9       timeout: 300
10       runas: root
11     - location: scripts/start_server
12       timeout: 300
13       runas: root
14   ApplicationStop:
15     - location: scripts/stop_server
16       timeout: 300
17       runas: root
18
```

监控和日志工具

如果你开始使用云基础设施管理微服务，那么有一些监控工具可以帮助你管理服务器。

Amazon CloudWatch 是 AWS 的内置监控工具。它无须安装代理，会自动从 AWS 实例收集一些指标，帮助 DevOps 实现可视化。它还支持根据设置的条件进行警报。以下截图是 EC2 实例的 Amazon CloudWatch 指标：

Amazon CloudWatch 还支持应用程序日志的收集。它需要在 EC2 实例上安装代理。当你需要开始管理多个微服务实例时,集中式日志管理是非常有用的。

ELK 是一种流行的堆栈组合,是 Elasticsearch(https://www.elastic.co/products/elasticsearch)、Logstash(https://www.elastic.co/products/logstash)和 Kibana(https://www.elastic.co/products/kibana)三个应用的缩写组合。Logstash 有助于采集应用程序日志并转换为 JSON 格式,然后发送到 Elasticsearch。

Elasticsearch 是一个分布式 JSON 数据库。Kibana 可以可视化存储在 Elasticsearch 上的数据。以下是 Kibana 的一个示例,展示了 nginx 访问日志:

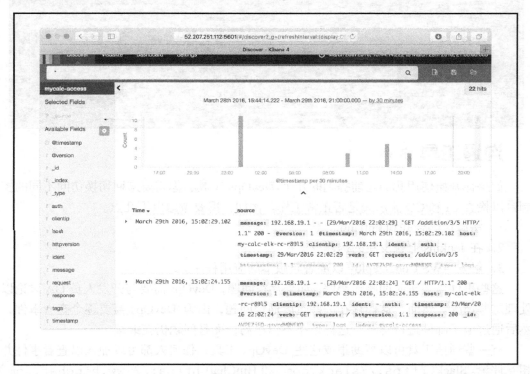

Grafana(https://grafana.com)是另一个流行的可视化工具。它与时间序列数据库连接,如 Graphite(https://graphiteapp.org)或 InfluxDB(https://www.influxdata.com)。时间序列数据库用于存储扁平的、非规范化的数字型数据,如 CPU 使用率和网络流量。与 RDBMS 不同,时间序列数据库有一些内置优化,可以节省数据空间,更快地查询数据历史记录。大多数 DevOps 监控工具后端都使用时间序列数据库。

以下是 Grafana 显示消息队列服务（Message Queue Server）统计信息的示例：

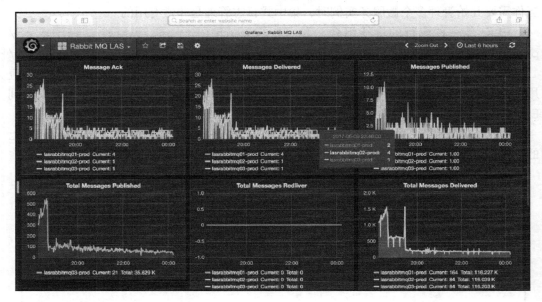

沟通工具 ●●●●

如果你开始使用我们之前提到的几个 DevOps 工具，你需要来回切换访问不同的控制台以检查 CI 和 CD 流水线是否正常工作。例如，需要考虑以下几点。

1. 将源代码合并到 GitHub。
2. 在 Jenkins 上触发新的构建。
3. 触发 AWS CodeDeploy 以部署新版本的应用程序。

这些事件需要按时间顺序跟踪，如果存在问题，DevOps 需要与开发人员 QA 讨论以处理这些情况。然而，这样存在一些过度通信问题，因为 DevOps 需要逐个查看事件，然后通过电子邮件进行解释。这样效率不但不高，而且问题仍在继续。

有一些通信工具可以帮助集成这些 DevOps 工具，任何人都可以加入以查看事件并相互评论。Slack（`https://slack.com`）和 HipChat（`https://www.hipchat.com`）是其中最受欢迎的通信工具。

这些工具支持集成到 SaaS 服务，以便 DevOps 可以在单个聊天室中查看事件。以下截图是与 Jenkins 集成的 Slack 聊天室：

DevOps简介

公有云 ●●●●

使用云计算技术，可以轻松实现 CI/CD 和自动化工作。特别是公有云 API 可以为 DevOps 提供许多 CI/CD 的支持。Amazon Web Services（https://aws.amazon.com）和 Google Cloud Platform（https://cloud.google.com）等公有云为 DevOps 提供了一些 API 来控制云基础设施。DevOps 可以借此缓解容量和资源限制，只需在需要资源时按需付费。

公有云将继续以与软件开发周期和架构设计相同的方式发展。它们是最好的组合，也是实现应用/服务成功的关键。

以下截图是 Amazon Web Services 的 Web 控制台：

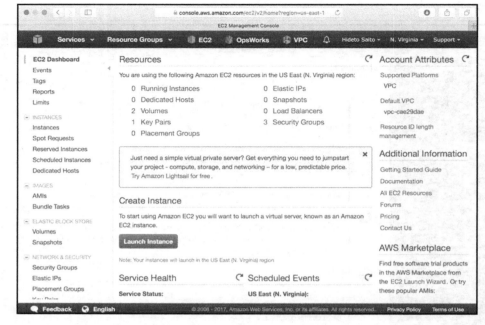

Google Cloud Platform 也有一个 Web 控制台，如下所示：

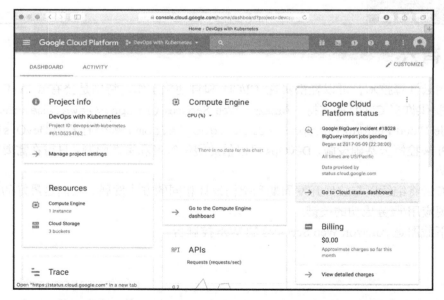

这两种云服务都提供免费试用，DevOps 工程师可以使用它来尝试了解云基础设施的优势。

DevOps简介

总结 ••••

在本章中,我们讨论了软件开发方法、编程模型和 DevOps 工具的历史。这些方法和工具支持更快的软件交付周期。微服务设计有助于持续的软件更新。然而,微服务会使环境管理变得复杂。

下一章将介绍 Docker 容器技术,该技术有助于组合微服务应用程序,并以更高效和自动化的方式对其进行管理。

DevOps 与容器

我们已经熟悉了许多 DevOps 工具，这些工具可以帮助我们在应用程序交付的不同阶段自动执行任务和管理配置，但随着应用程序变得更加微小和多样，仍然存在着许多挑战。在本章中，我们将在工具带中添加一把"瑞士军刀"——容器。通过本章的学习，你将获得以下技能：

- 容器的概念和基本知识；
- 运行 Docker 应用程序；
- 使用 Dockerfile 构建应用程序；
- 使用 Dcoker Compose 编排多个容器。

了解容器

容器的关键特征是隔离。在本节中，我们将详细说明容器如何实现隔离，以及它为什么在软件开发生命周期中很重要，以建立对这个强大工具的正确理解。

资源隔离

当应用程序启动时，它会消耗 CPU 时间，占用内存空间，链接到其依赖库，并可能写入磁盘，传输数据包和访问其他设备。它消耗的一切都是由同一主机上的所有程序共享的资源。容器的理念是将资源和程序隔离到单独的沙盒中。

DevOps与容器

你可能听说过半虚拟化、**虚拟机**（**VM**）、BSD jails 和 Solaris 容器等术语，它们都可以隔离主机的资源。然而，由于设计不同，它们基本上是截然不同的技术，但提供了类似的隔离概念。例如，VM 的实现是使用虚拟化引擎虚拟化硬件层。如果要在虚拟机上运行应用程序，则必须首先安装完整的操作系统。换句话说，资源在同一虚拟化引擎上的客户操作系统之间隔离。相比之下，容器是建立在 Linux 之上的，这意味着它只能在具有这些功能的操作系统中运行。BSD jails 和 Solaris 容器在其他操作系统上也以类似的方式工作。容器和 VM 的隔离关系如下图所示。容器在操作系统层隔离应用程序，而基于 VM 的隔离由操作系统实现。

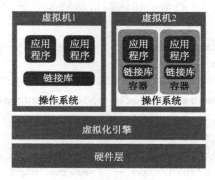

容器和 VM 的隔离关系

Linux 容器概念 ●●●●

容器的组成有几部分，其中最重要的两个是**命名空间**（**namespaces**）和 **cgroup**（**控制组**），它们都是 Linux 内核功能。命名空间提供某些类型系统资源的逻辑分区，例如挂载点（mnt）、进程 ID（PID）、网络（网络）等。为了解释隔离的概念，让我们看一下 pid 命名空间的一些简单示例。以下示例均来自 Ubuntu 16.04.2 和 util-linux 2.27.1。

当我们输入 ps axf 命令，我们将看到一长串运行的进程：

```
$ ps axf
  PID TTY      STAT   TIME COMMAND
    2 ?        S      0:00 [kthreadd]
    3 ?        S      0:42  \_ [ksoftirqd/0]
    5 ?        S<     0:00  \_ [kworker/0:0H]
    7 ?        S      8:14  \_ [rcu_sched]
    8 ?        S      0:00  \_ [rcu_bh]
```

   ps 是用于报告系统上当前进程的实用工具。ps axf 是列出系统中的所有进程。

现在让我们使用 unshare 命令进入一个新的 pid 命名空间，它可以将进程资源逐个分离到新的命名空间，然后让我们再次检查进程：

```
$ sudo unshare --fork --pid --mount-proc=/proc /bin/sh
$ ps axf
  PID TTY      STAT   TIME COMMAND
    1 pts/0    S      0:00 /bin/sh
    2 pts/0    R+     0:00 ps axf
```

你会发现新命名空间的 shell 进程的 pid 变为 1，所有其他进程都消失了。也就是说，你已经创建了一个 pid 容器。让我们切换到命名空间之外的另一个会话，并再次列出进程：

```
$ ps axf // from another terminal
  PID TTY    COMMAND
  ...
25744 pts/0   \_ unshare --fork --pid --mount-proc=/proc /bin/sh
25745 pts/0       \_ /bin/sh
 3305 ?      /sbin/rpcbind -f -w
 6894 ?      /usr/sbin/ntpd -p /var/run/ntpd.pid -g -u
113:116
  ...
```

你仍然可以在新命名空间中查看其他进程和 shell 进程。

使用 pid 命名空间隔离，不同命名空间中的进程无法相互查看。尽管如此，如果一个进程占用大量系统资源（例如内存），则可能导致系统内存不足并变得不稳定。换句话说，如果我们不对其施加资源使用限制，隔离的进程仍然可能破坏其他进程，甚至使整个系统崩溃。

下图说明了 PID 命名空间，以及内存不足（OOM）事件如何影响子命名空间外的其他进程。气泡代表系统中的进程，数字是它们的 PID。子命名空间中的进程具有自己的 PID。最初，系统中仍有可用内存。后来，子命名空间中的进程耗尽了系统中的整个内存。然后内核启动 OOM 机制以释放内存，被终止的可能是子命名空间之外的进程：

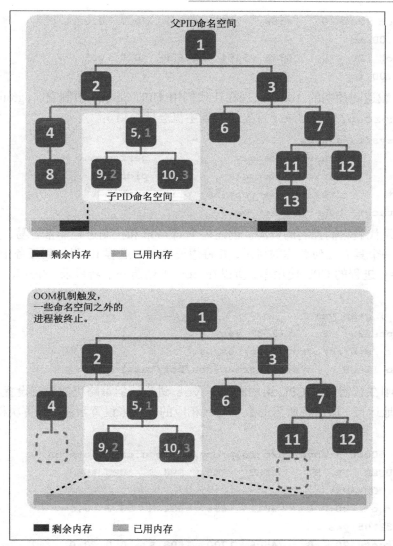

因此，可以使用 cgroup 来限制资源使用。与命名空间一样，它可以对不同类型的系统资源设置约束。让我们在 pid 命名空间继续操作，使用 yes > /dev/null 对 CPU 进行压测，并用 top 进行监控：

```
$ yes > /dev/null & top
$ PID USER      PR  NI    VIRT    RES    SHR S %CPU %MEM
TIME+ COMMAND
    3 root      20   0    6012    656    584 R 100.0  0.0
    0:15.15 yes
```

```
    1 root      20   0    4508    708    632 S   0.0  0.0
0:00.00 sh
    4 root      20   0   40388   3664   3204 R   0.0  0.1
0:00.00 top
```

CPU 负载达到预期的 100%。现在让我们用 CPU cgroup 限制它。cgroup 被组织为 /sys/fs/cgroup/ 下的目录（首先切换到主机会话窗口）：

```
$ ls /sys/fs/cgroup
blkio            cpuset      memory              perf_event
cpu              devices     net_cls             pids
cpuacct          freezer     net_cls,net_prio    system
cpu,cpuacct      hugetlb     net_prio
```

每个目录代表它们控制的资源。创建一个 cgroup 和控制进程非常容易，只需在资源类型下创建一个具有任何名称的目录，并将想要控制的进程 ID 附加到任务中。这里我们想要限制 yes 进程的 CPU 使用率，所以在 cpu 下创建一个新目录，并找出 yes 进程的 PID：

```
$ ps x | grep yes
11809 pts/2      R       12:37 yes
$ mkdir /sys/fs/cgroup/cpu/box && \
    echo 11809 > /sys/fs/cgroup/cpu/box/tasks
```

我们刚刚在新创建的 CPU 组中添加了 yes 进程，但策略仍然没有设置，并且进程仍然无限制地运行，通过将所需的数字写入相应的文件来设置限制，并再次检查 CPU 使用情况：

```
$ echo 50000 > /sys/fs/cgroup/cpu/box/cpu.cfs_quota_us
$  PID USER      PR  NI    VIRT    RES    SHR S  %CPU %MEM
  TIME+ COMMAND
    3 root      20   0    6012    656    584 R  50.2  0.0
0:32.05 yes
    1 root      20   0    4508   1700   1608 S   0.0  0.0
0:00.00 sh
    4 root      20   0   40388   3664   3204 R   0.0  0.1
0:00.00 top
```

CPU 使用率大大降低，这意味着我们的 CPU 限流成功了。

这两个例子阐明了 Linux 容器如何隔离系统资源。通过在应用程序中添加更多限制，我们绝对可以构建一个完全隔离的沙盒，包括文件系统和网络，而无须在其中封装操作系统。

DevOps与容器

容器交付 ●●●●

要部署应用程序，通常使用配置管理工具。确实，它在模块化和基于代码的配置设计中运行良好，直到应用程序堆栈变得复杂多样。维护大型配置清单库非常复杂。当我们想要更改一个包时，我们将不得不处理系统和应用程序包之间的纠缠和脆弱的依赖关系。在升级不相关的包之后，一些应用程序中断了，这种情况并不少见。此外，升级配置管理工具本身也是一项具有挑战性的任务。

为了克服这样的难题，引入了预构建的虚拟机镜像这种不可变部署模式。也就是说，每当我们对系统或应用程序包进行更新时，我们都会针对更新构建完整的虚拟机镜像，并进行相应部署。它在一定程度上解决了包问题，因为我们现在能够为不能共享相同环境的应用程序自定义运行。然而，使用虚拟机镜像进行不可变部署是昂贵的。从另一个角度来看，为了隔离应用程序，而不是资源不足而配置虚拟机，会导致资源利用效率低下，更不用说引导、分发和运行不断膨胀虚拟机镜像的开销。如果我们想通过将多个应用程序共享到虚拟机来消除这种低效，我们很快就会意识到将遇到进一步的麻烦，即资源管理。

容器是一个非常适合这种部署需求的工具。可以在 VCS 中管理容器的清单，并将其内置到二进制镜像中。毫无疑问，镜像也可以是不可变部署。这使开发人员能够从实际资源中抽象出来，而基础设施工程师可以摆脱依赖"地狱"。此外，由于我们只需要打包应用程序本身及其依赖库，其镜像大小将明显小于虚拟机。因此，分发容器镜像比虚拟机更经济。另外，我们已经知道在容器内运行进程与在 Linux 主机上运行进程基本相同，几乎不会产生任何额外开销。总而言之，容器是轻量级的、自包含的、不可变的。这也为区分应用程序和基础设施之间的责任提供了明确的边界。

容器入门 ●●●●

目前有许多成熟的容器引擎，如 Docker（https://www.docker.com）和 rkt（https://coreos.com/rkt）已经实现了生产级的功能，所以你不需要从头开始构建。此外，由容器行业领导者组成的开放容器计划（**Open Container Initiative，OCI** https://www.opencontainers.org）制定了一系列的容器规范。无论基础平台如何，这些标准的任何实现都应具有与 OCI 提供的类似属性，以及跨各种操作系统的容器的无缝体验。在本书中，我们将使用 Docker（社区版）容器引擎来构建容器化应用程序。

在 Ubuntu 上安装 Docker

Docker 需要 64 位的版本操作系统，比如 Yakkety 16.10、Xenial 16.04LTS 和 Trusty 14.04LTS。可以使用命令 `apt-get install docker.io` 安装 Docker，但是通常比通过官方仓库升级更慢，这是 Docker 官方的安装链接：https://docs.docker.com/engine/installation/linux/docker-ce/ubuntu/#install-docker-ce。

1. 确保拥有允许 apt 仓库的软件包，如果没有，安装它们：

```
$ sudo apt-get install apt-transport-https ca-certificates curl sof-
tware-properties-common
```

2. 添加 Docker 的 gpg 密钥并验证其指纹是否匹配 9DC8 5822 9FC7 DD38 854A E2D8 8D81 803C 0EBF CD88：

```
$ curl -fsSL https://download.docker.com/linux/ubuntu/gpg | sudo
apt-key add
$ sudo apt-key fingerprint 0EBFCD88
```

3. 安装 amd64 架构的仓库：

```
$ sudo add-apt-repository "deb [arch=amd64]
https://download.docker.com/linux/ubuntu $(lsb_release -cs) stable"
```

4. 升级包索引，并且安装 Docker CE：

```
$ sudo apt-get update
$ sudo apt-get install docker-ce
```

在 CentOS 上安装 Docker

需要 CentOS7 64 位版本运行 Docker。同样，你可以使用命令 `sudo yum install docker` 从 CentOS 仓库安装 Docker 软件包。Docker 官方的安装步骤指南链接如下：

https://docs.docker.com/engine/installation/linux/docker-ce/centos/#install-using-the-repository。

1. 安装使 yum 能够使用额外仓库的工具：

```
$ sudo yum install -y yum-utils
```

2. 配置 Docker 仓库：

```
$ sudo yum-config-manager --add-repo
https://download.docker.com/linux/centos/docker-ce.repo
```

3. 验证指纹是否匹配并升级仓库：
   060A 61C5 1B55 8A7F 742B 77AA C52F EB6B 621E 9F35：

```
$ sudo yum makecache fast
```

4. 安装 Docker CE 并启动：

```
$ sudo yum install docker-ce
```

DevOps与容器

```
$ sudo systemctl start docker
```

在 macOS 上安装 Docker

Docker 用 Hypervisor 框架封装了一个微型 Linux moby，以在 macOS 上构建本地应用程序，这意味着我们不需要第三方虚拟化工具来完成 Mac 中的 Docker 开发。为了从 Hypervisor 框架中受益，必须将 macOS 升级到 10.10.3 或更高版本。

从以下链接下载 Docker 软件包并安装：

https://download.docker.com/mac/stable/Docker.dmg

 同样，Windows 安装 Docker 不需要第三方工具。可以在这里看安装指南：
https://docs.docker.com/docker-for-windows/install

现在你拥有了 Docker 环境。尝试创建并运行第一个 Docker 容器；如果是 Linux 可以加上 `sudo` 命令运行：

```
$ docker run alpine ls
bin dev etc home lib media mnt proc root run sbin srv sys tmp usr var
```

你将看到你位于 root 目录下，而不是当前目录下，让我们再次检查进程列表：

```
$ docker run alpine ps aux
PID   USER      TIME   COMMAND
1 root          0:00 ps aux
```

正如所料，进程是隔离的。现在我们已经准备好使用容器了。

 Alpine 是一个 Linux 发行版。由于它体积非常小，许多人喜欢使用 Alpine 构建应用程序容器的基本镜像。

容器生命周期

使用容器并不像我们已经习惯使用的工具那样直观。在本节中，我们将从最基本的概念开始探讨 Docker 的用法，以便我们能够从容器中受益。

Docker 基础

当 `docker run alpine ls` 命令被执行，Docker 在幕后做了以下工作：

1. 在本地查找 `alpine` 镜像。如果没有找到，Docker 将尝试从公共 Docker 镜像仓库中查找，并将其拉到本地存储。

2. 提取镜像并相应地创建容器。

3. 执行镜像中定义的入口点命令，命令是镜像名称后面的参数。在这个例子中，它是 ls。缺省情况下，基于 Linux 的 Docker 上的入口点是 /bin/sh-c。

4. 当入口点进程推出后，容器也相应退出。

镜像是一组不可变的代码、库、配置，以及运行应用程序所需的一切。容器是镜像的实例，将在运行时实际执行。可以使用 docker inspect IMAGE 和 docker inspect CONTAINER 命令来查看它们的区别。

有时当我们需要进入容器来检查镜像或更新内容时，我们将使用选项 -i 和 -t (--interactive 和 --tty)。此外，选项 -d (--detach) 使你能够以分离模式运行容器。如果想与分离的容器交互，exec 和 attach 命令可以帮到我们。exec 命令允许我们在正在运行的容器中运行进程，并附加工作，正如其字面意思所描述的。以下示例演示了如何使用它们：

```
$ docker run alpine /bin/sh -c "while :;do echo
   'meow~';sleep 1;done"
meow~
meow~
...
```

你的终端现在应该充满 meow~。切换到另一个终端并运行 docker ps，这是一个获取容器状态的命令，用于查找这个容器的名称和 ID。这里的名称和 ID 都是由 Docker 生成的，可以使用其中任何一个访问容器。为方便起见，可以在 create 或 run 后使用 --name 标志分配名称：

```
$ docker ps
CONTAINER ID      IMAGE      (omitted)      NAMES
d51972e5fc8c      alpine     ...            zen_kalam
$ docker exec -it d51972e5fc8c /bin/sh
/ # ps
PID   USER       TIME    COMMAND
  1   root       0:00    /bin/sh -c while :;do echo
                         'meow~';sleep 1;done
 27   root       0:00    /bin/sh
 34   root       0:00    sleep 1
 35   root       0:00    ps
/ # kill -s 2 1
$ // container terminated
```

一旦进入容器并检查其进程，我们将看到两个 shell：一个是持续输出 meowing 的 shell，另一个就是我们当前的 shell。在容器内用 kill -s 2 1 终止它，我们将看到整个容器在入口点退出后停止运行。最后，让我们用 `docker ps -a` 列出已停止的容器，并用 `docker rm CONTAINER_NAME` 或 `docker rm CONTAINER_ID` 清理它们。从 Docker 1.13 开始，引入了 `docker system prune` 命令，这有助于我们轻松地清理已停止的容器和占用的资源。

层、镜像、容器和卷

我们知道镜像是不可变的，容器的生命周期是短暂的，我们也知道如何将镜像作为容器运行。尽管如此，打包镜像仍然缺少一步。

镜像是由一个或多个层组成的只读堆栈，层是文件系统中文件和目录的集合。为了提升磁盘利用率，层不会仅锁定到一个镜像，而是在镜像之间共享。这意味着无论从中派生出多少镜像，Docker 只在本地存储一个基础镜像副本。可以使用 `docker history [image]` 命令来了解镜像的构建方式。例如，如果键入 `docker history alpine`，那么就会发现 Alpine Linux 镜像中只有一层。

无论何时创建容器，它都会在基础镜像的顶部添加可写层。Docker 在层上采用**写时复制**（**copy-on-write，COW**）策略。也就是说，容器读取存储目标文件的基础镜像的层，并且如果文件被修改则将文件复制到其自己的可写层。这种方法防止由相同镜像创建的容器相互干扰。`docker diff [CONTAINER]` 命令根据文件系统状态显示容器与其基础镜像之间的差异。例如，如果修改了基础镜像中的 /etc/hosts，则 Docker 会将文件复制到可写层，并且它也将是 `docker diff` 命令输出中唯一的一个文件。

下图说明了 Docker 镜像的层次结构：

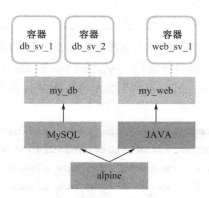

需要注意的是可写层中的数据会与容器一起被删除。要想保留数据，使用 `docker commit [CONTAINER]` 命令将容器层提交为新镜像，或为容器挂载数据卷。

数据卷允许容器的读写操作绕过 Docker 的文件系统，它可以位于主机的目录或其他存储上，例如 Ceph 或 GlusterFS。因此，针对卷的任何磁盘 I/O 可以以本地速度运行，

基于Kubernetes的DevOps实践
容器加速软件交付

具体取决于底层存储。由于数据在容器外部是持久的，因此可以由多个容器重用和共享。通过在 docker run 或 docker create 中指定 -v (--volume) 标志来完成卷的安装。下面的示例为容器中的 /chest 目录挂载一个卷，并创建一个文件。我们使用 docker inspect 来定位数据卷：

```
$ docker run --name demo -v /chest alpine touch /chest/coins
$ docker inspect demo
...
"Mounts": [
  {
    "Type": "volume",
    "Name":(hash-digits),
    "Source":"/var/lib/docker/volumes/(hash-
      digits)/_data",
    "Destination": "/chest",
    "Driver": "local",
    "Mode": "",
    ...
$ ls /var/lib/docker/volumes/(hash-digits)/_data
  Coins
```

> Docker CE 在 macOS 上提供的 moby Linux 的默认 tty 路径位于：
> ~/Library/Containers/com.docker.docker/Data/com.docker.driver.amd64-linux/tty。
> 你可以在 screen 中附加它。

数据卷的一个用例是在容器之间共享数据。为此，我们首先创建一个容器并挂载数据卷，然后挂载一个或多个容器并使用 --volumes-from 引用该卷。以下示例创建了一个具有数据卷 /share-vol 的容器。容器 A 可以将文件放入其中，容器 B 也可以读取它：

```
$ docker create --name box -v /share-vol alpine nop
c53e3e498ab05b19a12d554fad4545310e6de6950240cf7a28f42780f382c649
$ docker run --name A --volumes-from box alpine touch /share-vol/wine
$ docker run --name B --volumes-from box alpine ls /share-vol
wine
```

此外，数据卷可以挂载为给定的主机路径，当然这些数据也是持久的：

```
$ docker run --name hi -v $(pwd)/host/dir:/data alpine touch /data/hi
$ docker rm hi
```

```
$ ls $(pwd)/host/dir
hi
```

分发镜像

镜像仓库（Registry）是一种存储、管理和分发镜像的服务。公共服务如 Docker Hub（`https://hub.docker.com`）和 Quay（`https://quay.io`）汇集了各种流行工具（如 Ubuntu 和 nginx）的预构建镜像，以及其他开发者自定义的镜像。我们多次使用的 Alpine Linux 实际上来自 Docker Hub（`https://hub.docker.com/_/alpine`）。当然，你也可以将工具上传到此类服务中，并与所有人共享。

 如果需要私有镜像仓库，但由于某种原因不想订阅镜像仓库服务提供商的付费计划，你可以随时使用 registry 配置一个私有仓库（`https://hub.docker.com/_/registry`）。

在启动容器之前，Docker 将尝试在镜像名称中指示的规则中定位指定的镜像。镜像名称由三个部分 `[registry/]name[:tag]` 组成，并使用以下规则解析：
- 如果遗漏了 registry 字段，则在 Docker Hub 上搜索该名称；
- 如果 registry 字段是一个镜像仓库服务器，则会搜索其名称；
- 名称中可以有多个斜杠，标签默认为 latest，如果没有指出的话。

例如，镜像名称（如 `gcr.io/google-containers/guestbook:v3`）指示 Docker 从 gcr.io 下载 v3 的 google-containers/guestbook。同样，如果要将镜像推送到镜像仓库，需要以相同方式标记镜像并进行推送。要列出当前在本地磁盘中拥有的镜像，可以使用 `docker images` 命令，使用 `docker rm[IMAGE]` 命令删除镜像。以下示例显示了如何在不同的镜像仓库之间工作：从 Docker Hub 下载 nginx 镜像，将其标记为私有仓库路径，然后相应地进行推送。请注意，虽然默认标记是 latest，但必须显式标记，然后再推送。

```
$ docker pull nginx
Using default tag: latest
latest: Pulling from library/nginx
ff3d52d8f55f: Pull complete
...
Status: Downloaded newer image for nginx:latest
$ docker tag nginx localhost:5000/comps/prod/nginx:1.14
$ docker push localhost:5000/comps/prod/nginx:1.14
The push refers to a repository [localhost:5000/comps/prod/nginx]
...
```

```
8781ec54ba04: Pushed
1.14: digest: sha256:(64-digits-hash) size: 948
$ docker tag nginx localhost:5000/comps/prod/nginx
$ docker push localhost:5000/comps/prod/nginx
The push refers to a repository [localhost:5000/comps/prod/nginx]
...
8781ec54ba04: Layer already exists
latest: digest: sha256:(64-digits-hash) size: 948
```

如果要推送镜像，大多数镜像仓库服务都会要求进行身份验证。docker login 命令就是为此目的而设计的。有时，即使镜像路径有效，在尝试拉取镜像时也可能会收到镜像未找到的错误，这很可能是因为未经授权使用了存储该镜像的仓库。要解决此类问题，需要先登录。

```
$ docker pull localhost:5000/comps/prod/nginx
Pulling repository localhost:5000/comps/prod/nginx
Error: image comps/prod/nginx:latest not found
$ docker login -u letme -p in localhost:5000
Login Succeeded
$ docker pull localhost:5000/comps/prod/nginx
Pulling repository localhost:5000/comps/prod/nginx
...
latest: digest: sha256:(64-digits-hash) size: 948
```

除了通过镜像仓库服务分发镜像外，还可以将镜像转储为 TAR 进行归档，并将它们导回到本地存储库：

- `docker commit [CONTAINER]`：将容器层的更改提交到新镜像中。
- `docker save --output [filename] IMAGE1 IMAGE2 ...`：将一个或多个镜像以 TAR 形式保存并存档。
- `docker load -i [filename]`：将 tarball 镜像加载到本地存储库中。
- `docker export --output [filename] [CONTAINER]`：将容器的文件系统导出为 TAR 存档。
- `docker import --output [filename]`：导入 tarball 文件。

带有 save 和 export 的 commit 命令看起来几乎一样。主要区别在于保存的镜像保留了层之间的文件，即使它们最终要被删除；另一方面，导出的镜像将所有中间层压缩成一个最终层。另一个不同之处在于，保存的镜像会保留元数据（如层历史记录），但导出的镜像不会保留。因此，导出的镜像通常较小。

下图描绘了容器和镜像之间的状态关系。箭头上的文字是 Docker 的相应子命令：

DevOps与容器

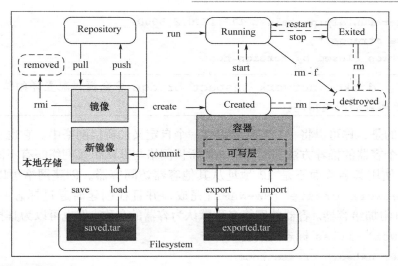

连接容器 ●●●●

Docker 提供三种网络模式来管理容器间，以及容器和主机之间的通信，即 bridge、host 和 none。

```
$ docker network ls
NETWORK ID          NAME                DRIVER              SCOPE
1224183f2080        bridge              bridge              local
801dec6d5e30        host                host                local
f938cd2d644d        none                null                local
```

默认情况下，每个容器在创建时都连接到网桥（bridge）。在此模式下，每个容器都分配一个虚拟接口和一个私有 IP 地址，通过该接口的流量将桥接到主机的 docker0 接口。此外，同一网桥中的其他容器可以通过其 IP 地址相互连接。让我们运行一个通过端口 5000 输入短消息的容器，并观察其配置。--expose 标志打开容器外的给定端口：

```
$ docker run --name greeter -d --expose 5000 alpine \
/bin/sh -c "echo Welcome stranger! | nc -lp 5000"
2069cbdf37210461bc42c2c40d96e56bd99e075c7fb92326af1ec47e64d6b344
$ docker exec greeter ifconfig
eth0      Link encap:Ethernet  HWaddr 02:42:AC:11:00:02
inet addr:172.17.0.2  Bcast:0.0.0.0  Mask:255.255.0.0
...
```

这里的容器 greeter 分配到 IP 172.17.0.2。现在运行另一个容器，并通过这个 IP 地址进行连接：

```
$ docker run alpine telnet 172.17.0.2 5000
Welcome stranger!
Connection closed by foreign host
```

 `docker network inspect bridge` 命令提供配置详细信息，例如子网段和网关信息。

最重要的是，你可以将一些容器分组到一个自定义的桥接网络中。它也是在单个主机上连接多个容器的推荐方法。用户定义的桥接网络与默认桥接网络略有不同，主要区别在于可以使用其名称而不是 IP 地址从其他容器访问容器。创建网络可以通过命令 `docker network create [NW-NAME]` 完成，并且在创建时通过标志 `--network [NW-NAME]` 附加给容器。容器的网络名称默认为容器的名称，但也可以为其指定另一个带有 `--network-alias` 标志的别名：

```
$ docker network create room
b0cdd64d375b203b24b5142da41701ad9ab168b53ad6559e6705d6f82564baea
$ docker run -d --network room \
--network-alias dad --name sleeper alpine sleep 60
b5290bcca85b830935a1d0252ca1bf05d03438ddd226751eea922c72aba66417
$ docker run --network room alpine ping -c 1 sleeper
PING sleeper (172.18.0.2): 56 data bytes
...
$ docker run --network room alpine ping -c 1 dad
PING dad (172.18.0.2): 56 data bytes
...
```

主机（host）网络根据其名称工作；每个连接的容器共享主机的网络，但它同时丧失了隔离属性。none 网络是一个完全分离的盒子，无论是入口，还是出口，由于没有连接到容器的网络接口，因此流量被隔离在内部。在这里，我们将一个监听端口 5000 的容器连接到主机网络，并在本地与它通信：

```
$ docker run -d --expose 5000 --network host alpine \
/bin/sh -c "echo im a container | nc -lp 5000"
ca73774caba1401b91b4b1ca04d7d5363b6c281a05a32828e293b84795d85b54
$ telnet localhost 5000
im a container
Connection closed by  foreign host
```

 如果在 macOS 上使用 Docker CE，则意味着在主机是位于 hypervisor 之上的 moby Linux。

DevOps与容器

主机和三种网络模式之间的交互如下图所示。host 和 bridge 中的容器连接有适当的网络接口，并与同一网络内外的容器及外部世界进行通信，但 none 网络没有主机接口。

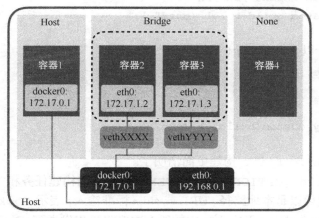

除了共享主机网络之外，标志-p(--publish) [host]:[container]在创建容器时，还允许将主机端口映射到容器。这个标志意味着暴露端口，因为在任何情况下你都需要打开一个容器的端口。以下命令在端口 80 上启动一个简单的 HTTP 服务器。也可以使用浏览器查看它。

```
$ docker run -p 80:5000 alpine /bin/sh -c \
"while :; do echo -e 'HTTP/1.1 200 OK\n\ngood day'|nc -lp 5000; done"
$ curl localhost
good day
```

使用 Dockerfile ●●●●

在组装镜像时，无论是通过 Docker 提交还是导出，通过托管方式优化结果都是一项挑战，更不用说与 CI/CD 流水线集成。另一方面，Dockerfile 以代码的形式构建任务，这明显降低了为我们构建任务的复杂性。在本节中，我们将描述如何将 Docker 命令映射到 Dockerfile 中，并进一步优化它。

编写第一个 Dockerfile ●●●●

Dockerfile 由一系列文本指令组成，用于指导 Docker 守护程序生成 Docker 镜像。通常，Dockerfile 必须以指令 FROM 开头，并执行其他更多指令。例如，我们可能会使用下面这一个命令构建镜像：

```
docker commit $(  \
docker start $(  \
docker create alpine /bin/sh -c     \
"echo My custom build > /etc/motd" \
 ))
```

它大致相当于以下 Dockerfile：

```
./Dockerfile:
---
FROM alpine
RUN echo "My custom build" > /etc/motd
---
```

显然，使用 Dockerfile 构建更简洁明了。

docker build [OPTIONS] [CONTEXT]命令是与构建任务相关联的唯一一个命令。context 上下文可以是本地路径、URL 或 stdin 标准输入，表示 Dockerfile 的位置。触发构建后，Dockerfile 及上下文中的所有内容将事先发送到 Docker 守护程序，然后守护程序开始按顺序执行 Dockerfile 中的指令。每次执行指令都会产生新的缓存层，随后的指令将在级联中的新缓存层执行。由于上下文将被发送到不保证是本地路径的某个地方，因此一个好的习惯是将 Dockerfile、代码、相关的必要文件和 .dockerignore 文件放在空文件夹中以确保结果镜像仅包含所需的文件。

.dockerignore 文件是一个列表，指示在构建时可以忽略同一目录下的哪些文件，它通常看起来像以下文件：

```
./.dockerignore:
---
# ignore .dockerignore, .git
.dockerignore
.git
# exclude all *.tmp files and vim swp file recursively
**/*.tmp
**/[._]*.s[a-w][a-z]
...
---
```

通常，docker build 会尝试在上下文中找到一个名为 Dockerfile 的文件来启动构建；但有时我们可能会因某种原因给它起另一个名字。-f(-file)标志用于此目的。此外，另一个有用的标志-t(--tag)能够在构建镜像后提供一个或多个存储库标记的镜像。假设我们要在 ./deploy 下构建名为 builder.dck 的 Dockerfile，并使用当前日期和最新标记对其进行标记，该命令将为：

DevOps与容器

```
$ docker build -f deploy/builder.dck \
-t my-reg.com/prod/teabreak:$(date +"%g%m%d") \
-t my-reg.com/prod/teabreak:latest .
```

Dockerfile 语法 ●●●●

Dockerfile 的构建块通常是十几个或更多的指令，其中大多数是 docker run/create 标志的功能对应。在这里我们列出最重要的一些指令：

- FROM <IMAGE>[:TAG|[@DIGEST]：这是告诉 Docker 守护程序当前 Dockerfile 所基于的镜像。它也是必须在 Dockerfile 中的唯一指令，这意味着可以存在仅包含一行的 Dockerfile。与所有其他与镜像相关的命令一样，标签默认为 latest（如果未指定）。
- RUN：

```
RUN <commands>
RUN ["executable", "params", "more params"]
```

RUN 指令在当前缓存层运行一行命令，并提交结果。上面两种形式之间的主要差异在于命令的执行方式。第一个称为 shell 方式，它实际上以 /bin/sh -c <commands> 的形式执行命令；另一种形式称为 exec 方式，它直接用 exec 处理命令。

使用 shell 方式类似于编写 shell 脚本，因此通过 shell 运算符和行继续，条件测试或变量替换连接多个命令是完全有效的。但请记住，命令不是由 bash 处理，而是 sh。

Exec 方式被解析为 JSON 数组，这意味着必须用双引号括起文本并转义保留字符。此外，由于命令不由任何 shell 处理，因此不会计算数组中的 shell 变量。另一方面，如果基础镜像中不存在 shell，仍然可以使用 exec 方式来调用可执行文件。

- CMD：

```
CMD ["executable", "params", "more params"]
CMD ["param1","param2"]
CMD command param1 param2 ...
```

CMD 为构建的镜像设置默认命令，它在构建期间不运行命令。如果在 Docker 运行时提供了参数，则会覆盖此处的 CMD 配置。CMD 的语法规则几乎与 RUN 相同；第一种形式是 exec 方式，第三种形式是 shell 方式，也是通过 /bin/sh -c 执行。还有另一个指令方式，其中 ENTRYPOINT 与 CMD 交互；当容器启动时，三种形式的 CMD 实际上是 ENTRYPOINT 的前置项。Dockerfile 中可以有许多 CMD 指令，但只有最后一个才会生效。

- ENTRYPOINT：

```
ENTRYPOINT ["executable", "param1", "param2"]
```

```
ENTRYPOINT command param1 param2
```

这两种方式分别是 exec 和 shell，语法规则与 RUN 相同。入口点是镜像的默认可执行文件。也就是说，当容器运行时，它会运行 ENTRYPOINT 配置的可执行文件。当 ENTRYPOINT 与 CMD 和 docker run 参数结合使用时，以不同的形式书写将导致多样化的行为。以下是其组合的有组织规则：

- 如果 ENTRYPOINT 是 shell 方式，则 CMD 和 Docker run 参数将被忽略。该命令将变为：

```
/bin/sh -c entry_cmd entry_params ...
```

- 如果 ENTRYPOINT 是 exec 方式且指定了 Docker run 参数，则会覆盖 CMD 命令。运行时命令为：

```
entry_cmd entry_params run_arguments。
```

- 如果 ENTRYPOINT 是 exec 方式且仅配置了 CMD，则运行时命令将变为以下三种形式：

```
entry_cmd entry_parms CMD_exec CMD_parms
entry_cmd entry_parms CMD_parms
entry_cmd entry_parms /bin/sh -c
CMD_cmd CMD_parms
```

- ENV：

```
ENV key value
ENV key1=value1 key2=value2 ...
```

ENV 指令为后续指令和构建的镜像设置环境变量。第一个方式将键设置为第一个空格后的字符串，包括特殊字符。第二种方式允许我们在一行中设置多个变量，用空格分隔。如果值中有空格，请用双引号括起来或转义空格字符。此外，使用 ENV 定义的键也会对同一文档中的变量生效。参考以下示例并观察 ENV 的行为：

```
FROM alpine
ENV key wD # aw
ENV k2=v2 k3=v\ 3 \
    k4="v 4"
ENV k_${k2}=$k3 k5=\"K\=da\"
RUN echo key=$key ;\
    echo k2=$k2 k3=$k3 k4=$k4 ;\
    echo k_\${k2}=k_${k2}=$k3 k5=$k5
```

在 Docker 构建期间的输出为：

```
...
---> Running in 738709ef01ad
key=wD # aw      k2=v2 k3=v 3 k4=v 4
```

```
    k_${k2}=k_v2=v 3 k5="K=da"
    ...
```
- LABEL key1=value1 key2=value2 ...：LABEL 的用法类似于 ENV，但标签仅存储在镜像的元数据部分，并由其他主程序使用，而不是容器中的程序。它以下列形式表示维护者信息（代替已降级的 MAINTAINER 指令）

```
LABEL maintainer=johndoe@example.com
```
如果命令具有 -f(--filter) 标志，我们可以使用标签过滤对象。例如，docker images --filter label=maintainer=johndoe@example.com 查询用前面的维护者标记的镜像。

- EXPOSE <port> [<port> ...]：该指令与 docker run/create 中的 --expose 标志相同，暴露由生成的镜像创建的容器上的端口。
- USER <name|uid>[:<group|gid>]：USER 指令切换用户以运行后续指令。但是，如果镜像中不存在用户，则无法正常工作。否则，必须在使用 USER 指令之前运行 adduser 添加用户。
- WORKDIR <path>：该指令将工作目录设置为某个路径。如果路径不存在，将自动创建路径。它在 Dockerfile 中像 cd 一样工作，因为它接受相对路径和绝对路径，并且可以多次使用。如果绝对路径后跟相对路径，则结果将相对于上一个路径：

```
WORKDIR /usr
WORKDIR src
WORKDIR app
RUN pwd
---> Running in 73aff3ae46ac
/usr/src/app
---> 4a415e366388
```
此外，使用 ENV 设置的环境变量会对路径生效。

- COPY：

```
COPY <src-in-context> ... <dest-in-container>
COPY ["<src-in-context>",... "<dest-in-container>"]
```
该指令将源复制到构建容器中的文件或目录。源可以是文件或目录，目的地也是一样的。源必须位于上下文路径中，因为只有上下文路径下的文件才会发送到 Docker 守护程序。此外，COPY 使用 .dockerignore 来过滤将复制到构建容器中的文件。第二种形式用于路径包含空格的用例。

- ADD：

```
ADD <src > ... <dest >
```

```
ADD ["<src>",... "<dest >"]
```
ADD在功能方面非常类似于COPY:将文件移动到镜像中。除了复制文件之外,<src>还可以是URL或压缩文件。如果<src>是一个URL,ADD将下载并将其复制到镜像中。如果<src>被推断为压缩文件,则它将被解压提取到<dest>路径中。

- VOLUME:

```
VOLUME mount_point_1 mount_point_2
VOLUME ["mount point 1", "mount point 2"]
```

VOLUME指令在给定的挂载点处创建数据卷。一旦在构建期间声明它,在随后的指令中的数据卷的任何变化都不会持久化。此外,由于可移植性问题,在Dockerfile或docker build中挂载主机目录是不可行的:这不能保证主机中存在指定的路径。两种语法形式的效果是相同的;它们只在语法分析方面有所不同;第二种形式是JSON数组,因此应转义诸如"\"之类的字符。

- ONBUILD [Other directives]: ONBUILD允许将某些指令推迟到派生镜像中的后续构建。例如,我们可能有以下两个Dockerfile:

```
--- baseimg ---
FROM alpine
RUN apk add --no-update git make
WORKDIR /usr/src/app
ONBUILD COPY . /usr/src/app/
ONBUILD RUN git submodule init && \
            git submodule update && \
            make
--- appimg ---
FROM baseimg
EXPOSE 80
CMD ["/usr/src/app/entry"]
```

然后将在docker build上按以下顺序评估该指令:

```
$ docker build -t baseimg -f baseimg .
---
FROM alpine
RUN apk add --no-update git make
WORKDIR /usr/src/app
---
$ docker build -t appimg -f appimg .
---
COPY . /usr/src/app/
RUN git submodule init      && \
```

DevOps与容器

```
        git submodule update && \
        make
EXPOSE 80
CMD ["/usr/src/app/entry"]
```

组织 Dockerfile ● ● ● ○

尽管编写 Dockerfile 与编写构建脚本相同，但我们还应考虑更多因素来构建高效、安全且稳定的镜像。此外，Dockerfile 本身也是一个文档，保持其可读性可以简化管理工作。

假设有一个由应用程序代码、数据库和缓存组成的应用程序堆栈，我们可以从 Dockerfile 开始，如下所示：

```
---
FROM ubuntu
ADD . /app
RUN apt-get update
RUN apt-get upgrade -y
RUN apt-get install -y redis-server python python-pip mysql-server
ADD db/my.cnf /etc/mysql/my.cnf
ADD db/redis.conf /etc/redis/redis.conf
RUN pip install -r /app/requirements.txt
RUN cd /app ; python setup.py
CMD /app/start-all-service.sh
```

第一个建议是将容器专门用于一件事情，并且只用于一件事情。因此，我们将首先删除此 Dockerfile 中 mysql 和 redis 的安装和配置。接下来，使用 ADD 将代码移动到容器中，这意味着我们很可能将整个代码存储库移动到容器中。通常，很多文件与应用程序没有直接关系，包括 VCS 文件、CI 服务器配置，甚至构建缓存，我们可能不希望将它们打包进镜像。因此，建议使用 .dockerignore 过滤掉这些文件。顺便说一句，如果使用 ADD 指令，我们可以做的不仅仅是将文件添加到构建容器中。一般来说，使用 COPY 是优选的，除非确实不需要这样做。现在我们的 Dockerfile 更简单，如下所示：

```
FROM ubuntu
COPY . /app
RUN apt-get update
RUN apt-get upgrade -y
RUN apt-get install -y python python-pip
RUN pip install -r /app/requirements.txt
RUN cd /app ; python setup.py
```

基于Kubernetes的DevOps实践
容器加速软件交付

```
CMD python app.py
```

在构建镜像时，Docker引擎将尝试尽可能多地重用缓存层，这将明显减少构建时间。在我们的 `Dockerfile` 中，只要存储库中有更新，我们就必须完成整个更新和依赖安装过程。为了从构建缓存中受益，我们将根据经验重新对指令排序：首先运行频率较低的指令。

此外，正如之前所描述的，对容器文件系统的任何更改都会输出新的镜像层。即使我们删除了后续层中的某些文件，这些文件仍然占用镜像空间，因为它们仍然保留在中间层。因此，下一步是通过简单地压缩多个 `RUN` 指令来最小化镜像层。此外，为了保持 `Dockerfile` 的可读性，我们倾向于使用跨行连接符 "\" 来格式化压缩的 `RUN` 指令。

除了使用 `Docker` 的构建机制之外，我们还想编写一个可维护的 `Dockerfile`，使其更清晰、可预测和稳定。这里有一些建议可供参考：

- 使用 `WORKDIR` 而不是内建的 `cd` 命令，并使用绝对路径；
- 明确需要暴露的端口；
- 指定基础镜像的标记；
- 使用 `exec` 方式启动应用程序。

前三个建议非常简单，旨在消除歧义。最后一个是关于如何终止应用程序。当来自 Docker 守护程序的停止请求被发送到正在运行的容器时，主进程（PID 1）将收到停止信号 (`SIGTERM`)。如果在一段时间后进程未停止，则 Docker 守护程序将发送另一个信号 (`SIGKILL`) 以终止容器。Exec 方式和 shell 方式在这里有所不同。在 shell 方式中，PID 1 进程是 `"/bin/sh -c"`，而不是应用程序。此外，不同的 shell 以不同的方式处理信号。有些停止信号转发给子进程，而有些则没有。Alpine Linux 的 shell 不会转发它们。因此，为了正确停止和清理应用程序，鼓励使用 `exec` 方式。结合这些原则，我们有以下 `Dockerfile`：

```
FROM ubuntu:16.04
RUN apt-get update && apt-get upgrade -y \
&& apt-get install -y python python-pip
ENTRYPOINT ["python"]
CMD ["entry.py"]
EXPOSE 5000
WORKDIR /app
COPY requirements.txt .
RUN pip install -r requirements.txt
COPY . /app
```

还有其他一些实践可以使 `Dockerfile` 变得更好，包括从专用的较小的基础镜像开始，比如基于 Alpine 的镜像而不是某些通用目的的发行版，使用 root 以外的用户来保证安全性，并在 RUN 中删除不必要的文件。

多容器编排

随着越来越多的应用程序被打包到容器中，我们很快就会意识到需要一种能够帮助我们同时处理多个容器的工具。在本节中，我们将从简单的单个容器运行前进到编排一组容器。

容器堆积

现代系统通常构建为由多个组件组成的堆栈，这些组件分布在网络上，例如应用程序服务器、高速缓存、数据库、消息队列等。同时，组件本身也是一个包含许多子组件的独立系统。更重要的是，微服务的趋势为系统之间的这种纠缠关系带来了额外的复杂性。从这个事实来看，即使容器技术使我们在部署任务方面有一定程度的缓解，但启动系统仍然很困难。

假设我们有一个名为 kiosk 的简单应用程序，它连接到 Redis 以管理当前拥有的票数。售票后，它会通过 Redis 频道发布活动。记录器（recorder）订阅 Redis 通道，并在收到任何事件时将时间戳日志写入 MySQL 数据库。

对于 **kiosk** 和 **recorder**，可以在此处找到代码及对应的 Dockerfiles：https://github.com/DevOps-with-Kubernetes/examples/tree/master/chapter2。

架构如下：

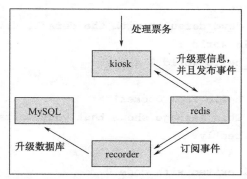

我们已经知道如何单独启动这些容器，并将它们相互连接。根据之前讨论过的内容，首先创建一个桥接网络，并在其中运行容器：

```
$ docker network create kiosk
```

```
$ docker run -d -p 5000:5000 \
                 -e REDIS_HOST=lcredis --network=kiosk kiosk-example
$ docker run -d --network-alias lcredis --network=kiosk redis
$ docker run -d -e REDIS_HOST=lcredis -e MYSQL_HOST=lmysql \
-e MYSQL_ROOT_PASSWORD=$MYPS -e MYSQL_USER=root \
--network=kiosk recorder-example
$ docker run -d --network-alias lmysql -e MYSQL_ROOT_PASSWORD=$MYPS \
 --network=kiosk mysql:5.7
```

到目前为止，一切运作良好。但是，如果下次想要再次启动相同的堆栈，我们的应用程序很可能在数据库之前启动，如果任何传入连接请求对数据库进行任何更改，它们可能会失败。换句话说，我们必须考虑启动脚本中的启动顺序。此外，脚本也无法解决诸如如何处理随机组件崩溃、如何管理变量、如何扩展某些组件等问题。

Docker Compose 概述 ●●●●

Docker Compose 是一个使我们能够轻松运行多个容器的工具，它是 Docker CE 发行版中的内置工具。它所做的就是读取 `docker-compose.yml`（或 .yaml）来运行定义的容器。`docker-compose` 文件是基于 YAML 的模板，它通常具有如下形式：

```
version: '3'
services:
   hello-world:
      image: hello-world
```

启动它非常简单：将模板保存到 `docker-compose.yml`，并使用 `docker-compose up` 命令启动：

```
$ docker-compose up
Creating network "cwd_default" with the default driver
Creating cwd_hello-world_1
Attaching to cwd_hello-world_1
hello-world_1  |
hello-world_1  | Hello from Docker!
hello-world_1  | This message shows that your installation appears
to be working correctly.
...
cwd_hello-world_1 exited with code 0
```

让我们看看 `docker-compose` 在 up 命令后面做了什么。

Docker Compose 基本上是多个容器的 Docker 函数的混合体。例如，`docker build` 的对应项是 `docker-compose build`；前者构建 Docker 镜像，后者构建了

dockercompose.yml 中列出的 Docker 镜像。但是有一点需要指出，docker-compose run 命令不是 docker run 的对应项，它从 docker-compose.yml 中的配置运行特定容器。事实上，最接近 docker run 的命令是 docker-compose up。

docker-compose.yml 文件由卷、网络和服务的配置组成。此外，应该有一个版本定义来指示使用 docker-compose 格式的版本。通过对模板结构的这种理解，前面的 hello-world 示例就很清楚了；它创建了一个名为 hello-world 的服务，由镜像 hello-world:latest 创建。

由于没有定义网络，docker-compose 会创建一个带有默认驱动程序的新网络，并将服务连接到这一网络，如示例输出的第 1 行到第 3 行所示。

此外，容器的网络名称将是服务的名称。你可能会注意到控制台中显示的名称与 dockercompose.yml 中的原始名称略有不同。这是因为 Docker Compose 试图避免容器之间的名称冲突。因此，Docker Compose 使用其生成的名称运行容器，并使用服务名称创建网络别名。在此示例中，"hello-world"和"cwd_hello-world_1"都可以被同一网络中的其他容器解析。

组合容器

由于 Docker Compose 在很多方面与 Docker 相同，因此理解如何使用示例编写 docker-compose.yml 比从 docker-compose 语法开始学习更有效。这里让我们回到之前的 kiosk-example，然后从版本定义和四个服务开始：

```
version: '3'
services:
  kiosk-example:
  recorder-example:
  lcredis:
  lmysql:
```

kiosk-example 的 docker run 参数非常简单，包括发布端口和环境变量。在 Docker Compose 中，我们相应地填充源镜像、发布端口和环境变量。因为 Docker Compose 能够处理 docker build，所以如果无法在本地找到这些镜像，它将构建镜像。我们很可能希望利用它来进一步减少镜像管理工作：

```
kiosk-example:
  image: kiosk-example
  build: ./kiosk
  ports:
  - "5000:5000"
  environment:
```

```
    REDIS_HOST: lcredis
```

以同样的方式转换 `recorder-example` 和 `redis` 的 Docker 运行参数，我们有这样一个模板可供参考：

```
version: '3'
services:
  kiosk-example:
    image: kiosk-example
    build: ./kiosk
    ports:
    - "5000:5000"
    environment:
      REDIS_HOST: lcredis
  recorder-example:
    image: recorder-example
    build: ./recorder
    environment:
      REDIS_HOST: lcredis
      MYSQL_HOST: lmysql
      MYSQL_USER: root
      MYSQL_ROOT_PASSWORD: mysqlpass
  lcredis:
    image: redis
    ports:
    - "6379"
```

对于 MySQL 部分，它需要一个数据卷来保存其数据和配置。因此，对于 `lmysql` 部分，我们在服务级别添加卷，并使用空映射 `mysql-vol` 来声明数据卷：

```
  lmysql:
    image: mysql:5.7
    environment:
      MYSQL_ROOT_PASSWORD: mysqlpass
    volumes:
    - mysql-vol:/var/lib/mysql
    ports:
    - "3306"
--volumes:
  mysql-vol:
```

结合以上所有配置，我们有了一个最终模板，如下所示：

DevOps与容器

```yaml
docker-compose.yml
---
version: '3'
services:
  kiosk-example:
    image: kiosk-example
    build: ./kiosk
    ports:
     - "5000:5000"
    environment:
      REDIS_HOST: lcredis
  recorder-example:
    image: recorder-example
    build: ./recorder
    environment:
      REDIS_HOST: lcredis
      MYSQL_HOST: lmysql
      MYSQL_USER: root
      MYSQL_ROOT_PASSWORD: mysqlpass
  lcredis:
   image: redis
   ports:
   - "6379"
  lmysql:
    image: mysql:5.7
    environment:
      MYSQL_ROOT_PASSWORD: mysqlpass
    volumes:
    - mysql-vol:/var/lib/mysql
    ports:
    - "3306"
volumes:
  mysql-vol:
```

这个文件放在项目的根文件夹中，对应的文件树如下所示：

```
├── docker-compose.yml
├── kiosk
│   ├── Dockerfile
│   ├── app.py
```

```
|       └── requirements.txt
└── recorder
        ├── Dockerfile
        ├── process.py
        └── requirements.txt
```

最后，运行 `docker-compose up` 检查一切是否正常。我们可以通过发送 GET /tickets 请求来检查我们的服务是否已经启动。

为 Docker Compose 编写模板基本就是这样的过程。现在我们能够轻松地运行应用程序堆栈。

总结 ●●●●

从 Linux 容器的基本元素到 Docker 工具栈，我们讨论了应用程序容器化的各个方面，包括打包和运行 Docker 容器、编写基于代码的不可变部署的 `Dockerfile`，以及使用 Docker Compose 操作多个容器。然而，我们在本章中获得的能力只允许我们在同一个主机中运行和连接容器，这限制了构建更大应用程序的可能性。因此，在下一章中，我们将会了解到 Kubernetes，它将释放容器的能力，超越规模上的限制。

Kubernetes 入门

我们已经了解到容器可以带来诸多好处,但是如果需要扩展服务以满足业务需求呢?有没有什么方法可以跨多台主机构建服务,而无须处理烦琐的网络和存储设置?除此之外,是否还有其他简单的方法可以在不同的服务周期内管理和部署微服务?这就是我们引入 Kubernetes 的原因。在本章中,我们将学习到:

- Kubernetes 基本概念;
- Kubernetes 组件;
- Kubernetes 资源和配置;
- 通过 Kubernetes 启动 Kiosk 应用程序。

理解 Kubernetes

Kubernetes 是一个跨多主机的应用程序容器管理平台。它为面向容器的应用程序提供了丰富的管理特性,如自动扩展、滚动部署、计算资源和存储卷管理等。Kubernetes 与容器具有相同的天然属性,它被设计为可以运行在任何地方,因此我们可以将它运行在裸机上、在自己的数据中心内部、在公有云上,抑或是混合云中。

Kubernetes 考虑到了应用程序容器的大部分操作需求,主要包括:

- 容器部署;
- 持久化存储;
- 容器监控;
- 计算资源管理;
- 自动扩展;
- 高可用(集群联邦)。

基于Kubernetes的DevOps实践
容器加速软件交付

Kubernetes 是微服务的完美搭档。通过 Kubernetes，我们可以创建一个部署（Deployment）来部署、升级或者回滚特定的容器（参见第 7 章《持续交付》）。容器通常被看作临时资源，我们可以将存储卷挂载到容器，以将数据保存在单台主机内。在集群环境下，容器可能被调度到任意一台主机上运行，那如何使存储卷挂载成为永久存储？Kubernetes 引入卷（Volumes）和持久卷（Persistent Volumes）来解决这个问题（参见第 4 章《存储与资源管理》）。容器的生命周期可能非常短暂，当它们超过资源限制时，很可能就会被停掉或者中止，那如何确保服务始终以一定数量的容器运行呢？Kubernetes 中的 ReplicationController 或 ReplicaSet 会确保一定数量的容器正常工作，同时 Kubernetes 支持存活探针（liveness probe）检测，以帮助检查应用程序的健康状况。为了更好地管理资源，我们还可以定义 Kubernetes 节点上的最大容量和每组容器（称为 Pod）的资源限制，然后 Kubernetes 调度器会选择一个满足资源条件的节点来运行容器。我们将在第 4 章《存储与资源管理》中了解更多这方面的内容。Kubernetes 还提供了可选的水平自动扩展功能，利用此功能，可以按照资源或者自定义指标对容器进行横向扩展。对于经验丰富的读者，应该知道 Kubernetes 的设计是具备高可用性（HA）的，可以通过创建多个 Master 主节点来避免单点故障。

Kubernetes 组件 ●●●

Kubernetes 集群包含两大组件。
- **Master 组件**：Kubernetes 的核心，控制和调度集群中的所有活动。
- 节点组件：运行容器的工作节点。

Master 组件

Master 组件包括 API 服务器（API server）、控制器管理器（Controller Manager）、调度器（Scheduler）和 etcd。所有组件都可以在集群中的任何节点上运行。然而，为了简化学习，我们将所有组件部署在同一节点上运行。

API 服务器（kube-apiserver）

API 服务器提供 HTTP / HTTPS 服务，该服务为 Kubernetes 主机中的所有组件提供 RESTful API 支持。例如，可以通过 GET 请求获取资源状态（如 Pod），通过 POST 请求创建新资源或者监控资源。此外，API 服务器会读取并更新 etcd（Kubernetes 的后端数据存储）。

控制器管理器（kube-controller-manager）

控制器管理器控制着集群中多种不同的资源。副本控制器（ReplicationController）确保系统中每个 ReplicationController 对象都按照设定数量的容器运行。节点控制器（Node Controller）在节点宕机时会做出响应，然后它会疏散运行在节点上的 Pod。端点控制器（Endpoint Controller）用于关联服务和 Pod 之间的关系。服务账户控制器（Service Account Controller）和令牌控制器（Token Controller）为新的命名空间创建默认账户和 API 访问令牌。

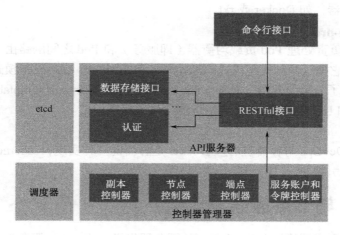

Master 组件

etcd

etcd 是一个开源的分布式键值存储系统（https://coreos.com/etcd），Kubernetes 用它存储所有 RESTful API 对象，然后由 etcd 来负责数据的存储和复制。

调度器（kube-scheduler）

调度器根据节点上的资源容量或者资源利用率选择适合 Pod 运行的节点，它还会考虑将同一集合中的 Pod 分散到不同的节点。

节点组件

每个节点上都需要安装和运行以下组件，记录 Pod 的运行时状态，并报告给 Master。

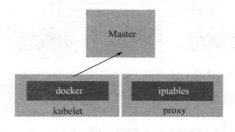

节点组件

kubelet

kubelet 是节点中的主要进程，周期性地将节点活动报告给 kube-apiserver，例如 Pod 的健康状况、节点的健康状况和存活探针（liveness probe）。如上图所示，kubelet 通过容器运行时运行容器，如 Docker 或 rkt。

代理（kube-proxy）

kube-proxy 负责处理 Pod 负载均衡器（即服务）和 Pod 之间的路由，以及从外部访问服务的路由。它提供两种代理模式：userspace 和 iptables。userspace 模式切换内核空间和用户空间带来了大量的开销，而 iptables 模式通过修改 Linux 中的 iptables NAT 以实现跨容器的 TCP 和 UDP 数据包路由，是目前默认的代理模式。

Docker

如第 2 章《DevOps 与容器》所述，Docker 是容器的一种实现，Kubernetes 使用 Docker 作为默认的容器引擎。

Master 与节点通信 ●●●●

在下图中，客户端使用 kubectl 向 API 服务器发送请求；API 服务器响应该请求，在 etcd 中推送和提取相应的对象信息。调度器（Scheduler）决定应该分配哪个节点来执行任务（例如运行 Pod）。控制器管理器 Controller Manager 监控正在运行的任务，当状态异常时做出响应。另一方面，API 服务器通过 kubelet 从 Pod 获取日志，并作为 Master 组件之间的转发中心。

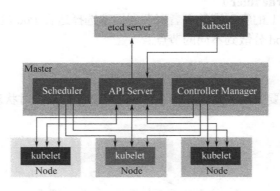

Master 与节点通信

开始使用 Kubernetes ●●●●

在本节中，我们首先学习如何创建一个单节点 Kubernetes 集群，然后了解如何通过

Kubernetes入门

命令行工具 kubectl 与 Kubernetes 进行交互。接下来，我们会逐步掌握 Kubernetes 重要的 API 对象，以及其在 YAML 文件（作为 kubectl 的输入）中的编写形式，并通过 kubectl 将相应的请求发送到 API 服务器。

准备环境 ●●●●

创建集群最简单的方法是运行 minikube（https://github.com/kubernetes/minikube），它是一个在本地单个节点上快速运行 Kubernetes 的工具，适用于 Windows、Linux 和 macOS 系统。在接下来的示例中，我们将在 macOS 上运行。minikube 将启动一个安装了 Kubernetes 的虚拟机，我们可以通过 kubectl 与它进行交互。

请注意，minikube 不适合在生产环境或者任何高负载环境中使用。单节点本身会有一些限制，我们将在第 9 章《AWS 上的 Kubernetes》和第 10 章《GCP 上的 Kubernetes》中学习如何构建一个真正生产级别的集群。

在安装 minikube 之前，我们必须首先安装 Homebrew（https://brew.sh/）和 VirtualBox（https://www.virtualbox.org/）。Homebrew 是 macOS 中一个非常有用的软件包管理器，可以通过/usr/bin/ruby -e "$(curl -fsSL https://raw.githubusercontent.com/Homebrew/install/master/install)" 命令轻松安装 Homebrew，然后从 Oracle 网站下载安装 VirtualBox。

让我们开始吧！首先通过命令 brew cask install minikube 来安装 minikube：

```
// install minikube
# brew cask install minikube
==> Tapping caskroom/cask
==> Linking Binary 'minikube-darwin-amd64' to '/usr/local/bin/minikube'.
...
minikube was successfully installed!
```

minikube 安装完成后，启动集群：

```
// start the cluster
# minikube start
Starting local Kubernetes v1.6.4 cluster...
Starting VM...
Moving files into cluster...
Setting up certs...
Starting cluster components...
Connecting to cluster...
Setting up kubeconfig...
Kubectl is now configured to use the cluster.
```

基于Kubernetes的DevOps实践
容器加速软件交付

这将在本地启动一个 Kubernetes 集群，在撰写本书时，Kubernetes 的最新版本是 v1.6.4。在 VirtualBox 中会启动一个名为 `minikube` 的虚拟机，然后通过它来设置 `kubeconfig`，这是一个定义集群上下文 context 和身份验证的配置文件。

我们可以通过 `kubectl` 命令来设置 `kubeconfig` 以切换到不同的集群，使用 `kubectl config view` 命令查看当前 `kubeconfig` 的设置：

```
apiVersion: v1
  # cluster and certificate information
  clusters:
  - cluster:
      certificate-authority-data: REDACTED
      server: https://35.186.182.157
    name: gke_devops_cluster
  - cluster:
      certificate-authority: /Users/chloelee/.minikube/ca.crt
      server: https://192.168.99.100:8443
    name: minikube
  # context is the combination of cluster, user and namespace
  contexts:
  - context:
      cluster: gke_devops_cluster
      user: gke_devops_cluster
    name: gke_devops_cluster
  - context:
      cluster: minikube
      user: minikube
    name: minikube
  current-context: minikube
  kind: Config
  preferences: {}
  # user information
  users:
  - name: gke_devops_cluster
    user:
      auth-provider:
        config:
          access-token: xxxx
          cmd-args: config config-helper --format=json
```

Kubernetes入门

```
      cmd-path: /Users/chloelee/Downloads/google-cloud-sdk/bin/gcloud
      expiry: 2017-06-08T03:51:11Z
      expiry-key: '{.credential.token_expiry}'
      token-key: '{.credential.access_token}'
    name: gcp
# namespace info
- name: minikube
  user:
    client-certificate: /Users/chloelee/.minikube/apiserver.crt
    client-key: /Users/chloelee/.minikube/apiserver.key
```

当前我们使用的是集群名称和用户名均为 `minikube` 的 context。context 包含了集群的认证信息和连接信息。如果存在多个 context，可以使用 `kubectl config use-context $context` 来强制切换。

最后，我们需要在 `minikube` 中启用 kube-dns 插件，kube-dns 是 Kubernetes 中的 DNS 服务。

```
// enable kube-dns addon
# minikube addons enable kube-dns
kube-dns was successfully enabled
```

kubectl

`kubectl` 是控制 Kubernetes 集群的命令行工具，最常用的命令是查看集群版本：

```
// check Kubernetes version
# kubectl version
Client Version: version.Info{Major:"1", Minor:"6", GitVersion:"v1.6.2",
GitCommit:"477efc3cbe6a7effca06bd1452fa356e2201e1ee", GitTreeState:"clean",
BuildDate:"2017-04-19T20:33:11Z", GoVersion:"go1.7.5", Compiler:"gc",
Platform:"darwin/amd64"}
Server Version: version.Info{Major:"1", Minor:"6", GitVersion:"v1.6.4",
GitCommit:"d6f433224538d4f9ca2f7ae19b252e6fcb66a3ae", GitTreeState:"clean",
BuildDate:"2017-05-30T22:03:41Z", GoVersion:"go1.7.3", Compiler:"gc",
Platform:"linux/amd64"}
```

在撰写本书时，我们使用的是 Kubernetes 的最新版本 v1.6.4。`kubectl` 的一般语法是：

```
kubectl [command] [type] [name] [flags]
```

参数 command 指示要执行的操作，如果在终端中输入 `kubectl help`，它将显示所有支持的命令。类型 type 指的是资源类型，我们将在下一节中学习主要的资源类型。

名称 name 表示如何命名资源，建议的做法是始终使用清晰明了的命名方式。对于标志 flag，如果输入 kubectl options，它将显示可以传递的所有标志。

kubectl 使用起来非常方便，可以通过添加 --help 参数来获取某个命令的帮助信息。例如：

```
// show detailed info for logs command
kubectl logs --help
Print the logs for a container in a pod or specified resource. If the pod
has only one container, the container name is
optional.
Aliases:
logs, log
Examples:
  # Return snapshot logs from pod nginx with only one container
  kubectl logs nginx
  # Return snapshot logs for the pods defined by label
app=nginx
  kubectl logs -lapp=nginx
  # Return snapshot of previous terminated ruby container logs
from pod web-1
  kubectl logs -p -c ruby web-1
...
```

通过上述命令我们就可以获取 kubectl logs 所有支持的选项。

Kubernetes 资源 ●●●

Kubernetes 对象是集群中的各类资源，这些对象的信息存储在 etcd 中，它们代表着集群的状态。当创建一个对象时，我们通过 kubectl 或 RESTful API 将请求发送到 API 服务器，API 服务器会将状态存储到 etcd 中，并与其他 Master 组件进行交互以确保该对象存在。根据不同的团队、用途、项目或环境，Kubernetes 使用命名空间（namespace）对这些对象进行逻辑隔离，每个对象都有自己的名称和唯一的 ID。Kubernetes 还支持标签 label 和注解（annotation）用来给对象做标记。另外，还可以使用 label 将对象进行分组。

Kubernetes 对象

对象规约 spec 描述了 Kubernetes 对象的目标状态。大多数情况下，我们编写一个对象规约，然后通过 kubectl 将规约发送到 API 服务器，Kubernetes 将尝试实现目标状态，并更新对象信息。

Kubernetes入门

对象规约可以用 YAML（http://www.yaml.org/）或 JSON（http://www.json.org/）编写，其中 YAML 在 Kubernetes 中更为常见。在本书的其余部分，我们将使用 YAML 来编写对象规约。以下代码是一个 YAML 格式的 spec 片段：

```
apiVersion: Kubernetes API version
kind: object type
metadata:
  spec metadata, i.e. namespace, name, labels and annotations
spec:
  the spec of Kubernetes object
```

命名空间

Kubernetes 命名空间是集群的逻辑隔离。不同命名空间中的对象彼此不可见，当不同的团队或项目共享相同的集群时，这个功能非常有帮助。大多数资源都在命名空间之下，然而有些通用资源，如节点或命名空间本身，不属于任何命名空间。Kubernetes 默认有三个命名空间：

- default；
- kube-system；
- kube-public。

如果没有明确地给资源分配命名空间，它将分配到当前上下文的命名空间中。如果我们始终不添加新命名空间，将会一直使用默认的命名空间。

Kubernetes 系统创建的对象（例如 addon 插件）使用 kube-system 命名空间，这些对象主要是实现集群功能（例如仪表盘）的 Pod 或服务。在 Kubernetes 1.6 中新引入了 kube-public 命名空间，供 beta 版的 controller manager（BootstrapSigner, https://kubernetes.io/docs/admin/bootstrap-tokens）使用，将已签名的集群位置信息放入 kube-public 命名空间，以便这些信息可以被认证或者未认证的用户看到。

在接下来的章节中，所有命名空间资源将位于默认命名空间中。命名空间对于资源管理和角色管理也非常重要，我们将在第 8 章《集群管理》中介绍更多相关内容。

名称

Kubernetes 中的每个对象都拥有自己的名称。一个资源的对象名称是同一命名空间内的唯一标识。Kubernetes 使用对象名称作为 API 服务器中资源 URL 的一部分，因此它必须是小写字母、数字、下划线和点的组合，不能超过 254 个字符。除了对象名称，Kubernetes 还为每个对象分配一个唯一的 ID（UID）以区分曾经存在的类似条目。

标签和选择器

标签 label 是一组键值对，可以附加给对象。标签旨在为对象指定有意义的标识信息，常见用法是标注微服务名称、架构层级、环境和软件版本。用户可以自定义有意义的标签，然后与选择器 selector 一起使用。对象规约中的标签语法是：

```
labels:
  $key1: $value1
  $key2: $value2
```

标签选择器通过标签过滤对象。内容以逗号分隔，如需加入多个条件，可以使用 AND 逻辑运算符进行联合。目前有两种方法可以用来过滤：

- 基于等式的条件；
- 基于集合的条件。

基于等式的条件支持操作符=、==和!=。例如，如果选择器是 `chapter=2, version!=0.1`，结果将是**对象 C**。如果需求是 `version=0.1`，则结果将是**对象 A** 和**对象 B**。如果我们将基于等式的条件写入对象规约，格式如下所示：

```
selector:
  $key1: $value1
```

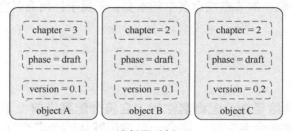

选择器示例

基于集合的条件支持操作符 `in`、`notin` 和 `exists`（仅用于 key）。例如，如果条件是 `chapter in (3, 4)`，则将返回**对象 A**。如果条件为 `version notin (0.2), !author_info`，则结果将是**对象 A** 和**对象 B**。如果我们编写包含基于集合的条件的对象规约，可以参考以下示例：

```
selector:
  matchLabels:
    $key1: $value1
  matchExpressions:
    {key: $key2, operator: In, values: [$value1, $value2]}
```

条件 `matchLabels` 和 `matchExpressions` 组合在了一起，这意味着过滤对象需要同时符合这两个条件。

我们将会在 ReplicationController、Service、ReplicaSet 和 Deployment 部分继续了解这些概念。

注解

注解（annotation）是一组用户指定的键值对，用于指定非标识信息的元数据。对于注解行为，例如普通标记，用户可以添加时间戳、代码提交的哈希值或系统构建号以进行注解。某些 kubectl 命令支持--record 选项，以将对象进行更改的命令记录到注解中。另一个注解用例是存储配置信息，例如 Deployments（https://kubernetes.io/docs/concepts/workloads/controllers/deployment）或重要插件（https://coreos.com/kubernetes/docs/latest/deploy-addons.html）。注解的语法如下所示，内容写在规约的 metadata 部分：

```
annotations:
  $key1: $value1
  $key2: $value2
```

 命名空间、名称、标签和注解均位于对象规约的 metadata 部分。选择器位于资源（例如 ReplicationController、Service、ReplicaSet 和 Deployment）的 spec 部分。

Pod

Pod 是 Kubernetes 中最小的部署单元，它可以包含一个或多个容器。大多数情况下，每个 Pod 仅包含一个容器，但在某些特殊情况下，同一个 Pod 中需要包含多个容器，例如 Sidecar 容器（http://blog.kubernetes.io/2015/06/the-distributed-system-toolkit-patterns.html）。同一个 Pod 中的容器运行在同一个节点，并共享上下文、网络命名空间和卷。Pod 最后都会被终止，当一个 Pod 由于某些原因而被关闭，比如在缺乏资源的情况下被 Kubernetes 控制器终止，它并不会自行恢复。取而代之的是，Kubernetes 控制器会根据 Pod 的目标状态进行重新创建和管理。

可以使用命令 kubectl explain <resource>来获取资源的详细描述，结果将显示该资源支持的各个字段，如下所示：

```
// get detailed info for `pods`
# kubectl explain pods
DESCRIPTION:
Pod is a collection of containers that can run on a host. This
resource is
created by clients and scheduled onto hosts.
FIELDS:
  metadata  <Object>
    Standard object's metadata. More info:
    http://releases.k8s.io/HEAD/docs/devel/api-
    conventions.md#metadata
  spec  <Object>
    Specification of the desired behavior of the pod.
```

```
      More info:
      http://releases.k8s.io/HEAD/docs/devel/api-
      conventions.md#spec-and-status
   status       <Object>
      Most recently observed status of the pod. This data
      may not be up to date.
      Populated by the system. Read-only. More info:
      http://releases.k8s.io/HEAD/docs/devel/api-
      conventions.md#spec-and-status
   apiVersion   <string>
      APIVersion defines the versioned schema of this
      representation of an
      object. Servers should convert recognized schemas to
      the latest internal
      value, and may reject unrecognized values. More info:
      http://releases.k8s.io/HEAD/docs/devel/api-
      conventions.md#resources
   kind   <string>
      Kind is a string value representing the REST resource
      this object represents. Servers may infer this from
      the endpoint the client submits
      requests to. Cannot be updated. In CamelCase. More
         info:
      http://releases.k8s.io/HEAD/docs/devel/api-
      conventions.md#types-kinds
```

在下面的示例中，我们将演示如何在一个 Pod 中创建两个容器及它们如何互相访问。需要注意的是，该示例并不具备实际意义，也不是经典的 Sidecar 模式，它们仅用于当前特定的场景。以下内容仅演示 Pod 中的容器如何访问对方：

```
// an example for creating co-located and co-scheduled container by pod
# cat 3-2-1_pod.yaml
apiVersion: v1
kind: Pod
metadata:
  name: example
spec:
  containers:
    - name: web
      image: nginx
```

Kubernetes入门

```
    - name: centos
      image: centos
      command: ["/bin/sh", "-c", "while : ;do curl http://localhost:80/;
    sleep 10; done"]
```

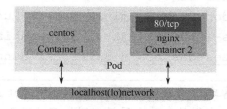

通过 localhost 访问 Pod 中的容器

这个规约创建了两个容器：Web 和 CentOS。Web 是一个 nginx 容器（https://hub.docker.com/_/nginx/），默认情况下暴露 80 端口。因为 CentOS 与 nginx 共享上下文，因此，在 CentOS 容器中对 http://localhost:80/ 执行 curl 命令时，可以访问到 nginx 服务。

接下来使用 kubectl create 命令创建 Pod，利用-f 选项让 kubectl 读取文件中的数据。

```
// create the resource by `kubectl create` - Create a resource by file
name or stdin
# kubectl create -f 3-2-1_pod.yaml
pod "example" created
```

 创建资源时，在 kubectl 命令的末尾添加--record=true 选项，Kubernetes 会在创建或更新此资源时记录最近使用的命令，因此可以查看资源是由哪个规约创建或更新的。

使用 kubectl get <resource>命令可以获取对象的当前状态，接下来执行 kubectl get pods 命令进行查看：

```
// get the current running pods
# kubectl get pods
NAME        READY   STATUS              RESTARTS    AGE
example     0/2     ContainerCreating   0           1s
```

/ 063 /

添加选项 `--namespace=$namespace_name` 可以访问不同命名空间中的对象。下面是查看 kube-system 命名空间中系统使用的 Pod 的示例：

```
# kubectl get pods --namespace=kube-system
NAME                              READY   STATUS    RESTARTS   AGE
kube-addon-manager-minikube       1/1     Running   2          3d
kube-dns-196007617-jkk4k          3/3     Running   3          3d
kubernetes-dashboard-3szrf        1/1     Running   1          3d
```

大多数对象都有对应的缩写，当使用 `kubectl get <object>` 来列出对象状态时，它们就会派上用场。例如可以将 Pod 简化成 po，将 service 简化成 svc，将 deployment 简化成 deploy。输入 `kubectl get` 以了解更多内容。

在刚刚的例子中，Pod 的状态是 `ContainerCreating`，在这个阶段，Kubernetes 已经接受了请求，正在调度这个 Pod 并拉取相应的镜像，当前并没有容器正在运行。稍等一会儿，再次查看状态：

```
// get the current running pods
# kubectl get pods
NAME      READY   STATUS    RESTARTS   AGE
example   2/2     Running   0          3s
```

可以看到有两个容器正在运行，已经运行了 3 秒。类似于 `docker logs <container_name>`，使用 `kubectl logs <pod_name> -c <container_name>` 可以获取容器的 stdout 标准输出信息：

```
// get stdout for centos
# kubectl logs example -c centos
<!DOCTYPE html>
<html>
<head>
<title>Welcome to nginx!</title>
...
```

此 Pod 中的 CentOS 容器与 nginx 通过 localhost 共享网络空间。Kubernetes 会在 Pod 中创建一个网络容器，它的功能之一是转发 Pod 中容器之间的流量。我们将在第 5 章《网络与安全》中进一步学习相关内容。

Kubernetes入门

如果我们在Pod规约中指定标签,则可以使用 kubectl get pods -l <requirement>命令来获取满足条件的Pod,例如 kubectl get pods -l 'tier in (frontend, backend)'。此外,如果我们使用 kubectl get pods -o wide,它会列出pod正在哪个节点上运行。

可以使用 kubectl describe <resource> <resource_name>来获取资源的详细信息:

```
// get detailed information for a pod
# kubectl describe pods example
Name:       example
Namespace:  default
Node:       minikube/192.168.99.100
Start Time: Fri, 09 Jun 2017 07:08:59 -0400
Labels:     <none>
Annotations: <none>
Status:     Running
IP:         172.17.0.4
Controllers: <none>
Containers:
```

现在我们知道Pod运行的节点,在minikube中我们只有一个节点,所以它没有任何区别。但是在真正的集群环境中,知道运行在哪个节点对故障排除很有用。此处我们没有关联任何标签、注解和控制器。

在容器这部分,我们看到Pod中包含两个容器,可以查看它们的状态、镜像和重启次数。

```
web:
  Container ID:
  docker://a90e56187149155dcda23644c536c20f5e039df0c174444e 0a8c8
  7e8666b102b
Image: nginx
  Image ID:
docker://sha256:958a7ae9e56979be256796dabd5845c704f784cd422734184999cf91f24
  c2547
  Port:
  State:      Running
    Started:  Fri, 09 Jun 2017 07:09:00 -0400
  Ready:      True
  Restart Count: 0
```

/ 065 /

```
      Environment:    <none>
    Mounts:
        /var/run/secrets/kubernetes.io/serviceaccount from
        default-token-jd1dq (ro)
    centos:
    Container ID:
docker://778965ad71dd5f075f93c90f91fd176a8add4bd35230ae0fa6c73cd1c2158f0b
    Image:       centos
    Image ID:
docker://sha256:3bee3060bfc81c061ce7069df35ce090593bda584d4ef464bc0f38086c1
  1371d
    Port:
      Command:
        /bin/sh
        -c
        while : ;do curl http://localhost:80/; sleep 10;
        done
      State:       Running
      Started:     Fri, 09 Jun 2017 07:09:01 -0400
      Ready:       True
      Restart Count:  0
      Environment:    <none>
      Mounts:
          /var/run/secrets/kubernetes.io/serviceaccount from default-
token-jd1dq (ro)
```

每个 Pod 有一个状态信息 PodStatus，包含一组映射 PodConditions。其中的键可能有 PodScheduled、Ready、Initialized 和 Unschedulable，值可能为 true、false 或者 unknown。如果相应 Pod 没有被创建出来，PodStatus 会简要说明失败的原因。

```
    Conditions:
      Type     Status
      Initialized    True
      Ready      True
      PodScheduled   True
```

Pod 会与服务账户（service account）关联，该服务账户为正在运行 Pod 的进程提供标识。它由 API 服务器中的服务账户和令牌控制器（token controller）控制。

Pod 中的 /var/run/secrets/kubernetes.io/serviceaccount 目录会挂载

Kubernetes入门

一个只读存储卷，里面包含了具有 API 访问权限的 token。Kubernetes 会创建一个默认的服务账户，可以使用 `kubectl get serviceaccounts` 命令查看。

```
Volumes:
    default-token-jd1dq:
      Type:    Secret (a volume populated by a Secret)
      SecretName:  default-token-jd1dq
      Optional:    false
```

我们还没有给 Pod 分配任何选择器。QoS 意味着资源服务质量，容忍（toleration）用于限制节点运行 Pod 的数量。我们将在第 8 章《集群管理》中了解更多信息：

```
QoS Class:       BestEffort
Node-Selectors:  <none>
Tolerations:     <none>
```

通过查看事件，我们可以知道 Kubernetes 运行节点的过程。首先，调度器将任务分配给一个节点，在这里它是 minikube。然后 minikube 上的 kubelet 开始拉取第一个镜像并创建相应的容器，然后 kubelet 再拉取第二个镜像并运行容器。

```
Events:
  FirstSeen  LastSeen  Count  From              SubObjectPath         Type
  Reason     Message
  ---------  --------  -----  ----              -------------         ------
  --         -------   -------
  19m        19m       1      default-scheduler                       Normal    Scheduled       Successfully assigned example to minikube
  19m        19m       1      kubelet, minikube  spec.containers{web}
  Normal     Pulling   pulling image "nginx"
  19m        19m       1      kubelet, minikube  spec.containers{web}
  Normal     Pulled    Successfully pulled image "nginx"
  19m        19m       1      kubelet, minikube  spec.containers{web}
  Normal     Created   Created container with id
  a90e56187149155dcda23644c536c20f5e039df0c174444e0a8c87e8666b102b
  19m        19m       1      kubelet, minikube  spec.containers{web}
  Normal     Started   Started container with id
  a90e56187149155dcda23644c536c20f5e039df0c174444e0a8c87e8666b102b
  19m        19m       1      kubelet, minikube  spec.containers{centos}
  Normal     Pulling   pulling image "centos"
  19m        19m       1      kubelet, minikube  spec.containers{centos}
  Normal     Pulled    Successfully pulled image "centos"
  19m        19m       1      kubelet, minikube  spec.containers{centos}
```

```
Normal     Created    Created container with id
778965ad71dd5f075f93c90f91fd176a8add4bd35230ae0fa6c73cd1c2158f0b
 19m       19m       1 kubelet, minikube  spec.containers{centos}
Normal     Started    Started container with id
778965ad71dd5f075f93c90f91fd176a8add4bd35230ae0fa6c73cd1c2158f0b
```

ReplicaSet (RS) 和 ReplicationController (RC)

当 Pod 遭遇故障时，它并不会自行恢复。**ReplicaSet**（**RS**）和 **ReplicationController**（**RC**）此时可以起到修复的作用。ReplicaSet 和 ReplicationController 都将确保指定数量的副本容器始终在集群中运行。如果由于某种原因导致 Pod 崩溃，ReplicaSet 和 ReplicationController 将请求启动一个新的 Pod。

在最新版 Kubernetes 中，ReplicationController 逐渐被 ReplicaSet 所取代。它们具有相同的概念，只是对 Pod 选择器使用不同的条件。ReplicationController 使用基于等式的选择器条件，而 ReplicaSet 使用基于集合的选择器条件。ReplicaSet 通常不是由用户创建的，而是由 Deployments 对象创建，而 ReplicationController 则是由用户自己创建的。在本节中，我们将通过示例来解释 RC 的概念，方便大家理解。然后我们会在最后介绍 ReplicaSet。

假设希望创建一个 ReplicationController 对象，并且期望 Pod 数为 2，这意味着将始终有两个 Pod 在正常工作。在为 ReplicationController 编写规约之前，我们必须先确定 Pod 的模板，Pod 模板 template 与 Pod 的规约类似。在模板中，metadata 部分中的标签是必需的。ReplicationController 使用 Pod 选择器来选择它管理的 Pod。标签允许 ReplicationController 区分是否所有与选择器匹配的容器运行状态。

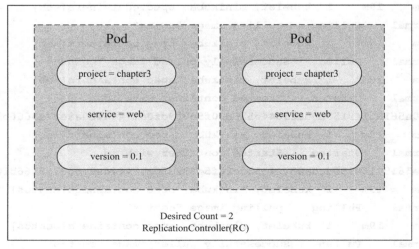

Pod 数量为 2 的 ReplicationController

Kubernetes入门

在本例中，我们将创建两个标签为project，service和version的Pod，如上图所示：

```yaml
// an example for rc spec
# cat 3-2-2_rc.yaml
apiVersion: v1
kind: ReplicationController
metadata:
  name: nginx
spec:
  replicas: 2
  selector:
   project: chapter3
   service: web
   version: "0.1"
  template:
   metadata:
    name: nginx
    labels:
     project: chapter3
     service: web
     version: "0.1"
   spec:
    containers:
    - name: nginx
      image: nginx
      ports:
      - containerPort: 80
// create RC by above input file
# kubectl create -f 3-2-2_rc.yaml
replicationcontroller "nginx" created
```

然后使用kubectl获取当前RC的状态：

```
// get current RCs
# kubectl get rc
NAME      DESIRED     CURRENT     READY     AGE
nginx     2           2           2         5s
```

它显示我们期望有两个Pod运行，目前有两个Pod在运行，两个Pod已经准备好了。那我们现在到底有多少个Pod呢？

```
// get current running pod
# kubectl get pods
```

```
NAME              READY    STATUS      RESTARTS    AGE
nginx-r3bg6       1/1      Running     0           11s
nginx-sj2f0       1/1      Running     0           11s
```

它显示我们有两个 Pod 正在运行。如之前所述,ReplicationController 管理与选择器匹配的所有 Pod。如果我们手动创建具有相同标签的 Pod,理论上它应该匹配刚刚创建的 RC 的 Pod 选择器,让我们试试看:

```
// manually create a pod with same labels
# cat 3-2-2_rc_self_created_pod.yaml
apiVersion: v1
kind: Pod
metadata:
  name: our-nginx
  labels:
   project: chapter3
   service: web
   version: "0.1"
spec:
  containers:
  - name: nginx
    image: nginx
    ports:
    - containerPort: 80
// create a pod with same labels manually
# kubectl create -f 3-2-2_rc_self_created_pod.yaml
pod "our-nginx" created
```

让我们看看它是否启动并运行:

```
// get pod status
# kubectl get pods
NAME              READY    STATUS         RESTARTS    AGE
nginx-r3bg6       1/1      Running        0           4m
nginx-sj2f0       1/1      Running        0           4m
our-nginx         0/1      Terminating    0           4m
```

可以看到它已被集群调度,并且 ReplicationController 也发现了它,目前 Pod 的数量变成了 3,超过了我们的期望值,最终它被 kill 掉了:

```
// get pod status
# kubectl get pods
NAME              READY    STATUS      RESTARTS    AGE
nginx-r3bg6       1/1      Running     0           5m
```

Kubernetes入门

```
nginx-sj2f0      1/1        Running    0        5m
```

ReplicationController 确保 Pod 的目标状态

如果我们希望按需扩展，可以直接使用命令 `kubectl edit <resource> <resource_name>` 来更新规约。这里我们将副本数从 2 更改到 5：

```
// change replica count from 2 to 5, default system editor will pop out.
Change `replicas` number
# kubectl edit rc nginx
replicationcontroller "nginx" edited
```

让我们查看下 RC 的信息：

```
// get rc information
# kubectl get rc
NAME      DESIRED   CURRENT   READY     AGE
nginx     5         5         5         5m
```

现在有 5 个 Pod，接着查看下 RC 是如何工作的：

```
// describe RC resource `nginx`
# kubectl describe rc nginx
Name:           nginx
Namespace:      default
Selector:       project=chapter3,service=web,version=0.1
Labels:         project=chapter3
                service=web
                version=0.1
Annotations:    <none>
Replicas:       5 current / 5 desired
Pods Status:    5 Running / 0 Waiting / 0 Succeeded / 0 Failed
Pod Template:
  Labels:       project=chapter3
```

```
                service=web
                version=0.1
Containers:
 nginx:
  Image:       nginx
  Port:        80/TCP
  Environment: <none>
  Mounts:      <none>
 Volumes:      <none>
Events:
  FirstSeen  LastSeen  Count  From                    SubObjectPath  Type
  Reason            Message
  ---------  --------  -----  ----                    -------------  ------
  -------
  34s     34s      1    replication-controller                   Normal    SuccessfulCreate
  Created pod: nginx-r3bg6
  34s     34s      1    replication-controller                   Normal    SuccessfulCreate
  Created pod: nginx-sj2f0
  20s     20s      1    replication-controller                   Normal    SuccessfulDelete
  Deleted pod: our-nginx
  15s     15s      1    replication-controller                   Normal    SuccessfulCreate
  Created pod: nginx-nlx3v
  15s     15s      1    replication-controller                   Normal    SuccessfulCreate
  Created pod: nginx-rqt58
  15s     15s      1    replication-controller                   Normal    SuccessfulCreate
  Created pod: nginx-qb3mr
```

通过上述描述，我们了解到 RC 的规约及事件。当创建 nginx 这个 RC 时，它按规约启动了两个容器。我们通过另一个规约手动创建了一个 Pod，名为 `our-nginx`。RC 检测到该 Pod 并与选择器进行匹配，然后发现总数超过所需的数量，所以清理了该 Pod。接着我们将副本数扩展到五个，RC 发现暂时没有达到目标状态，因此又启动了三个 Pod 进行填补。

如果想删除 RC，只需使用命令 `kubectl delete <resource> <resource_name>`，也可以使用 `kubectl delete -f <configuration_file>` 来删除配置文件中列出的资源：

```
// delete a rc
# kubectl delete rc nginx
replicationcontroller "nginx" deleted
// get pod status
# kubectl get pods
```

Kubernetes入门

```
NAME            READY     STATUS         RESTARTS    AGE
nginx-r3bg6     0/1       Terminating    0           29m
```

相同的概念同样适用于ReplicaSet，以下是 3-2-2.rc.yaml 的 RS 版本，两者的不同之处在于：

- 撰写本书时，apiVersion版本是 extensions/v1beta1；
- 选择器条件变为基于集合的条件，使用 matchLabels 和 matchExpressions。

按照前面例子中的步骤操作，RC 和 RS 结果应该完全相同。这仅仅是一个示例，因为我们不应该自己创建 RS，而应该始终由 Kubernetes 中的 Deployment 对象来管理。我们将在下一节中学习更多相关内容：

```
// RS version of 3-2-2_rc.yaml
# cat 3-2-2_rs.yaml
apiVersion: extensions/v1beta1
kind: ReplicaSet
metadata:
  name: nginx
spec:
  replicas: 2
  selector:
   matchLabels:
     project: chapter3
   matchExpressions:
     - {key: version, operator: In, values: ["0.1", "0.2"]}
  template:
    metadata:
      name: nginx
      labels:
        project: chapter3
        service: web
        version: "0.1"
    spec:
      containers:
       - name: nginx
         image: nginx
         ports:
         - containerPort: 80
```

部署

在 Kubernetes 1.2 版本之后，部署 Deployment 是在 Kubernetes 中管理和运行软件的最佳方式。它支持优雅部署、滚动升级及 Pod 和 ReplicaSet 回滚。通过声明部署来定义

基于Kubernetes的DevOps实践
容器加速软件交付

软件的更新,然后部署将逐步实现这些目标。

 在部署这个概念出现之前,ReplicationController 和 kubectl rolling-update 是实现软件滚动升级的主要方式,但是这些方式是命令式的,而且执行慢。现在,部署成为了管理应用程序的主要方式。

我们来看看它是如何工作的。在本节中,我们将了解如何创建部署,如何执行滚动更新和回滚。第 7 章《持续交付》将介绍更多内容,并提供有关如何将部署与持续交付管道集成的示例。

首先,我们使用 `kubectl run` 创建一个部署:

```
// using kubectl run to launch the Pods
# kubectl run nginx --image=nginx:1.12.0 --replicas=2 --port=80
deployment "nginx" created
// check the deployment status
# kubectl get deployments
NAME     DESIRED   CURRENT   UP-TO-DATE   AVAILABLE   AGE
nginx    2         2         2            2           4h
```

 Kubernetes 1.2 之前,`kubectl run` 命令被用来创建 Pod。

部署创建出了两个 Pod:

```
// check if pods match our desired count
# kubectl get pods
NAME                       READY   STATUS    RESTARTS   AGE
nginx-2371676037-2brn5     1/1     Running   0          4h
nginx-2371676037-gjfhp     1/1     Running   0          4h
```

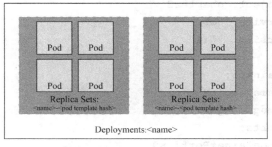

Deployment、ReplicaSet、Pod 间的关系

如果我们删除其中一个 Pod,替换的 Pod 将被调度并立即启动。这是因为 Deployment 在后台创建了 ReplicaSet,这将确保副本的数量与我们期望的数量一致。通常,Deployment

Kubernetes入门

管理 ReplicaSet，ReplicaSet 管理 Pod。请注意，我们不应该手动操作应该由 Deployment 管理的 ReplicaSet，就像我们不应该手动更改 Pod 而交由 ReplicaSet 管理一样：

```
// list replica sets
# kubectl get rs
NAME                DESIRED    CURRENT    READY    AGE
nginx-2371676037    2          2          2        4h
```

我们也可以通过 kubectl 命令暴露部署的端口：

```
// expose port 80 to service port 80
# kubectl expose deployment nginx --port=80 --target-port=80
service "nginx" exposed
// list services
# kubectl get services
NAME         CLUSTER-IP    EXTERNAL-IP    PORT(S)    AGE
kubernetes   10.0.0.1      <none>         443/TCP    3d
nginx        10.0.0.94     <none>         80/TCP     5s
```

部署也可以通过规约创建，以前由 kubectl 启动的部署和服务可以转换为以下内容：

```
// create deployments by spec
# cat 3-2-3_deployments.yaml
apiVersion: apps/v1beta1
kind: Deployment
metadata:
  name: nginx
spec:
  replicas: 2
  template:
    metadata:
      labels:
        run: nginx
    spec:
      containers:
      - name: nginx
        image: nginx:1.12.0
        ports:
        - containerPort: 80
---
kind: Service
```

/ 075 /

```
apiVersion: v1
metadata:
  name: nginx
  labels:
    run: nginx
spec:
  selector:
    run: nginx
  ports:
    - protocol: TCP
      port: 80
      targetPort: 80
      name: http

// create deployments and service
# kubectl create -f 3-2-3_deployments.yaml
deployment "nginx" created
service "nginx" created
```

为了执行滚动升级,我们必须添加滚动升级策略,其中有3个参数用于控制这个过程:

参数	描述	默认值
minReadySeconds	预热时间。新创建的Pod多长时间才被认为可用。默认情况下,Kubernetes假定应用程序在成功启动后即可用	0
maxSurge	滚动升级过程中可以超过目标数量多少比例的Pod	25%
maxUnavailable	滚动升级过程中可以有多少比例的Pod不可用	25%

minReadySecond是一个重要的参数。如果我们的应用程序在Pod启动时不能立即可用,则Pod可能没有等待足够的时间导致更新过快。尽管所有Pod都已经启动,但应用程序可能仍在预热,有可能会发生服务异常。在下面的例子中,我们将配置添加到Deployment.spec部分:

```
// add to Deployments.spec, save as 3-2-3_deployments_rollingupdate.yaml
minReadySeconds: 3
strategy:
  type: RollingUpdate
  rollingUpdate:
    maxSurge: 1
    maxUnavailable: 1
```

它表明我们允许一次可以有一个Pod不可用,并且允许多启动一个Pod。进行下一个

Kubernetes入门

操作之前的预热时间是 3 秒。可以使用 `kubectl edit deployments nginx` 直接编辑或使用 `kubectl replace -f 3-2-3_deployments_rollingupdate.yaml` 来更新策略。

假设模拟从 nginx 1.12.0 升级到 1.13.1，仍然可以使用前面的两个命令来更改镜像版本，或者使用 `kubectl set deployments nginx nginx=nginx:1.13.1` 来触发更新。如果我们使用 `kubectl describe` 来查看发生了什么，将会看到 deployments 触发 ReplicaSet 删除/创建 Pod 进行滚动升级：

```
// check detailed rs information
# kubectl describe rs nginx-2371676037
Name:       nginx-2371676037
Namespace:  default
Selector:   pod-template-hash=2371676037    ,run=nginx
Labels:     pod-template-hash=2371676037
            run=nginx
Annotations:   deployment.kubernetes.io/desired-replicas=2
               deployment.kubernetes.io/max-replicas=3
               deployment.kubernetes.io/revision=4
               deployment.kubernetes.io/revision-history=2
Replicas:   2 current / 2 desired
Pods Status:    2 Running / 0 Waiting / 0 Succeeded / 0 Failed
Pod Template:
  Labels:   pod-template-hash=2371676037
            run=nginx
Containers:
nginx:
Image:      nginx:1.13.1
Port:       80/TCP
...
Events:
FirstSeen  LastSeen  Count  From  SubObjectPath  Type  Reason  Message
---------  --------  -----  ----  -------------  ----  ------  -------
3m  3m  1  replicaset-controller    Normal  SuccessfulCreate  Created pod: nginx-2371676037-f2ndj
3m  3m  1  replicaset-controller    Normal  SuccessfulCreate  Created pod: nginx-2371676037-9lc8j
```

```
3m      3m      1   replicaset-controller       Normal      SuccessfulDelete
Deleted pod: nginx-2371676037-f2ndj
3m      3m      1   replicaset-controller       Normal      SuccessfulDelete
Deleted pod: nginx-2371676037-9lc8j
```

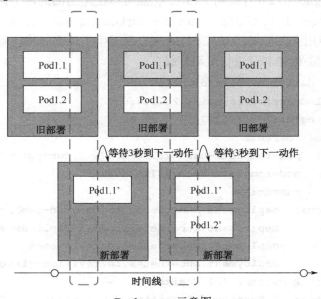

Deployment 示意图

上图展示了 Deployment 的相关信息,在某个特定的时间点,我们有 2(期望值)+1 (maxSurge)个 Pod。在启动每个新 Pod 后,Kubernetes 将等待三秒(minReadySeconds), 然后执行下一个操作。

如果使用命令 `kubectl set image deployment nginx nginx=nginx:1.12.0` 指定到先前的版本 1.12.0,Deployment 将为我们进行回滚操作。

服务(Service)

Kubernetes 中的服务(Service)是一个抽象层,用于将流量路由到一组 Pod。通过服务,我们不需要跟踪每个 Pod 的 IP 地址。服务通常使用标签选择器来选择它需要路由的 Pod(在某些情况下,服务创建时不使用选择器)。服务的抽象化是一个很强大的功能,它使得服务解耦和微服务间通信变得可能。目前 Kubernetes 服务支持 TCP 和 UDP。

服务不关心我们如何创建 Pod,就像 ReplicationController 一样,它只关心 Pod 与其标签选择器是否匹配,因此 Pod 可以属于不同的 ReplicationController。参考下图中的描述:

Kubernetes入门

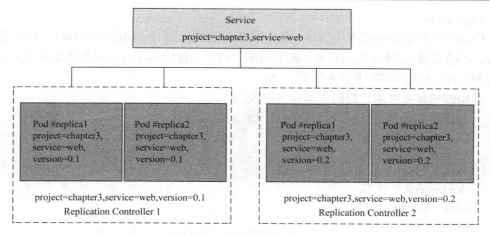

服务通过标签选择器映射 Pod

在上图中,所有容器与服务选择器相匹配,因此服务会将流量分发到所有 Pod,而不需要显式分配。

服务类型

Kuberentes 有 4 种服务类型:ClusterIP, NodePort, LoadBalancer, ExternalName。

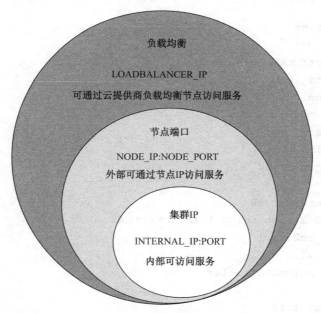

LoadBalancer 包括了 NodePort 和 ClusterIP 的特点

ClusterIP

ClusterIP 是默认的服务类型。它暴露服务的集群内部 IP，集群中的 Pod 可以通过 IP 地址、环境变量或 DNS 访问服务。在下面的示例中，我们将学习如何使用本地服务环境变量和 DNS 来访问集群中服务后端的 Pod。

开始创建服务之前，我们先创建两组 RC：

```
// create RC 1 with nginx 1.12.0 version
# cat 3-2-3_rc1.yaml
apiVersion: v1
kind: ReplicationController
metadata:
  name: nginx-1.12
spec:
  replicas: 2
  selector:
    project: chapter3
    service: web
    version: "0.1"
  template:
    metadata:
      name: nginx
      labels:
        project: chapter3
        service: web
        version: "0.1"
    spec:
      containers:
      - name: nginx
        image: nginx:1.12.0
        ports:
        - containerPort: 80
// create RC 2 with nginx 1.13.1 version
# cat 3-2-3_rc2.yaml
apiVersion: v1
kind: ReplicationController
metadata:
  name: nginx-1.13
spec:
  replicas: 2
  selector:
```

Kubernetes入门

```yaml
      project: chapter3
      service: web
      version: "0.2"
  template:
   metadata:
   name: nginx
   labels:
     project: chapter3
     service: web
     version: "0.2"
spec:
  containers:
- name: nginx
  image: nginx:1.13.1
  ports:
- containerPort: 80
```

然后创建 Pod 选择器，其中包括 project 和 service 标签：

```yaml
    // simple nginx service
    # cat 3-2-3_service.yaml
    kind: Service
    apiVersion: v1
    metadata:
      name: nginx-service
    spec:
      selector:
       project: chapter3
       service: web
      ports:
       - protocol: TCP
         port: 80
         targetPort: 80
         name: http
    // create the RCs
    # kubectl create -f 3-2-3_rc1.yaml
    replicationcontroller "nginx-1.12" created
    # kubectl create -f 3-2-3_rc2.yaml
    replicationcontroller "nginx-1.13" created
    // create the service
    # kubectl create -f 3-2-3_service.yaml
```

```
service "nginx-service" created
```

由于服务对象可能会创建 DNS 标签，因此服务名称必须遵循字符 a-z，0-9 或 -（连字符）的组合，并且不允许在标签的开头或结尾使用连字符。

接下来我们通过 kubectl describe service <service_name> 来查看 service 信息：

```
// check nginx-service information
# kubectl describe service nginx-service
Name:              nginx-service
Namespace:         default
Labels:            <none>
Annotations:       <none>
Selector:          project=chapter3,service=web
Type:              ClusterIP
IP:                10.0.0.188
Port:              http  80/TCP
Endpoints:         172.17.0.5:80,172.17.0.6:80,172.17.0.7:80 + 1 more...
Session Affinity:  None
Events:            <none>
```

一个服务可以暴露多个端口，只需要扩展 .spec.ports 列表即可。

可以看到它是一个 ClusterIP 类型的服务，内部 IP 地址为 10.0.0.188。endpoints 显示后端有四个提供服务的 IP。Pod IP 可以通过 kubectl describe pods <pod_name> 命令找到。Kubernetes 为每个服务对象创建一个对应的端点 endpoint，用于将流量路由到匹配的 Pod。

当使用选择器创建服务时，Kubernetes 将创建相应的端点条目，并不断更新其内容，包括服务路由的目标：

```
// list current endpoints. Nginx-service endpoints are created and poi
nting
    to the ip of our 4 nginx pods.
# kubectl get endpoints
NAME
kubernetes
nginx-service
ENDPOINTS                                                        AGE
10.0.2.15:8443                                                   2d
```

Kubernetes入门

```
172.17.0.5:80,172.17.0.6:80,172.17.0.7:80 + 1 more...   10s
```

 尽管大多数时候我们并不显式地使用 IP 地址访问集群，ClusterIP 也可以自定义 IP，可以设置参数 `.spec.clusterIP` 定义。

默认情况下，Kubernetes 会为每个服务暴露 7 个环境变量。多数情况下，前两个会被插件 kube-dns 用作服务发现。

- `${SVCNAME}_SERVICE_HOST`
- `${SVCNAME}_SERVICE_PORT`
- `${SVCNAME}_PORT`
- `${SVCNAME}_PORT_${PORT}_${PROTOCAL}`
- `${SVCNAME}_PORT_${PORT}_${PROTOCAL}_PROTO`
- `${SVCNAME}_PORT_${PORT}_${PROTOCAL}_PORT`
- `${SVCNAME}_PORT_${PORT}_${PROTOCAL}_ADDR`

在接下来的示例中，我们在另一个 Pod 中使用 `${SVCNAME}_SERVICE_HOST` 来检查能否访问到 nginx Pod：

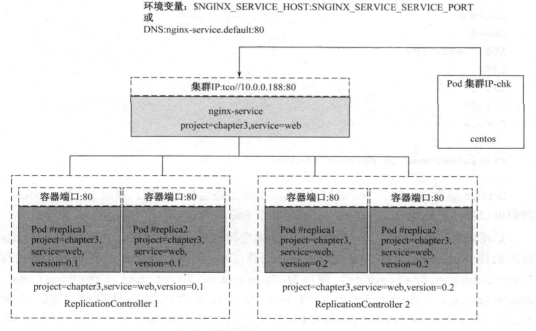

通过环境变量和 DNS 访问 ClusterIP

然后创建一个新的 Pod 起名为 `clusterip-chk`，并通过 `nginx-service` 来访问

nginx容器：

```yaml
// access nginx service via ${NGINX_SERVICE_SERVICE_HOST}
# cat 3-2-3_clusterip_chk.yaml
apiVersion: v1
kind: Pod
metadata:
  name: clusterip-chk
spec:
  containers:
  - name: centos
    image: centos
    command: ["/bin/sh", "-c", "while : ;do curl
http://${NGINX_SERVICE_SERVICE_HOST}:80/; sleep 10; done"]
```

通过 kubectl logs 命令来查看下 cluserip-chk 的标准输出：

```
// check stdout, see if we can access nginx pod successfully
# kubectl logs -f clusterip-chk
% Total    % Received % Xferd  Average Speed   Time    Time     Time
Current
Speed
100   612  100
199k
612 0
0 156k
0 --:--:-- --:--:-- --:--:--
...
<title>Welcome to nginx!</title>
...
```

Service 抽象层解耦了 Pod 之间的通信。Pod 是终将被关闭的，通过 RC 和 service，我们可以构建更健壮的服务，而不必关心某个 Pod 是否会影响所有微服务。

启用 kube-dns 插件后，同一集群中相同命名空间的 Pod 可通过 DNS 访问服务。kube-dns 通过监控 Kubernetes API 为新创建的服务创建 DNS 记录。Cluster IP 的 DNS 格式为 $servicename.$namespace，端口为 _$portname_$protocal.$servicename.$namespace。clusterip_chk 的 spec 与环境变量相似，只需将 URL 改为 http://nginx-service.default:_http_tcp.nginx-service.default/ 即可，它们是完全一致的！

NodePort

如果服务类型为 NodePort，则 Kubernetes 将在每个节点上分配一个特定范围内的端

Kubernetes入门

口,任何发往该端口上的流量都将被路由到服务端口。端口号可以是用户指定的,如果未指定,则 Kubernetes 将随机从 30 000 至 32 767 范围内选择一个端口,同时会避免发生冲突。另一方面,如果用户指定了端口,那么将由用户自己负责并管理端口冲突。NodePort 包含了 ClusterIP 的功能,Kubernetes 会为服务分配一个内部 IP。在下面的例子中,我们将看到如何创建并使用一个 NodePort 服务:

```
// write a nodeport type service
# cat 3-2-3_nodeport.yaml
kind: Service
apiVersion: v1
metadata:
  name: nginx-nodeport
spec:
  type: NodePort
  selector:
    project: chapter3
    service: web
  ports:
    - protocol: TCP
      port: 80
      targetPort: 80
// create a nodeport service
# kubectl create -f 3-2-3_nodeport.yaml
service "nginx-nodeport" created
```

可以通过 `http://${NODE_IP}:80` 访问该服务,Node 可以是任何节点。`kube-proxy` 监控服务和端点的变化,并相应地更新 `iptables` 规则(如果使用默认的 `iptables` 代理模式)。

> 如果使用的是 minikube 环境,那么可以通过 `minikube service [-n NAMESPACE] [--url] NAME` 命令来访问服务,本示例中为 `minikube service nginx-nodeport`。

LoadBalancer

此类型仅适用于云服务提供商,例如 Amazon Web Service(参见第 9 章《AWS 上的 Kubernetes》)和 Google Cloud Platform(参见第 10 章《GCP 上的 Kubernetes》)。通过创建 LoadBalancer 服务,Kubernetes 将通过云服务提供商向服务提供负载均衡器。

ExternalName (kube-dns 版本为 1.7 及以上)

有时我们会利用云中的不同服务资源。Kubernetes 足够灵活,可以与云服务混合使用，ExternalName 就是为集群中的外部端点创建 CNAME 的桥梁。

不使用选择器的服务

服务使用选择器来匹配 Pod 以引导流量。但是，有些时候需要一个代理作为 Kubernetes 集群与另一个命名空间、另一个集群或外部资源之间的桥梁。在以下示例中，我们将演示如何在集群中为 http://www.google.com 创建代理。这只是一个参考示例，代理的来源可能是数据库或云中其他资源：

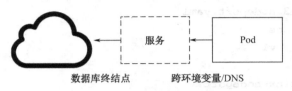

不使用选择器的服务

这个配置文件和之前的例子很相似，只是没有使用选择器：

```
// create a service without selectors
# cat 3-2-3_service_wo_selector_srv.yaml
kind: Service
apiVersion: v1
metadata:
  name: google-proxy
spec:
  ports:
    - protocol: TCP
      port: 80
      targetPort: 80
// create service without selectors
# kubectl create -f 3-2-3_service_wo_selector_srv.yaml
service "google-proxy" created
```

由于没有选择器，因此 Kubernetes 不会创建端点。Kubernetes 不知道如何路由流量，因为没有选择器可以匹配 Pod，因此我们必须自己创建。

在 endpoints 中，源地址不能是 DNS 名称，因此我们使用 nslookup 查找当前 Google IP 地址，并将它们添加到 Endpoints.subsets.addresses.ip 中：

```
// get an IP from google.com
# nslookup www.google.com
Server:      192.168.1.1
Address:     192.168.1.1#53
Non-authoritative answer:
```

Kubernetes入门

```
Name: google.com
Address: 172.217.0.238
// create endpoints for the ip from google.com
# cat 3-2-3_service_wo_selector_endpoints.yaml
kind: Endpoints
apiVersion: v1
metadata:
  name: google-proxy
subsets:
  - addresses:
      - ip: 172.217.0.238
    ports:
      - port: 80
// create Endpoints
# kubectl create -f 3-2-3_service_wo_selector_endpoints.yaml
endpoints "google-proxy" created
```

让我们再创建一个 Pod 来访问 Google 代理：

```
// pod for accessing google proxy
# cat 3-2-3_proxy-chk.yaml
apiVersion: v1
kind: Pod
metadata:
  name: proxy-chk
spec:
  containers:
  - name: centos
    image: centos
    command: ["/bin/sh", "-c", "while : ;do curl -L
http://${GOOGLE_PROXY_SERVICE_HOST}:80/; sleep 10; done"]
// create the pod
# kubectl create -f 3-2-3_proxy-chk.yaml
pod "proxy-chk" created
```

查看 Pod 的标准输出：

```
// get logs from proxy-chk
# kubectl logs proxy-chk
% Total    % Received % Xferd  Average Speed   Time    Time     Time
Current
                                Dload  Upload   Total   Spent    Left
```

```
Speed
100   219  100   219    0     0   2596      0 --:--:-- --:--:-- --:--:--
2607
100   258  100   258    0     0   1931      0 --:--:-- --:--:-- --:--:--
1931
<!doctype html><html itemscope="" itemtype="http://schema.org/WebPage"
lang="en-CA">  ...
```

好极了！现在可以确认代理是正常工作的，到服务的流量被路由到我们指定的端点。如果不起作用，请确保将适当的入站规则添加到外部资源的网络中。

端点不支持 DNS 作为源，我们可以使用 ExternalName，因为它也没有选择器，但是它需要 kube-dns 版本不低于 1.7。

在某些情况下，用户既不需要负载均衡，也不需要代理功能。在这种情况下，我们可以设置 ClusterIP ="None"，这被称为 headless service。想要了解更多内容，请参阅 https://kubernetes.io/docs/concepts/services-networking/service/#headless-services。

存储卷

一个容器的生命周期是短暂的，它的磁盘也是临时的。通常我们使用 `docker commit [CONTAINER]` 命令将数据卷挂载到容器（参见第 2 章《DevOps 与容器》）来持久化数据。在 Kubernetes 中，存储卷的管理至关重要，因为 Pod 可能在任何节点上运行。此外，确保同一个 Pod 中的容器可以共享文件变得非常困难，这也是 Kubernetes 的一大话题，在第 4 章《存储与资源管理》中将介绍卷管理。

Secret

Secret，就像它的名字一样，是一个以键值对形式存储密钥的对象，用于向 Pod 提供敏感信息，内容可能是密码、访问密钥或者 token。Secret 没有存储到磁盘，相反，它存储在每个节点的 tmpfs 文件系统中，Kubelet 将创建一个 `tmpfs` 文件系统来存储 Secret。出于对存储管理的考虑，Secret 并不用来存储大量数据，当前一个 Secret 的大小限制在 1MB。

我们可以通过 kubectl 命令或规约文件，来创建基于文件、目录或指定文本值的 Secret。Kubernetes 有三种 Secret 格式：Generic（如需编码使用 opaque）、docker-registry 和 TLS。

Generic/opaque 是将要在应用程序中使用的文本。`docker-registry` 用于存储私有镜像仓库的凭据。TLS 则用于存储集群管理的 CA 证书。

Kubernetes入门

docker-registry 类型的 Secret 也称为 **imagePullSecrets**,用于在拉取镜像时通过 kubelet 传递私有 docker registry 的密码。它使用起来非常方便,我们不再需要在每个节点执行 docker login。具体使用的命令是 `kubectl create secret docker-registry <registry_name> -docker-server= <docker_server> --docker-username=<docker_username> --docker-password=<docker_password> --docker-email=<docker_email>`

我们首先以 Generic 类型的 Secret 为例来了解下它是如何工作的:

```
// create a secret by command line
# kubectl create secret generic mypassword --from-file=./mypassword.txt
secret "mypassword" created
```

创建基于目录和文本的 Secret 选项与基于文件的选项非常相似。如果在 --from-file 之后指定目录,则目录中的文件将被迭代,如果文件名为合法 Secret 名称,则文件名就是 Secret 密钥,其它非常规文件将被忽略(子目录、符号链接、设备文件、管道文件)。另一方面,如果要直接在命令中指定纯文本内容,则可以使用 `from-literal=<key>=<value>` 选项,例如 `--from-literal=username=root`。

我们从文件 `mypassword.txt` 创建一个 Secret: mypassword。默认情况下,Secret 的键是文件名,相当于选项 `--from-file=mypassword=./mypassword.txt`,也可以添加多个 `--from-file` 选项。使用 `kubectl get secret <secret_name> -o yaml` 命令可以查看 Secret 的详细信息:

```
// get the detailed info of the secret
# kubectl get secret mypassword -o yaml
apiVersion: v1
data:
  mypassword: bXlwYXNzd29yZA==
kind: Secret
metadata:
  creationTimestamp: 2017-06-13T08:09:35Z
  name: mypassword
  namespace: default
  resourceVersion: "256749"
  selfLink: /api/v1/namespaces/default/secrets/mypassword
  uid: a33576b0-500f-11e7-9c45-080027cafd37
type: Opaque
```

由于文本已被 kubectl 加密，我们可以看到 Secret 的类型变为 opaque。它是 base64 编码，可以使用一个简单的 bash 命令来解码：

```
# echo "bXlwYXNzd29yZA==" | base64 --decode
mypassword
```

有两种方法可以获取 Secret，第一个是通过文件，第二个是环境变量。第一种方法是通过卷来实现的，它的语法是在容器 spec 中添加 `containers.volumeMounts`，并添加具有 Secret 配置的卷。

通过文件获取 Secret

我们首先看一下如何在一个 Pod 的文件中读取 Secret。

```yaml
// example for how a Pod retrieve secret
# cat 3-2-3_pod_vol_secret.yaml
apiVersion: v1
kind: Pod
metadata:
  name: secret-access
spec:
  containers:
  - name: centos
    image: centos
    command: ["/bin/sh", "-c", "cat /secret/password-example; done"]
    volumeMounts:
      - name: secret-vol
        mountPath: /secret
        readOnly: true
  volumes:
    - name: secret-vol
      secret:
        secretName: mypassword
        # items are optional
        items:
         - key: mypassword
           path: password-example
// create the pod
# kubectl create -f 3-2-3_pod_vol_secret.yaml
pod "secret-access" created
```

Secret 文件将挂载在 /<mount_point>/<secret_name> 中，无须在 Pod 中指定 items.key 和 path，或者 /<mount_point>/<path>。在这个示例中，它挂载在

Kubernetes入门

/secret/password-example。如果我们查看这个 Pod 详细信息，可以发现这个 Pod 有两个挂载点。第一个是存储 Secret 的只读卷，第二个存储用于和 API 服务器通信的凭据，是由 Kubernetes 创建和管理的。我们将在第 5 章《网络与安全》中进一步学习相关内容。

```
# kubectl describe pod secret-access
...
Mounts:
        /secret from secret-vol (ro)
        /var/run/secrets/kubernetes.io/serviceaccount from default-token-jd1dq (ro)
...
```

我们可以使用命令 `kubectl delete secret <secret_name>` 来删除 Secret。查看 Pod 的描述信息，可以发现一个 `FailedMount` 事件，因为该卷不再存在：

```
# kubectl describe pod secret-access
...
FailedMount   MountVolume.SetUp failed for volume
"kubernetes.io/secret/28889b1d-5015-11e7-9c45-080027cafd37-secret-vol"
(spec.Name: "secret-vol") pod "28889b1d-5015-11e7-9c45-080027cafd37" (UID:
"28889b1d-5015-11e7-9c45-080027cafd37") with: secrets "mypassword" not
found
...
```

同样地，如果 Pod 在一个 Secret 创建前就已经生成，那么也会看到相同的错误信息。现在再来了解下如何通过命令行创建 Secret。接下来简要介绍下它的格式。

```
// secret example
# cat 3-2-3_secret.yaml
apiVersion: v1
kind: Secret
metadata:
  name: mypassword
type: Opaque
data:
  mypassword: bXlwYXNzd29yZA==
```

由于规约是纯文本的，我们需要先通过命令 `echo -n <password>| base64` 对 Secret 进行编码。请注意，这里的类型将变为 `opaque`，并且这和我们之前创建的结果是一样的。

通过环境变量获取 Secret

我们还可以通过环境变量来获取 Secret，这对于短凭据（例如密码）来说更加灵活。

基于Kubernetes的DevOps实践
容器加速软件交付

通过这种方式，应用程序就可以使用环境变量来获取数据库密码而无须处理文件和卷。

 Secret应该在Pod需要使用前就创建出来，否则Pod将不会成功启动。

```
// example to use environment variable to retrieve the secret
# cat 3-2-3_pod_ev_secret.yaml
apiVersion: v1
kind: Pod
metadata:
  name: secret-access-ev
spec:
  containers:
  - name: centos
    image: centos
    command: ["/bin/sh", "-c", "while : ;do echo $MY_PASSWORD; sleep 10; done"]
    env:
      - name: MY_PASSWORD
        valueFrom:
          secretKeyRef:
            name: mypassword
            key: mypassword
// create the pod
# kubectl create -f 3-2-3_pod_ev_secret.yaml
pod "secret-access-ev" created
```

环境变量的声明在 `spec.containers[].env[]` 中，我们还需要 Secret 名称和键名，这里它们都是 `mypassword`。这个示例和之前通过文件获取的方式是一致的。

ConfigMap

ConfigMap是一种可以将配置保留在Docker镜像之外的方法。它将配置数据通过键值对的形式注入到Pod中。它的属性有点类似于Secret，更具体地说，Secret用于存储敏感数据（例如密码），ConfigMap用于存储不敏感的配置数据。

同Secret一样，ConfigMap可以基于文件、目录或指定的文本。与Secret的语法/命令类似，ConfigMap使用 `kubectl create configmap`：

```
// create configmap
# kubectl create configmap example --from-file=config/app.properties --from-file=config/database.properties
configmap "example" created
```

Kubernetes入门

由于两个配置文件都在 config 文件夹下，我们可以传递一个文件夹参数 config，而不用逐个指定文件。在这个例子中，对应的创建命令是 kubectl create configmap example --from-file=config。

如果我们查看 ConfigMap 描述，将会显示以下信息：

```
// check out detailed information for configmap
# kubectl describe configmap example
Name:          example
Namespace:     default
Labels:        <none>
Annotations:   <none>
Data
====
app.properties:
----
name=DevOps-with-Kubernetes
port=4420
database.properties:
----
endpoint=k8s.us-east-1.rds.amazonaws.com
port=1521
```

可以使用命令 kubectl edit configmap <configmap_name>在创建后进行更新操作。

 我们也可以使用文本作为输入。前面的例子中，同样可以使用命令 kubectl create configmap example --from-literal=app.properties.name=name=DevOps-with-Kubernetes 来创建，但是当应用中有很多配置项时，这种方式并不实用。

接下来我们看看怎么在 Pod 中使用 ConfigMap，目前支持两种方式：通过卷或者环境变量。

通过卷使用 ConfigMap

与 Secret 部分的示例类似，我们使用 ConfigMap 在容器模板内添加 volumeMounts 挂载卷。在 CentOS 中使用命令 cat ${MOUNTPOINT}/$CONFIG_FILENAME 来查看：

```
# cat 3-2-3_pod_vol_configmap.yaml
apiVersion: v1
kind: Pod
metadata:
```

```yaml
      name: configmap-vol
    spec:
      containers:
        - name: configmap
          image: centos
          command: ["/bin/sh", "-c", "while : ;do cat /src/app/config/database.properties; sleep 10; done"]
          volumeMounts:
            - name: config-volume
              mountPath: /src/app/config
      volumes:
        - name: config-volume
          configMap:
            name: example
```
```
// create configmap
# kubectl create -f 3-2-3_pod_vol_configmap.yaml
pod "configmap-vol" created
// check out the logs
# kubectl logs -f configmap-vol
endpoint=k8s.us-east-1.rds.amazonaws.com
port=1521
```

我们看到使用这种方法可以将非敏感的配置信息注入到 Pod 中。

通过环境变量使用 ConfigMap

要在一个 Pod 中使用 ConfigMap，必须在 env 部分使用 configMapKeyRef 作为值的来源，它会将整个 ConfigMap 信息填充到环境变量中：

```yaml
# cat 3-2-3_pod_ev_configmap.yaml
apiVersion: v1
kind: Pod
metadata:
  name: config-ev
spec:
  containers:
    - name: centos
      image: centos
      command: ["/bin/sh", "-c", "while : ;do echo $DATABASE_ENDPOINT; sleep 10; done"]
      env:
```

Kubernetes入门

```
        - name: MY_PASSWORD
          valueFrom:
            secretKeyRef:
              name: mypassword
              key: mypassword
// create configmap
# kubectl create -f 3-2-3_pod_ev_configmap.yaml
pod "configmap-ev" created
// check out the logs
# kubectl logs configmap-ev
endpoint=k8s.us-east-1.rds.amazonaws.com
port=1521
```

Kubernetes系统本身也会利用ConfigMap进行一些认证。例如，kube-dns使用它来存放客户端CA文件。在查看ConfigMap描述信息时，可以通过添加--namespace=kube-system来查看系统的ConfigMap。

容器编排

在本节中，将重新审视我们的票务服务：kiosk作为前端Web服务，为票务的get/put请求提供接口。redis作为缓存，管理拥有的票数。redis还充当发布/订阅系统，每当有票卖出去，kiosk就向其发布事件。订阅者也被称为记录器，它将写入一个时间戳并记录到MySQL数据库当中。请参阅第2章《容器与DevOps》中的最后一节，了解详细的Dockerfile和Docker Compose实现。我们将使用Deployment、Service、Secret、Volume和ConfigMap对象在Kubernetes中实现此示例。源代码可以在 https://github.com/DevOps-with-Kubernetes/examples/tree/master/chapter3/3-3_kiosk 找到。

我们需要4种Pod（kiosk、redis、MySQL、recorder）。Deployment是管理/部署Pod的最佳选择，通过特定的策略，它将减少部署时的痛苦。由于其他组件将访问kiosk,redis和MySQL，因此我们会将Service与这些Pod关联。MySQL作为数据存储，为简单起见，我们将为它挂载一个本地卷。Kubernetes为存储提供了多种选择，更多内容可以查看第4章《存储与资源管理》中的详细信息和示例。敏感信息如MySQL的root密码和用户密码，我们希望将它们存储在Secret中，其他不敏感的配置信息，如数据库名称、数据库用户名等，都交给ConfigMap保存。

基于Kubernetes的DevOps实践
容器加速软件交付

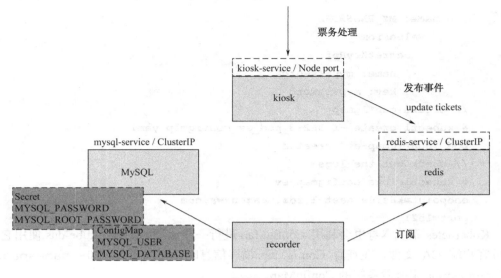

Kubernetes 世界中的 kiosk 示例

首先启动 MySQL，因为 recorder 依赖它。在创建 MySQL 之前，我们必须先创建好对应的 Secret 和 ConfigMap。要创建 Secret，我们需要生成 base64 编码数据：

```
// generate base64 secret for MYSQL_PASSWORD and MYSQL_ROOT_PASSWORD
# echo -n "pass" | base64
cGFzcw==
# echo -n "mysqlpass" | base64
bXlzcWxwYXNz
```

然后创建 Secret：

```
# cat secret.yaml
apiVersion: v1
kind: Secret
metadata:
  name: mysql-user
type: Opaque
data:
  password: cGFzcw==
---
# MYSQL_ROOT_PASSWORD
apiVersion: v1
kind: Secret
metadata:
```

```
    name: mysql-root
type: Opaque
data:
  password: bXlzcWxwYXNz
// create mysql secret
# kubectl create -f secret.yaml --record
secret "mysql-user" created
secret "mysql-root" created
```

接下来开始创建 ConfigMap，这里以数据库用户名和数据库名为例：

```
# cat config.yaml
kind: ConfigMap
apiVersion: v1
metadata:
  name: mysql-config
data:
user: user
  database: db
// create ConfigMap
# kubectl create -f config.yaml --record
configmap "mysql-config" created
```

然后开始创建 MySQL 数据库和对应的服务：

```
// MySQL Deployment
# cat mysql.yaml
apiVersion: apps/v1beta1
kind: Deployment
metadata:
  name: lmysql
spec:
  replicas: 1
  template:
   metadata:
    labels:
      tier: database
      version: "5.7"
   spec:
    containers:
    - name: lmysql
      image: mysql:5.7
```

```yaml
        volumeMounts:
        - mountPath: /var/lib/mysql
          name: mysql-vol
        ports:
        - containerPort: 3306
        env:
        - name: MYSQL_ROOT_PASSWORD
          valueFrom:
            secretKeyRef:
              name: mysql-root
              key: password
        - name: MYSQL_DATABASE
          valueFrom:
            configMapKeyRef:
              name: mysql-config
              key: database
        - name: MYSQL_USER
          valueFrom:
            configMapKeyRef:
              name: mysql-config
              key: user
        - name: MYSQL_PASSWORD
          valueFrom:
            secretKeyRef:
              name: mysql-user
              key: password
      volumes:
      - name: mysql-vol
        hostPath:
          path: /mysql/data
---
kind: Service
apiVersion: v1
metadata:
  name: lmysql-service
spec:
  selector:
    tier: database
```

Kubernetes入门

```
    ports:
    - protocol: TCP
      port: 3306
      targetPort: 3306
      name: tcp3306
```

可以通过分隔符"---"在一个文件中放入多个 spec。这里我们挂载 hostPath 卷 /mysql/data 到 Pod 的 /var/lib/mysql。在环境变量部分,使用 Secret 和 ConfigMap 的语法形式 secretKeyRef 和 configMapKeyRef。

在创建好 MySQL 之后,接下来 redis 是个不错的选择。因为它是其他服务的依赖项,同时它的构建也没有任何前提条件。

```
// create Redis deployment
# cat redis.yaml
apiVersion: apps/v1beta1
kind: Deployment
metadata:
  name: lcredis
spec:
  replicas: 1
  template:
    metadata:
    labels:
tier: cache
      version: "3.0"
    spec:
      containers:
      - name: lcredis
        image: redis:3.0
        ports:
        - containerPort: 6379
  minReadySeconds: 1
  strategy:
    type: RollingUpdate
    rollingUpdate:
    maxSurge: 1
    maxUnavailable: 1
---
kind: Service
```

```yaml
apiVersion: v1
metadata:
  name: lcredis-service
spec:
  selector:
    tier: cache
  ports:
  - protocol: TCP
    port: 6379
    targetPort: 6379
    name: tcp6379
```
```
// create redis deployements and service
# kubectl create -f redis.yaml
deployment "lcredis" created
service "lcredis-service" created
```

现在可以启动 kiosk：

```
# cat kiosk-example.yaml
apiVersion: apps/v1beta1
kind: Deployment
metadata:
  name: kiosk-example
spec:
  replicas: 5
  template:
    metadata:
      labels:
        tier: frontend
        version: "3"
      a nnotations:
        maintainer: cywu
    spec:
      containers:
      - name: kiosk-example
        image: devopswithkubernetes/kiosk-example
        ports:
        - containerPort: 5000
        env:
        - name: REDIS_HOST
```

Kubernetes入门

```
          value: lcredis-service.default
    minReadySeconds: 5
    strategy:
      type: RollingUpdate
      rollingUpdate:
maxSurge: 1
        maxUnavailable: 1
    ---
    kind: Service
    apiVersion: v1
    metadata:
      name: kiosk-service
    spec:
      type: NodePort
      selector:
        tier: frontend
      ports:
        - protocol: TCP
          port: 80
          targetPort: 5000
          name: tcp5000
    // launch the spec
    # kubectl create -f kiosk-example.yaml
    deployment "kiosk-example" created
    service "kiosk-service" created
```

在这里，我们将 `lcredis-service.default` 通过环境变量传到 kiosk，这是 kube-dns 为 `service` 对象创建的 DNS 名称（本章中称为服务）。因此，kiosk 可以通过环境变量访问 redis 主机。

最后我们创建 Recorder，它没有暴露任何端口，所以不需要创建 `service` 对象。

```
    # cat recorder-example.yaml
    apiVersion: apps/v1beta1
    kind: Deployment
    metadata:
      name: recorder-example
    spec:
      replicas: 3
      template:
        metadata:
```

```yaml
      labels:
        tier: backend
        version: "3"
      annotations:
        maintainer: cywu
    spec:
      containers:
      - name: recorder-example
        image: devopswithkubernetes/recorder-example
        env:
        - name: REDIS_HOST
          value: lcredis-service.default
        - name: MYSQL_HOST
          value: lmysql-service.default
        - name: MYSQL_USER
          value: root
        - name: MYSQL_ROOT_PASSWORD
          valueFrom:
            secretKeyRef:
              name: mysql-root
              key: password
  minReadySeconds: 3
  strategy:
    type: RollingUpdate
    rollingUpdate:
maxSurge: 1
      maxUnavailable: 1
    // create recorder deployment
    # kubectl create -f recorder-example.yaml
    deployment "recorder-example" created
```

Recorder 需要访问 Redis 和 MySQL，它使用通过 Secret 传递的 root 凭据。Redis 和 MySQL 可以通过对应服务的 DNS `<service_name>.<namespace>` 进行访问。

查看 Deployment 的信息：

```
// check deployment details
# kubectl get deployments
NAME              DESIRED   CURRENT   UP-TO-DATE   AVAILABLE   AGE
kiosk-example     5         5         5            5           1h
lcredis           1         1         1            1           1h
lmysql            1         1         1            1           1h
```

Kubernetes入门

| recorder-example | 3 | 3 | 3 | 3 | 1h |

正如预期的那样，我们有 4 个具有不同数量 Pod 的 Deployment 对象。

当我们为 kiosk 设置 NodePort 时，可以访问其服务端点，并查看它是否正常工作。假设我们有一个节点，IP 是 192.168.99.100，Kubernetes 分配的 NodePort 是 30520。

> 如果使用的是 minikube，minikube service [-n NAMESPACE] [-url] NAME 可以通过默认浏览器访问服务 NodePort：
>
> ```
> // open kiosk console
> # minikube service kiosk-service
> Opening kubernetes service default/kiosk-service in default browser...
> ```
>
> 然后，我们就可以获得 IP 和端口。

通过对 /tickets 使用 POST 和 GET 方法创建并获取一个 ticket：

```
// post ticket
# curl -XPOST -F 'value=100' http://192.168.99.100:30520/tickets
SUCCESS
// get ticket
# curl -XGET http://192.168.99.100:30520/tickets
100
```

总结 ●●●●

在本章中，我们学习了 Kubernetes 的基本概念，了解到 Kubernetes 的 Master 节点由 kube-apiserver 来接收请求，然后 controller manager 作为 Kubernetes 的控制中心，例如，它确保我们所需的容器数量得到满足，管理关联 Pod 和 Service 的端点，以及控制 API 访问令牌等。此外还有 Node，运行容器的工作节点，它们从 Master 接收信息，并根据配置对流量进行路由。

然后，我们使用 minikube 演示了基本的 Kubernetes 对象，包括 Pod、ReplicaSet、ReplicationController、Deployment、Service、Secret 和 ConfigMap。最后，我们演示了如何将介绍的所有概念组合到 kiosk 应用程序的部署中。

正如之前提到的，当容器终止时，容器内的数据将会消失。因此，在容器世界中数据的持久化存储非常重要。在下一章中，我们将学习存储卷的工作原理，以及如何使用持久卷等。

存储与资源管理

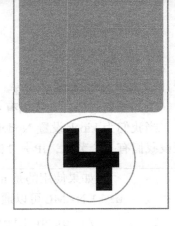

在第 3 章《Kubernetes 入门》中,我们介绍了 Kubernetes 的基本功能。一旦开始通过 Kubernetes 部署容器,就需要考虑应用程序数据的生命周期和 CPU 内存资源管理。

在本章中,我们将讨论以下内容:
- 容器和卷;
- Kubernetes 卷功能介绍;
- Kubernetes 持久卷的最佳实践和陷阱;
- Kubernetes 资源管理。

Kubernetes 卷管理

Kubernetes 和 Docker 默认使用本地的主机磁盘。Docker 应用程序可以将任何数据存储并加载到磁盘上,例如日志数据、临时文件和应用程序数据。只要主机有足够的空间且应用程序拥有足够的权限,那么只要容器存在,数据就会存在。换句话说,当容器关闭时,应用程序退出、崩溃,或者将容器重新分配给另一个主机,数据将会丢失。

容器卷生命周期

为了理解 Kubernetes 卷管理,需要首先了解 Docker 卷的生命周期。以下示例是 Docker 在容器重启时对卷的操作:

```
//run CentOS Container
$ docker run -it centos
# ls
```

存储与资源管理

```
anaconda-post.log  dev         home    lib64       media    opt    root   sbin  sys   usr
bin                etc    lib  lost+found          mnt      proc   run    srv   tmp   var

//create one file (/I_WAS_HERE) at root directory
# touch /I_WAS_HERE
# ls /
I_WAS_HERE              bin    etc    lib    lost+found   mnt    proc   run    srv   tmp
var
anaconda-post.log  dev     home    lib64    media    opt    root   sbin   sys   usr

//Exit container
# exit
Exit


//re-run CentOS Container
# docker run -it centos


//previous file (/I_WAS_HERE) was disappeared
# ls /
anaconda-post.log  dev    home    lib64         media    opt    root   sbin  sys   usr
bin                etc    lib     lost+found    mnt      proc   run    srv   tmp   var
```

在 Kubernetes 中，需要特别注意 Pod 的重启问题。在资源短缺的情况下，Kubernetes 可能会停止容器，然后在相同或另一个 Kubernetes 节点上重新启动容器。

以下示例显示了 Kubernetes 在资源不足时的处理方式。当收到内存不足的错误时，Kubernetes 将终止 Pod 并重新启动：

```
//there are 2 Pod on the same Node
$ kubectl get Pods
NAME              READY     STATUS      RESTARTS    AGE
Besteffort        1/1       Running     0           1h
guaranteed        1/1       Running     0           1h

//when application consumes a lot of memory, one Pod has been killed
$ kubectl get Pods
NAME              READY     STATUS      RESTARTS    AGE
Besteffort        0/1       Error       0           1h
guaranteed        1/1       Running     0           1h
```

```
//clashed Pod is restarting
$ kubectl get Pods
NAME                         READY       STATUS              RESTARTS       AGE
Besteffort                   1/1         Running             0              1h
guaranteed                   0/1         CrashLoopBackOff    0              1h

//few moment later, Pod has been restarted
$ kubectl get Pods
NAME                         READY       STATUS              RESTARTS       AGE
Besteffort                   1/1         Running             1              1h
guaranteed                   1/1         Running             0              1h
```

Pod 内共享卷 ●●●●

第 3 章《Kubernetes 入门》描述了 Kubernetes 中同一个 Pod 的多个容器可以共享相同的 IP 地址、网络端口和 IPC，因此，应用程序可以通过 localhost 网络相互通信。但是，文件系统是相互隔离的。

下图显示位于同一个 Pod 中的 Tomcat 和 nginx 容器，这些应用程序可以通过 localhost 相互通信。但是，它们无法访问彼此的配置文件：

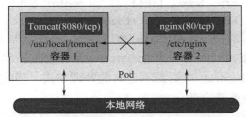

某些应用程序不会受这种场景和行为的影响，但可能有一些应用程序用例需要共享目录或文件。因此，开发人员和 Kubernetes 管理员需要了解无状态和有状态应用程序。

无状态和有状态应用程序 ●●●●

通常在无状态应用程序中使用临时卷，容器上的应用程序不需要保留数据。虽然无状态应用程序可能在容器运行时将数据写入文件系统，但就应用程序的生命周期来说并不重要。

例如，tomcat 容器运行一些 Web 应用程序，它会在 /usr/local/tomcat/logs/ 下写入应用程序日志，但如果日志文件丢失，应用程序并不会受到影响。

但是，如果需要分析应用程序日志该怎么办？如果因为审计的目的需要保留日志呢？在这种情况下，Tomcat 仍然可以是无状态的，然后将/usr/local/tomcat/logs 共享给另一个容器，例如 Logstash（https://www.elastic.co/products/logstash），然后 Logstash 将日志发送到所选的存储进行分析，例如 Elasticsearch（https://www.elastic.co/products/elasticsearch）。

这种情况下，Tomcat 容器和 Logstash 容器必须位于相同的 Pod 中，并共享 /usr/local/tomcat/logs 卷，如下图所示：

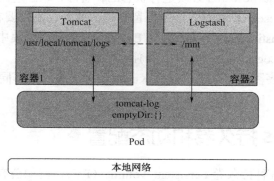

上图显示了 Tomcat 和 Logstash 如何通过 Kubernetes 的 emptyDir 卷（https://kubernetes.io/docs/concepts/storage/volumes/#emptydir）共享日志文件。

Tomcat 和 Logstash 并没有通过 localhost 进行网络通信，而是通过 emptyDir 卷共享 Tomcat 容器的/mnt 和 Logstash 容器的/usr/local/tomcat/logs：

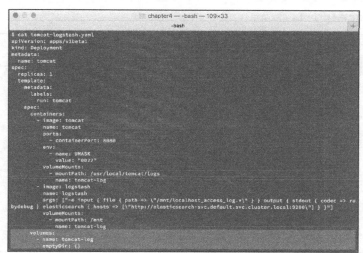

接下来创建包含 tomcat 和 logstash 的 Pod，然后查看 Logstash 是否可以在/mnt 下看到 Tomcat 的应用程序日志：

在这种情况下，Elasticsearch 必须是有状态的，通常有状态应用会使用持久卷。即使容器重新启动，Elasticsearch 容器也必须保留数据。此外，不需要在与 Tomcat/Logstash 相同的 Pod 中配置 Elasticsearch 容器，因为 Elasticsearch 是一个集中式日志数据存储，所以它可以与 Tomcat / Logstash Pod 分开，并独立扩展。

如果确定应用程序需要持久卷，那么 Kubernetes 会有一些不同类型的卷和不同的方法来进行管理。

Kubernetes 持久卷和动态配置 ●●●●

Kubernetes 支持各种持久卷 Persistent Volume（PV），例如公有云存储 AWS EBS 和 Google Persistent Disk 等。它还支持网络（分布式）文件系统，如 NFS、GlusterFS 和 Ceph。此外，它还可以支持块设备，如 iSCSI 和 FC。基于环境和基础架构，Kubernetes 管理员可以选择最适合的持久卷。

以下示例使用 GCP Persistent Disk 作为持久卷。第一步是创建 GCP Persistent Disk，并将其命名为 `gce-pd-1`。

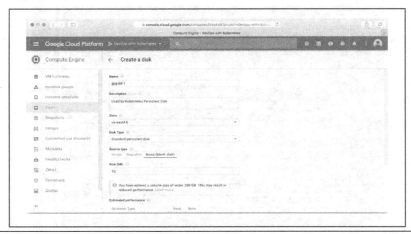

 如果使用 AWS EBS 或者 Google Persistent Disk，那么 Kubernetes Node 必须要部署在 AWS 或者 Google Cloud Platform 平台上。

接下来在 Deployment 定义中指定 gce-pd-1：

它会将 GCE Persistent Disk 挂载到 /usr/local/tomcat/logs，用来保存 Tomcat 应用程序日志。

持久卷抽象层声明

直接将持久卷指定到配置文件中，这将与特定基础设施构成紧耦合。在前面的示例中，这指的是 Google Cloud Platform 及磁盘 gce-pd-1。从容器管理的角度来看，Pod 的定义不应该锁定到特定环境，因为基础设施可能因环境而异。理想的 Pod 定义应该是灵活的或抽象的，仅指定卷名和挂载点。

因此，Kubernetes 提供了一个抽象层，它在 Pod 和持久卷之间进行关联，称为持久卷声明（**Persistent Volume Claim，PVC**），它使得基础设施被分离出来。Kubernetes 管理员只需要预先分配所需容量的持久卷，然后 Kubernetes 将绑定持久卷和 PVC：

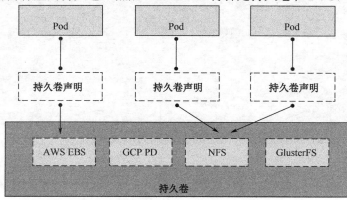

以下示例是使用 PVC 的 Pod 的定义，让我们继续使用前面的例子 `gce-pd-1`：

```
$ cat pv-gce-pd-1.yml
apiVersion: "v1"
kind: "PersistentVolume"
metadata:
  name: pv-1
spec:
  capacity:
    storage: "10Gi"
  accessModes:
    - "ReadWriteOnce"
  gcePersistentDisk:
    fsType: "ext4"
    pdName: "gce-pd-1"
$
$ kubectl create -f pv-gce-pd-1.yml
persistentvolume "pv-1" created
$
$ kubectl get pv
NAME   CAPACITY   ACCESSMODES   RECLAIMPOLICY   STATUS      CLAIM   STORAGECLASS   REASON   AGE
pv-1   10Gi       RWO           Retain          Available                                   1m
```

然后创建与 Persistent Volume（pv-1）关联的 PVC。

 请注意配置 `storageClassName: ""` 表示使用静态配置。某些 Kubernetes 环境如 Google Container Engine（GKE）已经预设了动态配置。如果我们不指定 `storageClassName: ""`，Kubernetes 将忽略已有的 PersistentVolume，而是在创建 PersistentVolumeClaim 时分配新的 PersistentVolume。

```
$ cat pvc-1.yml
apiVersion: v1
kind: PersistentVolumeClaim
metadata:
  name: pvc-1
spec:
  storageClassName: ""
  accessModes:
    - ReadWriteOnce
  resources:
    requests:
      storage: 10Gi
$
$ kubectl create -f pvc-1.yml
persistentvolumeclaim "pvc-1" created
$
$ kubectl get pvc
NAME    STATUS   VOLUME   CAPACITY   ACCESSMODES   STORAGECLASS   AGE
pvc-1   Bound    pv-1     10Gi       RWO                          23s
$
$ kubectl get pv
NAME   CAPACITY   ACCESSMODES   RECLAIMPOLICY   STATUS   CLAIM           STORAGECLASS   REASON   AGE
pv-1   10Gi       RWO           Retain          Bound    default/pvc-1                           5m
```

现在，`tomcat` 的设置已从特定的卷解耦为 `pvc-1`：

存储与资源管理

```
$ cat tomcat-pvc.yml
apiVersion: apps/v1beta1
kind: Deployment
metadata:
  name: tomcat
spec:
  replicas: 1
  template:
    metadata:
      labels:
        run: tomcat
    spec:
      containers:
        - image: tomcat
          name: tomcat
          ports:
            - containerPort: 8080
          volumeMounts:
            - mountPath: /usr/local/tomcat/logs
              name: tomcat-log
      volumes:
        - name: tomcat-log
          persistentVolumeClaim:
            claimName: "pvc-1"
```

动态配置和存储类型

PVC 为持久卷管理提供了一定程度的灵活性。但是，预分配某些持久卷池可能不具有成本效益，尤其是在公有云中。

Kubernetes 通过支持持久卷的动态配置 Dynamic Provision 来帮助改善这种情况。Kubernetes 管理员定义了持久卷的 `provisioner`，称为存储类 `StorageClass`。然后，持久卷声明要求 `StorageClass` 动态分配持久卷，然后将其与 PVC 关联：

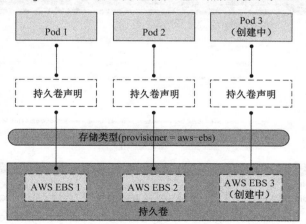

以下示例将使用 AWS EBS 作为 `StorageClass`，然后在创建 PVC 时，`StorageClass` 动态创建 EBS 将其注册到 Kubernetes 持久卷，再附加到 PVC：

基于Kubernetes的DevOps实践
容器加速软件交付

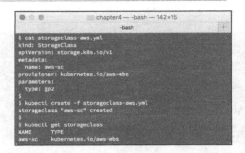

创建 `StorageClass` 后,再创建一个不带 PV 的 PVC,但是要指定 `StorageClass` 名称。在此示例中为 "`aws-sc`",如下图所示:

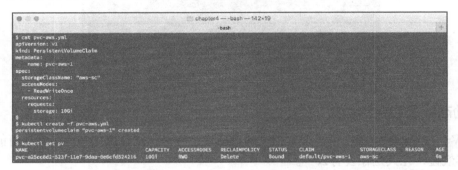

然后,PVC 请求 `StorageClass` 在 AWS 上自动创建持久卷,如下图所示:

请注意,Kubernetes 配置工具如 kops(`https://github.com/kubernetes/kops`)和 Google Container Engine(`https://cloud.google.com/container-engine/`)默认创建 `StorageClass`。例如,kops 在 AWS 环境中将 `StorageClass` 默认设置为 AWS EBS,同样在 GKE 上是 Google Cloud Persistent Disk。更多信息请参阅第 9 章《AWS 上的 Kubernetes》和第 10 章《GCP 上的 Kubernetes》:

```
//default Storage Class on AWS
$ kubectl get sc
NAME                    TYPE
Default                 kubernetes.io/aws-ebs
gp2 (default)           kubernetes.io/aws-ebs

//default Storage Class on GKE
$ kubectl get sc
NAME                    TYPE
standard (default)      kubernetes.io/gce-pd
```

临时存储和永久存储配置案例 ●●●●

我们可以将应用程序设定为无状态，数据存储功能由另一个 Pod 或其他系统处理。但是，有时应用程序实际存储了一些我们不知道的重要文件，例如 Grafana（https://grafana.com/grafana），它连接时间序列的数据源如 Graphite（https://graphiteapp.org）和 InfluxDB（https://www.influxdata.com/time-series-database/），一般会认为 Grafana 是无状态的应用程序。

但是，Grafana 本身也使用数据库来存储用户、组织和仪表盘元数据。默认情况下，Grafana 使用 SQLite3 组件将数据库存储在 /var/lib/grafana/grafana.db。因此，重新启动容器时，Grafana 设置将全部被重置。

下面的例子展示了 Grafana 如何处理临时卷：

```
$ cat grafana.yml
apiVersion: apps/v1beta1
kind: Deployment
metadata:
  name: grafana
spec:
  replicas: 1
  template:
    metadata:
      labels:
        run: grafana
    spec:
      containers:
        - image: grafana/grafana
          name: grafana
          ports:
            - containerPort: 3000
---
apiVersion: v1
kind: Service
metadata:
  name: grafana
spec:
  ports:
    - protocol: TCP
      port: 3000
      nodePort: 30300
  type: NodePort
  selector:
    run: grafana
```

我们创建一个 Grafana 组织，并且命名为 `kubernetes org`：

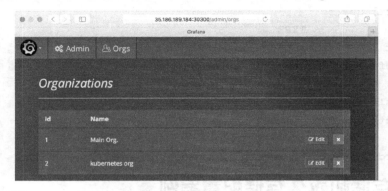

接下来查看 Grafana 目录，有一个数据库文件（`/var/lib/grafana/grafana.db`）的时间戳显示它在 Grafana 组织创建后进行了更新：

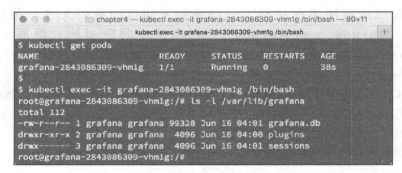

当 Pod 被删除后，ReplicaSet 会启动一个新的 Pod，并检查 Grafana 组织是否存在：

看起来 `sessions` 目录消失了，`grafana.db` 被 Docker 镜像重新创建出来，然后如果尝试访问 Web 界面，会看到 Grafana 组织也消失了。

如果对 Grafana 使用持久卷呢？使用具有持久卷的 ReplicaSet，它不能很好地扩展，因为所有 Pod 都尝试挂载相同的持久卷。在大多数情况下，只有第一个 Pod 可以挂载持久卷，另一个 Pod 可以尝试挂载。如果不能挂载，它将放弃。如果持久卷设置为 RWO（Read Write Once，即只有一个 Pod 可以写），就会发生这种情况。

在以下示例中，Grafana 使用持久卷并挂载到 /var/lib/grafana，但是它无法扩展，因为 Google Persistent Disk 被设置为 RWO：

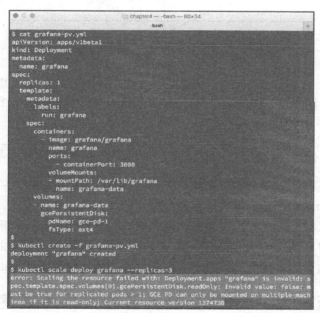

即使持久卷具有 RWX 的能力（多个 Pod 可以同时读取和写入），例如 NFS，多个 Pod 尝试绑定相同的卷也不会出现问题。但是，我们仍然需要考虑多个应用程序实例是否可以使用相同的文件夹或文件。例如，如果将 Grafana 复制到两个或多个 Pod，它将与尝试写入同一个文件 /var/lib/grafana/grafana.db 的多个 Grafana 实例冲突，然后数据可能被损坏，如下图所示：

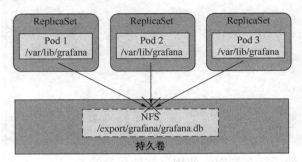

这种情况下，Grafana 必须使用 MySQL 或者 PostgreSQL 数据库后端，而不是 SQLite3，因为它们可以很好地支持多个 Grafana 实例对元数据进行读写。

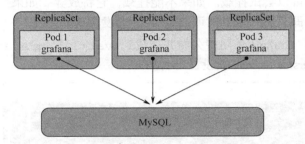

因为 RDBMS 基本上都支持通过网络连接多个应用程序实例，所以这种情况非常适合多个 Pod 使用。请注意，Grafana 支持使用 RDBMS 作为后端元数据存储，但是并非所有应用程序都支持 RDBMS。

 对于使用 MySQL / PostgreSQL 的 Grafana 配置，请参考以下在线文档：
http://docs.grafana.org/installation/configuration/#database。

因此，Kubernetes 管理员需要仔细监控应用程序对卷的使用方式，并了解在某些用例中，仅使用持久卷可能无法解决问题，因为在扩展 Pod 时可能会出现问题。

如果多个 Pod 需要访问中心化的存储卷，可以考虑使用之前列举的数据库，如果适用的话。另一方面，如果多个 Pod 需要单个卷，考虑使用状态集（StatefulSet）。

使用状态集（StatefulSet）管理具有持久卷的 Pod

状态集（StatefulSet）在 Kubernetes 1.5 版本中引入，涵盖了 Pod 和持久卷之间的绑定。当 Pod 扩展或者收缩时，将同时创建或删除 Pod 和持久卷。

另外，Pod 的创建过程是串行的。例如，当请求 Kubernetes 扩展另外两个 StatefulSet

时，Kubernetes 首先创建**持久卷声明 1** 和 **Pod 1**，然后再创建**持久卷声明 2** 和 **Pod 2**，并不会同时被创建。如果应用程序在启动期间注册信息，这可以很好地帮助到管理员：

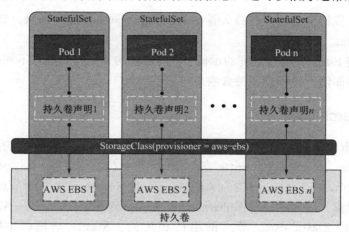

即使一个 Pod 已经销毁，状态集（StatefulSet）也会保留 Pod 的位置（Pod 名称、IP 地址和相关的 Kubernetes 元数据）及持久卷。然后，它会尝试重新创建一个容器，重新分配到同一个 Pod 并挂载相同的持久卷。

它可以帮助控制 Pod/持久卷的数量，同时通过 scheduler 保证应用程序始终在线：

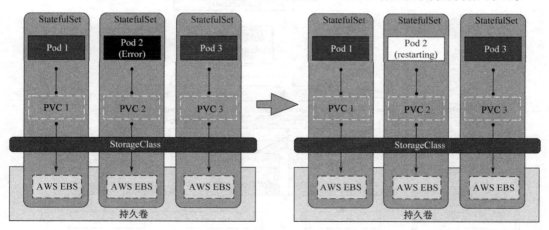

具有持久卷的状态集（StatefulSet）需要动态配置和存储类，因为 `StatefulSet` 是可扩展的。在添加 Pod 时，Kubernetes 需要知道如何配置持久卷。

持久卷示例 ●●●●

在本章中,我们会介绍一些持久卷示例。根据不同的环境和场景,管理员需要正确地配置 Kubernetes。

以下是构建 Elasticsearch 集群的示例,不同角色的节点将会配置不同类型的持久卷,它将帮我们理解如何配置和管理持久卷。

Elasticsearch 集群

Elasticsearch 使用多个节点来构建集群,从 Elasticsearch 2.4 开始,有多种不同类型的节点,如 Master、Data 和 Coordinate 节点(https://www.elastic.co/guide/en/elasticsearch/reference/2.4/modules-node.html)。每个节点在集群中具有不同的角色和职责,因此相应的 Kubernetes 配置和持久卷应与之保持一致。

下图显示了 Elasticsearch 节点的组件和角色。Master 是集群中唯一管理所有 Elasticsearch 节点注册和配置的主节点,它还可以有一个备份节点(也称为 master-eligible 节点),能够随时提升为主节点:

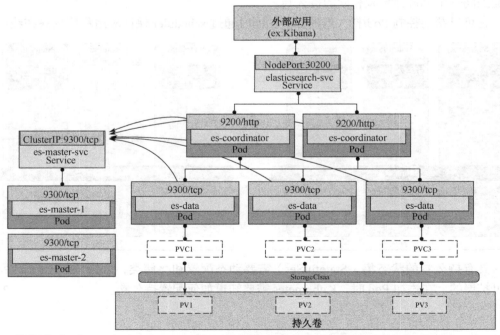

数据节点(Data)在 Elasticsearch 中存储和操作数据,而协调节点(Coordinating)处理来自其他应用程序的 HTTP 请求,然后将请求负载均衡分发到数据节点。

Elasticsearch 主节点

Master 节点在集群中是唯一的,其他节点需要指向它进行注册。因此,Master 节点应使用 Kubernetes 中的 StatefulSet 来分配固定的 DNS 名称,例如 es-master-1。同时必须使用 Headless Service 模式分配 DNS,该模式直接将 DNS 指向 Pod IP 地址。

另外,持久卷也不是必需的,因为主节点并不需要保留应用程序的数据。

Elasticsearch 备份节点

Master-eligible 节点是主节点的备用节点,这意味着扩展 Master 节点的 StatefulSet 来分配 es-master-2、es-master-3 和 es-master-N 就足够了,而无须创建另一个 Kubernetes 对象。当主节点没有响应时,在备份节点中会进行主节点选举,选择并提升一个节点作为主节点。

Elasticsearch 数据节点

Elasticsearch 数据节点负责存储数据。如果有更大的数据量或者更多的查询请求,我们可以使用状态集(StatefulSet)和持久卷进行横向扩展。此外,它不需要 DNS 名称,因此也不需要为 Elasticsearch 数据节点创建服务。

Elasticsearch 协调节点

协调节点在 Elasticsearch 中是负载均衡的角色,因此,需要水平扩展以处理更多来自外部的 HTTP 流量,并且不需要对数据持久保存。我们可以将复制集(ReplicaSet)与服务结合使用,对外暴露 HTTP 接口。

以下示例显示了创建前文中 Elasticsearch 节点时使用的命令:

```
$ ls
es-coordinator.yml        es-master.yml
es-data.yml               es-storageclass.yml
$ kubectl create -f es-master.yml
statefulset "es-master" created
service "es-master-svc" created
$
$ kubectl get pods
NAME            READY      STATUS     RESTARTS    AGE
es-master-0     1/1        Running    0           13s
$ kubectl create -f es-storageclass.yml
storageclass "es-sc" created
$
$ kubectl create -f es-data.yml
statefulset "es-data" created
$
$ kubectl create -f es-coordinator.yml
deployment "es-coordinator" created
service "elasticsearch-svc" created
$
```

以下是实例创建后的结果：

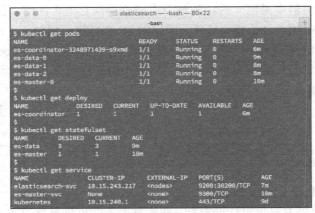

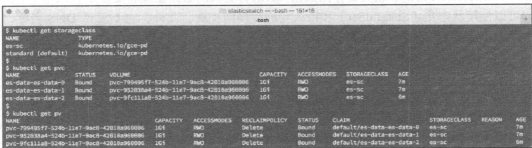

在这种情况下，外部服务（节点端口 30200）是外部应用程序的入口。为了方便理解，我们安装插件 elasticsearch-head（https://github.com/mobz/elasticsearch-head）来查看集群信息。

连接 Elasticsearch 协调节点并安装 elasticsearch-head 插件：

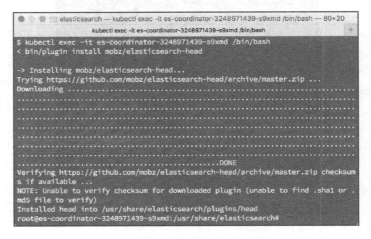

存储与资源管理

接下来使用 URL http://<kubernetes-node>:30200/_plugin/head 进行访问（任意 Kubernetes 节点），下图显示了集群的确认信息：

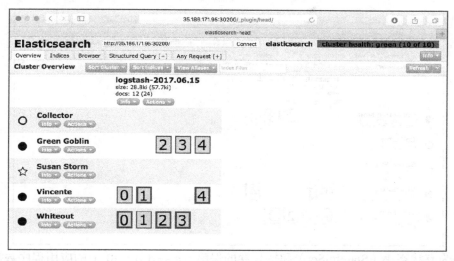

星标☆说明了该节点是 Elasticsearch 的主节点，三个黑点●是数据节点，白点〇是协调节点。

下图显示了集群的状态。在这个配置中，如果有一个数据节点出现故障，服务不会受到影响，可以通过下面的代码片段进行模拟：

```
//simulate to occur one data node down
$ kubectl delete Pod es-data-0
Pod "es-data-0" deleted
```

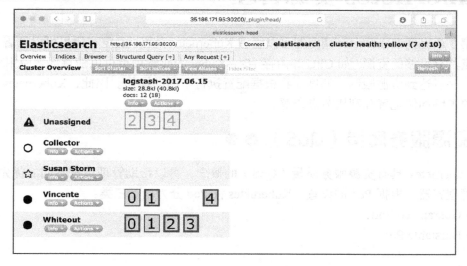

稍等一会，新启动的 Pod 使用了同一个 PVC，从而保留了 es-data-0 数据。然后数据节点再次注册到主节点，之后集群运行状况恢复为绿色（正常），如下图所示：

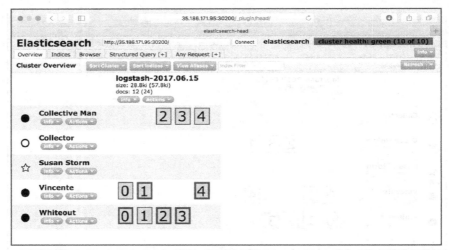

因为有状态集（StatefulSet）和持久卷的保障，es-data-0 上的应用程序数据不会丢失。如果需要更多磁盘空间，可以增加数据节点数。如果需要支持更多流量，可以增加协调节点数。如果需要备份主节点，可以增加主节点数以生成一些备份节点。

总的来说，状态集（StatefulSet）和持久卷组合功能非常强大，可以使应用程序变得更灵活，从而更方便地进行扩展。

Kubernetes 资源管理

第 3 章提到 Kubernetes 调度器可以管理 Kubernetes 节点，确定在哪里可以部署 Pod。当节点具有足够的资源（如 CPU 和内存）时，Kubernetes 管理员可以随意部署应用程序。但是，一旦达到资源限制，调度器将根据配置执行不同的操作。因此，Kubernetes 管理员必须了解如何配置和利用节点资源。

资源服务质量（QoS）

Kubernetes 具有**资源服务质量**（QoS）的概念，可以帮助管理员按不同的优先级分配和管理容器。根据 Pod 的设置，Kubernetes 将 Pod 分为以下三类：

- Guaranteed Pod；
- Burstable Pod；

- BestEffort Pod。

它们的优先级为 Guaranteed> Burstable> BestEffort，这意味着如果 BestEffort Pod 和 Guaranteed Pod 存在于同一节点中，那么当其中一个 Pod 消耗内存并导致节点资源不足时，其中 BestEffort Pod 将被终止以维护 Guaranteed Pod 运行。

要配置资源 QoS，必须在 Pod 定义中设置资源请求或资源限制。以下示例是 nginx 的资源请求和资源限制的定义：

```
$ cat burstable.yml
  apiVersion: v1
  kind: Pod
  metadata:
    name: burstable-Pod
 spec:
    containers:
    - name: nginx
      image: nginx
      resources:
        requests:
          cpu: 0.1
          memory: 10Mi
        limits:
          cpu: 0.5
          memory: 300Mi
```

这个例子包含了以下内容：

资源定义类型	资源名称	值	含义
requests	cpu	0.1	至少 10% CPU
	memory	10Mi	至少 10M 内存
limits	cpu	0.5	至多 50% CPU
	memory	300Mi	至多 300M 内存

对于 CPU 资源，可接受的表达式包括核（0.1, 0.2, ..., 1.0, 2.0）或者 millicpu（100m, 200m, ..., 1 000m, 2 000m），其中 1 000m 相当于 1 核。例如，如果 Kubernetes 节点 CPU 为 2 核（或 1 核开启超线程），则总共有 2.0 核或 2 000m，如下图所示：

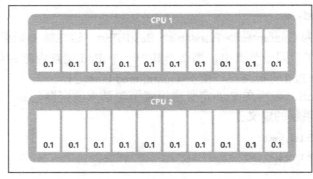

如果运行 nginx 示例（`requests.cpu: 0.1`），它至少占用 0.1 核，如下图所示：

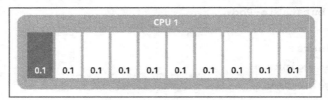

只要 CPU 有足够的空间，它就可以占用多达 0.5 核（`limits.cpu: 0.5`），如下图所示：

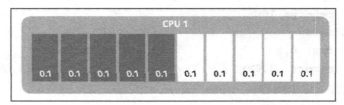

可以使用 `kubectl describe nodes` 命令查看配置，如下图所示：

需要注意的是，它显示的百分比取决于前面示例中的 Kubernetes 节点的 spec，如示例中显示，该节点具有 1 核及 600 MB 内存。

另一方面，如果它超出了内存限制，Kubernetes 调度器会标注此 Pod 内存溢出，然后将终止一个 Pod（`OOMKilled`）：

```
//Pod is reaching to the memory limit
```

存储与资源管理

```
$ kubectl get Pods
NAME              READY     STATUS            RESTARTS    AGE
burstable-Pod     1/1       Running           0           10m

//got OOMKilled
$ kubectl get Pods
NAME              READY     STATUS            RESTARTS    AGE
burstable-Pod     0/1       OOMKilled         0           10m

//restarting Pod
$ kubectl get Pods
NAME              READY     STATUS            RESTARTS    AGE
burstable-Pod     0/1       CrashLoopBackOff  0           11m

//restarted
$ kubectl get Pods
NAME              READY     STATUS            RESTARTS    AGE
burstable-Pod     1/1       Running           1           12m
```

配置 BestEffort Pod

BestEffort Pod 在资源 QoS 配置中具有最低的优先级，因此，在资源短缺的情况下，该类 Pod 将是首先被终止的。BestEffort 常用于无状态和可恢复的应用程序，例如：

- Worker 进程；
- 代理或缓存节点。

在资源不足的情况下，此类 Pod 应该为其他更高优先级的 Pod 让出 CPU 和内存资源。要将 Pod 配置为 BestEffort，需要将资源限制设置为 0，或者不指定资源限制。例如：

```
//no resource setting
$ cat besteffort-implicit.yml
apiVersion: v1
kind: Pod
metadata:
  name: besteffort
spec:
  containers:
  - name: nginx
    image: nginx
```

/ 125 /

```yaml
//resource limit setting as 0
$ cat besteffort-explicit.yml
apiVersion: v1
kind: Pod
metadata:
  name: besteffort
spec:
  containers:
  - name: nginx
    image: nginx
    resources:
      limits:
        cpu: 0
        memory: 0
```

请注意，资源设置继承命名空间的默认配置。如果命名空间具有默认的资源设置，然后使用隐式设置将 Pod 配置为 BestEffort，则最终可能不会将其配置为 BestEffort，如下所示：

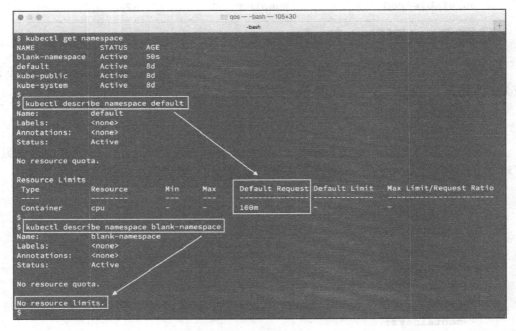

在这种情况下，如果使用隐式设置部署到默认命名空间，它会将默认 CPU 请求设置为 `request.cpu: 0.1`，类型也变为 Burstable。另一方面，如果部署到 blanknamespace 命名空间，并设置 request.cpu: 0，Pod 类型将会是 BestEffort。

配置 Guaranteed Pod

Guaranteed Pod 在资源 QoS 中拥有最高优先级。在资源短缺的情况下，Kubernetes 调度器会尝试保障该类容器被保留到最后。

因此，Guaranteed Pod 一般都用来运行关键任务，例如：
- 带持久卷的后端数据库；
- 主节点（比如 Elasticsearch 主节点和 HDFS 命名节点）。

为了配置 Guaranteed Pod，需要将资源限制和资源请求显式设置为相同值，或仅设置资源限制。但是，如果命名空间具有默认资源设置，也可能会导致不同的结果：

```
$ cat guaranteed.yml
apiVersion: v1
kind: Pod
metadata:
  name: guaranteed-Pod
spec:
  containers:
    - name: nginx
      image: nginx
      resources:
        limits:
          cpu: 0.3
          memory: 350Mi
        requests:
          cpu: 0.3
          memory: 350Mi

$ kubectl get Pods
NAME              READY   STATUS    RESTARTS   AGE
guaranteed-Pod    1/1     Running   0          52s

$ kubectl describe Pod guaranteed-Pod | grep -i qos
QoS Class:    Guaranteed
```

因为 Guaranteed Pod 必须设置资源限制，如果不是 100% 确定应用程序所需的 CPU 和内存资源，尤其是最大内存使用量，应先使用 Burstable 类型并观察一段时间。否则，既使节点有足够的内存，Kubernetes 调度器也可能会终止一个 Pod（OOMKilled）。

配置 Burstable Pod

Burstable Pod 的优先级高于 BestEffort,但低于 Guaranteed。与 Guaranteed Pod 不同,资源限制设置不是强制性的,当节点资源充足时,Pod 可以尽可能地消耗 CPU 和内存。因此,任何类型的应用都可以使用。

如果已经知道应用程序的最小内存大小,则应指定请求资源,这有助于 Kubernetes 调度器分配正确的节点。例如,有两个节点,每个节点都有 1 GB 内存,节点 1 已分配 600 MB 内存,节点 2 已分配 200 MB 内存。

如果我们再创建一个资源内存分配为 500 MB 的 Pod,则 Kubernetes 调度器会将此 Pod 分配给节点 2。但是,如果 Pod 没有资源请求,则结果可能是节点 1 或节点 2,因为 Kubernetes 不知道这个 Pod 将要消耗多少内存:

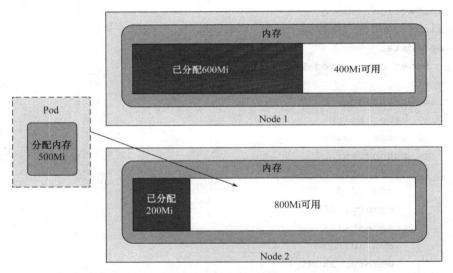

资源 QoS 还有一些重要的特性需要了解。它的颗粒度是 Pod 级别,而不是容器级别。这意味着,如果配置具有两个容器的 Pod,并将容器 A 设置为 Guaranteed(资源请求和限制是相同的值),容器 B 是 Burstable(仅设置资源请求),那么 Kubernetes 会将此 Pod 配置为 Burstable,因为 Kubernetes 不知道容器 B 的资源限制。

以下示例演示了 Guaranteed Pod 配置失效,最终变为 Burstable Pod:

```
// supposed nginx is Guaranteed, tomcat as Burstable...
$ cat guaranteed-fail.yml
apiVersion: v1
kind: Pod
metadata:
```

```
    name: burstable-Pod
spec:
  containers:
  - name: nginx
    image: nginx
    resources:
      limits:
        cpu: 0.3
        memory: 350Mi
      requests:
        cpu: 0.3
        memory: 350Mi
  - name: tomcat
    image: tomcat
    resources:
      requests:
        cpu: 0.2
        memory: 100Mi

$ kubectl create -f guaranteed-fail.yml
Pod "guaranteed-fail" created

//at the result, Pod is configured as Burstable
$ kubectl describe Pod guaranteed-fail | grep -i qos
QoS Class:    Burstable
```

即使更改为仅配置资源限制，但如果容器 A 仅具有 CPU 限制，容器 B 仅具有内存限制，那么结果也将再次成为 Burstable Pod，因为 Kubernetes 只知道其中一项限制：

```
//nginx set only cpu limit, tomcat set only memory limit
$ cat guaranteed-fail2.yml
apiVersion: v1
kind: Pod
metadata:
  name: guaranteed-fail2
spec:
  containers:
  - name: nginx
    image: nginx
    resources:
```

```
          limits:
            cpu: 0.3
    - name: tomcat
      image: tomcat
      resources:
        requests:
          memory: 100Mi

$ kubectl create -f guaranteed-fail2.yml
Pod "guaranteed-fail2" created


//result is Burstable again
$ kubectl describe Pod |grep -i qos
QoS Class:    Burstable
```

因此，如果要将 Pod 配置为 Guaranteed，则必须将所有容器都设置为 Guaranteed。

资源使用监控 ●●●●

配置资源请求或资源限制时，如果资源不足，Pod 可能无法由 Kubernetes 调度器进行部署。要了解可分配的资源，可以使用命令 `kubectl describe nodes` 查看。

以下示例显示了一个具有 600 MB 内存和 1 核 CPU 的节点，可分配的资源如下：

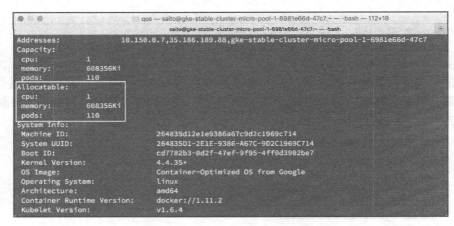

但是，此节点已经运行了一些 Burstable Pod（使用资源请求），如下所示：

4 存储与资源管理

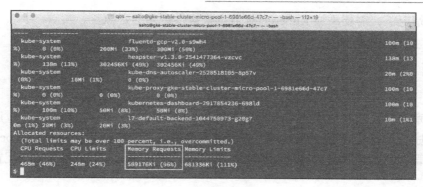

所以，可用内存大约为 20 MB，如果提交创建超过 20 MB 内存的 Burstable Pod，那么它将永远不会被调度，如下图所示：

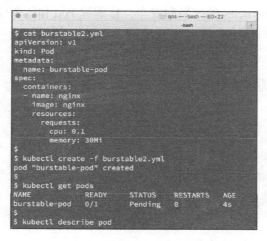

通过 `kubectl describe Pod` 命令可以捕获到错误事件：

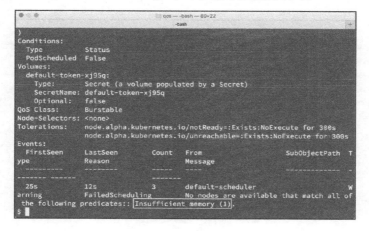

这种情况下，需要添加 Kubernetes 节点来提供更多的资源。

总结 ●●●●

在本章中，我们介绍了使用临时卷或持久卷的无状态应用程序和有状态应用程序。当应用程序重新启动或 Pod 缩放时，它们都需要进行一定的调整。此外，Kubernetes 上的持久卷管理已得到增强，使其管理变得更容易，可以从 StatefulSet 和动态配置等工具中看到。

资源 QoS 有助于 Kubernetes 调度器采用基于优先级的方式，根据资源请求和资源限制将 Pod 调度到正确的节点上。

下一章将介绍 Kubernetes 的网络和安全，让配置 Pod 和服务变得更方便，并具有更高的可扩展性和安全性。

网络与安全

在第 3 章《Kubernetes 入门》中,我们学习了如何在 Kubernetes 中部署具有不同资源的容器,并且掌握了持久卷、动态配置和存储类。接下来,我们将了解 Kubernetes 如何路由流量以帮助实现这些功能,因为网络始终在软件世界中发挥着重要作用。本章将依次介绍单个主机上的容器网络、跨主机的容器网络和 Kubernetes 中的网络架构。

- Docker 网络;
- Kubernetes 网络;
- Ingress;
- 网络策略。

Kubernetes 网络

Kubernetes 提供多种选项帮助实现网络连接,虽然 Kubernetes 本身并不关心如何实现它,但这些选项必须满足三个基本要求:
- 无须 NAT,所有容器都应该可以相互访问,无论它们在哪个节点上;
- 所有节点可以与所有容器通信;
- 容器看自己的 IP 应与其他容器看到的一致;

在深入研究之前,首先回顾一下容器网络的基本工作原理。

Docker 网络

在学习 Kubernetes 网络之前首先了解一下 Docker 网络的工作原理。在第 2 章《DevOps

与容器》中，我们学习了三种容器网络模式：bridge、none 和 host。

其中 bridge 是默认的网络模型。Docker 创建并附加虚拟以太网设备（也称为 veth），并为每个容器分配网络命名空间。

 网络命名空间（network namespace）是 Linux 中的一项功能，它在逻辑上是网络栈的一个副本，拥有自己的路由表、arp 表和网络设备，这些都是容器网络的基本概念。

Veth 总是成对出现，其中一个在网络命名空间中，另一个在网桥上。当流量进入主机网络时，它将被路由到网桥，数据包被发送到对应的 veth，并进入容器内的命名空间，如下图所示：

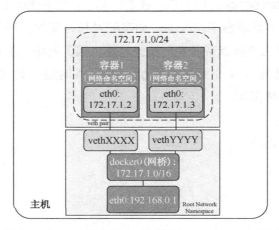

让我们继续深入研究，在以下示例中，将使用 minikube 节点作为 Docker 主机。首先，通过命令 minikube ssh 登入节点，然后启动一个容器：

```
// launch a busybox container with `top` command, also, expose container port 8080 to host port 8000.
# docker run -d -p 8000:8080 --name=busybox busybox top
737e4d87ba86633f39b4e541f15cd077d688a1c8bfb83156d38566fc5c81f469
```

让我们看一下容器中的出站流量，使用 docker exec <container_name or container_id> 可以在运行的容器中执行命令，通过 ip link list 列出所有网络接口：

```
// show all the network interfaces in busybox container
// docker exec <container_name> <command>
# docker exec busybox ip link list
1: lo: <LOOPBACK,UP,LOWER_UP> mtu 65536 qdisc noqueue qlen 1
   link/loopback 00:00:00:00:00:00 brd 00:00:00:00:00:00
2: sit0@NONE: <NOARP> mtu 1480 qdisc noop qlen 1
```

```
        link/sit 0.0.0.0 brd 0.0.0.0
    53: eth0@if54: <BROADCAST,MULTICAST,UP,LOWER_UP,M-DOWN>
        mtu 1500 qdisc noqueue
        link/ether 02:42:ac:11:00:07 brd ff:ff:ff:ff:ff:ff
```

我们可以看到 busybox 容器中有三个接口，一个是 ID 53，名称为 eth0@if54，if 后面的数字是 veth pair 的另一个接口 ID（示例中是 54）。如果在主机上运行相同的命令，可以看到主机中的 veth 指向容器内的 eth0：

```
    // show all the network interfaces from the host
    # ip link list
    1: lo: <LOOPBACK,UP,LOWER_UP> mtu 65536 qdisc noqueue
        state UNKNOWN mode DEFAULT group default qlen 1
        link/loopback 00:00:00:00:00:00 brd 00:00:00:00:00:00
    2: eth0: <BROADCAST,MULTICAST,UP,LOWER_UP> mtu 1500 qdisc
        pfifo_fast state UP mode DEFAULT group default qlen
        1000
        link/ether 08:00:27:ca:fd:37 brd ff:ff:ff:ff:ff:ff
    ...
    54: vethfeec36a@if53: <BROADCAST,MULTICAST,UP,LOWER_UP>
        mtu 1500 qdisc noqueue master docker0 state UP mode
        DEFAULT group default
        link/ether ce:25:25:9e:6c:07 brd ff:ff:ff:ff:ff:ff link-netnsid 5
```

主机上的接口 vethfeec36a@if53 与容器网络命名空间中的 eth0@if54 对应，veth 54 连接到 docker0 网桥，最终通过主机的 eth0 访问互联网。如果看一下 iptables 规则，可以看到 Docker 为出站流量创建了一个 MASQUERAD 规则（也称为 SNAT），这使得容器可以访问 Internet：

```
    // list iptables nat rules. Showing only POSTROUTING rules which allows
    packets to be altered before they leave the host.
    # sudo iptables -t nat -nL POSTROUTING
    Chain POSTROUTING (policy ACCEPT)
    target     prot opt source              destination
    ...
    MASQUERADE  all  --  172.17.0.0/16       0.0.0.0/0
    ...
```

另一方面，对于入站流量，Docker 会在 prerouting 上创建自定义过滤器，并动态地在 Docker 过滤器的链上创建转发规则。如果暴露容器端口 8080 并将其映射到主机端口 8000，我们可以看到 0.0.0.0/0 上监听了端口 8000，并将其路由到容器端口 8080：

```
    // list iptables nat rules
```

```
# sudo iptables -t nat -nL
Chain PREROUTING (policy ACCEPT)
target     prot opt source               destination
...
DOCKER     all  --  0.0.0.0/0            0.0.0.0/0           ADDRTYPE
match dst-type LOCAL
...
Chain OUTPUT (policy ACCEPT)
target     prot opt source               destination
DOCKER     all  --  0.0.0.0/0            !127.0.0.0/8        ADDRTYPE
match dst-type LOCAL
...
Chain DOCKER (2 references)
target     prot opt source               destination
RETURN     all  --  0.0.0.0/0            0.0.0.0/0
...
DNAT       tcp  --  0.0.0.0/0            0.0.0.0/0           tcp dpt : 8000
to:172.17.0.7: 8080
...
```

现在我们知道了数据包如何进出容器，接下来看看 Pod 中的容器如何相互通信。

容器间通信 ● ● ● ●

Kubernetes 中的 Pod 都有自己的真实 IP 地址，Pod 中的容器共享网络命名空间，因此它们将彼此视为 localhost。默认情况下，这由**网络容器**（**network container**）实现，该容器充当为 Pod 中的每个容器流量转发的桥梁，让我们在以下示例中看看它是如何工作的。我们使用第 3 章《Kubernetes 入门》中的第一个示例，一个 Pod 中包含了两个容器：nginx 和 centos。

```
#cat 5-1-1_Pod.yaml
  apiVersion: v1
  kind: Pod
  metadata:
    name: example
  spec:
    containers:
    - name: web
      image: nginx
    - name: centos
```

```
            image: centos
            command: ["/bin/sh", "-c", "while : ;do curl http://localhost:80/;
        sleep 10; done"]
        // create the Pod
        #kubectl create -f 5-1-1_Pod.yaml
        Pod "example" created
```

接下来查看 Pod 并看看它的容器 ID：

```
# kubectl describe Pods example
Name:        example
Node:        minikube/192.168.99.100
...
Containers:
  web:
    Container ID: docker://
d9bd923572ab186870284535044e7f3132d5cac11ecb18576078b9c7bae86c73
    Image:        nginx
...
centos:
    Container ID: docker:
//f4c019d289d4b958cd17ecbe9fe22a5ce5952cb380c8ca4f9299e10bf5e94a0f
    Image:        centos
...
```

在示例中，web 的容器 ID 为 d9bd923572ab，centos 的容器 ID 为 f4c019d289d4。如果使用 docker ps 进入节点 minikube/192.168.99.100，可以看到 Kubernetes 实际启动的容器数量（之前在 minikube 中启动了很多其他集群的容器）。通过查看 CREATED 列的最新启动时间，会发现有 3 个刚刚启动的容器：

```
# docker ps
CONTAINER ID         IMAGE                                              COMMAND
CREATED              STATUS              PORTS
NAMES
f4 c019d289d4       36540f359ca3                                        "/bin/sh -c
'while : "    2 minutes ago      Up 2 minutes
k8s_ centos_ example_ default_ 9843fc27-677b- -11e7-9a8c- -080027cafd37_ 1
d9bd923572ab        e4e 6d42c70b3                                       "nginx -g
'daemon off"    2 minutes ago      Up 2 minutes
k8s_ web_ example_ default_ 9843fc27-677b- 11e7-9a8c- -080027cafd37_ 1
4ddd3221cc47        gcr . io/google_ containers/pause- amd64:3. 0 " /pause "
```

```
2 minutes ago    Up 2 minutes
```
同时启动的还有另外一个容器 4ddd3221cc47。先查看一下 web 容器的网络模式，我们发现示例中 Pod 内的容器是容器映射模式：

```
# docker inspect d9bd923572ab | grep NetworkMode
"NetworkMode":
"container:4ddd3221cc4792207ce0a2b3bac5d758a5c7ae321634436fa3e6dd627a31ca76
",
```

在这种情况下，容器 `4ddd3221cc47` 就是所谓的网络容器，它包含了 web 和 `centos` 共享的网络命名空间。同一网络命名空间中的容器共享相同的 IP 地址和相同的网络配置，这是 Kubernetes 中实现容器间通信的默认方式，对应本章开始提到的第一个要求。

Pod 间通信

无论 Pod 在哪个节点上，其他 Pod 都应该可以通过 Pod IP 进行访问。接下来将介绍 Pod 在同一节点内和节点之间的通信。

同一节点内 Pod 间通信

默认情况下，同一节点内的 Pod 间通信会经过网桥。假设我们有两个 Pod，它们都有自己的网络命名空间，当 Pod1 要和 Pod2 通信时，数据包通过 Pod1 的命名空间传递到相应的 veth pair **vethXXXX**，然后进入网桥，网桥广播目标 IP 地址以帮助数据包找到路径，**vethYYYY** 进行了响应，然后数据包顺利到达 Pod2：

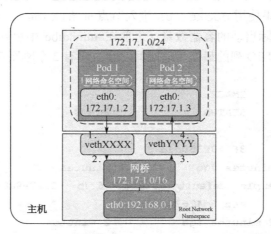

然而，Kubernetes 总是以集群模式存在，当 Pod 位于不同的节点时，流量如何被路由呢？

5 网络与安全

跨节点 Pod 间通信

根据上述第二个要求,所有节点必须与所有容器通信。Kubernetes 通过**容器网络接口**(Container Network Interface,CNI)实现这个要求。用户可以选择不同的实现方式,如 L2、L3 或者 Overlay。Overlay 网络是常见的解决方案之一,也被称为**数据包封装**,它在数据包离开数据源之前进行封装,然后在目的端进行解封装,这也导致了 Overlay 会增加网络延迟和复杂性。只要所有容器可以跨节点相互访问,用户就可以自由选择任何解决方案,例如 L2 邻接或 L3 网关。更多有关 CNI 的信息,请参阅规范(https://github.com/containernetworking/cni/blob/master/SPEC.md):

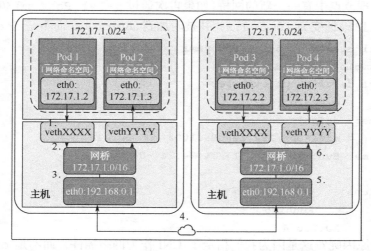

假设有一个从 Pod1 到 Pod4 的数据包,它从容器的网络接口离开到达 veth pair,然后依次通过网桥和节点的网络接口(步骤 1、2、3)。CNI 将在步骤 4 中发挥作用,用户可以自由选择解决方案,只要数据包可以路由到目的节点。在下面的示例中,我们使用 `--network-plugin=cni` 选项启动 minikube,启用 CNI 后,参数将通过节点的 Kubelet 传递。Kubelet 有一个默认的网络插件,但也可以选择其他支持的插件。如果已经启动 minikube,可以先使用 `minikube stop` 停掉它,或者使用 `minikube delete` 彻底删除整个集群。尽管 minikube 是一个单节点环境,可能无法完全代表生产环境的应用场景,但这只是希望人们能了解其中的工作原理。我们将在第 9 章《AWS 上的 Kubernetes》和第 10 章《GCP 上的 Kubernetes》中学习在真实环境中如何进行网络部署。

```
// start minikube with cni option
# minikube start --network-plugin=cni
...
Kubectl is now configured to use the cluster.
```

当使用 `network-plugin` 选项时,它将应用 `--net-plugin-dir` 中指定的目录,

基于Kubernetes的DevOps实践
容器加速软件交付

在 CNI 插件中,默认目录是 /opt/cni/net.d。集群启动后,通过 minikube ssh 登录节点查看设置:

```
# minikube ssh
$ ifconfig
...
mybridge   Link encap:Ethernet   HWaddr 0A:58:0A:01:00:01
           inet addr:10.1.0.1  Bcast:0.0.0.0
           Mask:255.255.0.0
...
```

我们会发现节点中有一个新的网桥,如果再次通过 5-1-1_Pod.yml 创建示例 Pod,会发现 Pod 的 IP 地址变为 10.1.0.x,并被附加到 mybridge 而不是 docker0。

```
# kubectl create -f 5-1-1_Pod.yaml
Pod "example" created
# kubectl describe po example
Name:            example
Namespace:       default
Node:            minikube/192.168.99.100
Start Time: Sun, 23 Jul 2017 14:24:24 -0400
Labels:              <none>
Annotations:         <none>
Status:          Running
IP:              10.1.0.4
```

这是什么原因呢?这是因为我们指定了 CNI 作为网络插件,而不是 docker0,也称为容器网络模型(container network model)或 **libnetwork**。CNI 创建了一个虚拟接口,将其连接到底层网络,并设置 IP 地址和路由,最终映射到 Pod 的命名空间。我们来看看位于 /etc/cni/net.d/ 的配置:

```
# cat /etc/cni/net.d/k8s.conf
{
  "name": "rkt.kubernetes.io",
  "type": "bridge",
  "bridge": "mybridge",
  "mtu": 1460,
  "addIf": "true",
  "isGateway": true,
  "ipMasq": true,
  "ipam": {
    "type": "host-local",
```

```
    "subnet": "10.1.0.0/16",
    "gateway": "10.1.0.1",
    "routes": [
      {
        "dst": "0.0.0.0/0"
      }
    ]
  }
}
```

在上面的示例中，CNI插件仍然使用L2网桥。如果数据包来自10.1.0.0/16，并且目的是其他任何地方，它将通过这个网桥。就像之前看到的一样，还会有另一个启用了CNI的节点，使用了10.1.2.0/16子网，ARP数据包可以通过节点上的物理接口到达目标Pod，也就实现了跨节点的Pod间通信。

让我们看一下iptables中的规则：

```
// check the rules in iptables
# sudo iptables -t nat -nL
...
Chain POSTROUTING (policy ACCEPT)
target         prot opt source                destination
KUBE-POSTROUTING  all  --  0.0.0.0/0           0.0.0.0./0          */
kubernetes postrouting rules */
MASQUERADE     all  --  172.17.0.0/16          0.0.0.0./0
CNI-25df152800e33f7b16fc085a  all  --  10.1.0.0/16          0.0.0.0./0
/* name: "rkt.kubernetes.io" id:
"328287949eb4d4483a3a8035d65cc326417ae7384270844e59c2f4e963d87e18" */
CNI-f1931fed74271104c4d10006  all  --  10.1.0.0/16          0.0.0.0/0
/* name: "rkt.kubernetes.io" id:
"08c562ff4d67496fdae1c08facb2766ca30533552b8bd0682630f203b18f8c0a" */
```

所有相关的规则都被替换为10.1.0.0/16。

Pod与服务间通信 ●●●●

Kubernetes始终是动态变化的，Pod一直在创建和删除。Kubernetes服务通过标签选择器选择一组Pod，通常通过服务来访问而不是直接访问某个Pod。Endpoint对象也会随着服务的创建而产生，该对象记录了服务后端的Pod IP。

> 在某些情况下，endpoint 对象不会随着服务创建而产生。例如，没有选择器的服务将不会创建相应的 endpoint 对象。更多信息请参阅第 3 章《Kubernetes 入门》中的不带选择器的服务部分。

那么流量如何从一个 Pod 到服务后端的 Pod 呢？默认情况下，Kubernetes 使用 kube-proxy 通过 iptables 来完成任务，如下图所示：

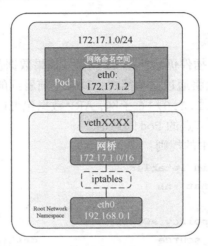

让我们通过第 3 章《Kubernetes 入门》中的 3-2-3_rc1.yaml 和 3-2-3_nodeport.yaml 示例来了解这种默认行为：

```
// create two Pods with nginx and one service to observe default
networking. Users are free to use any other kind of solution.
# kubectl create -f 3-2-3_rc1.yaml
replicationcontroller "nginx-1.12" created
# kubectl create -f 3-2-3_nodeport.yaml
service "nginx-nodeport" created
```

查看 iptables 规则并了解它是如何工作的。如下所示，Service IP 是 10.0.0.167，后面的两个 Pod IP 地址是 10.1.0.4 和 10.1.0.5。

```
// kubectl describe svc nginx-nodeport
Name:                   nginx-nodeport
Namespace:              default
Selector:               project=chapter3,service=web
Type:                   NodePort
IP:                     10.0.0.167
Port:                   <unset>     80/TCP
NodePort:               <unset>     32261/TCP
```

```
Endpoints:              10.1.0.4:80,10.1.0.5:80
...
```

通过 `minikube ssh` 进入 minikube 节点并查看其 iptables 规则:

```
# sudo iptables -t nat -nL
...
Chain KUBE-SERVICES (2 references)
target         prot opt source              destination
KUBE-SVC-37ROJ3MK6RKFMQ2B  tcp  --  0.0.0.0/0           10.0.0.167
/* default/nginx-nodeport: cluster IP */ tcp dpt:80
KUBE-NODEPORTS  all  --  0.0.0.0/0           0.0.0.0/0             /*
kubernetes service nodeports; NOTE: this must be the last rule in this
chain */ ADDRTYPE match dst-type LOCAL
Chain KUBE-SVC-37ROJ3MK6RKFMQ2B (2 references)
target         prot opt source              destination
KUBE-SEP-SVVBOHTYP7PAP3J5  all  --  0.0.0.0/0           0.0.0.0/0
/* default/nginx-nodeport: */ statistic mode random probability
0.50000000000
KUBE-SEP-AYS7I6ZPYFC6YNNF  all  --  0.0.0.0/0           0.0.0.0/0
/* default/nginx-nodeport: */
Chain KUBE-SEP-SVVBOHTYP7PAP3J5 (1 references)
target         prot opt source              destination
KUBE-MARK-MASQ  all  --  10.1.0.4            0.0.0.0/0             /*
default/nginx-nodeport: */
DNAT           tcp  --  0.0.0.0/0           0.0.0.0/0             /*
default/nginx-nodeport: */ tcp to:10.1.0.4:80
Chain KUBE-SEP-AYS7I6ZPYFC6YNNF (1 references)
target         prot opt source              destination
KUBE-MARK-MASQ  all  --  10.1.0.5            0.0.0.0/0             /*
default/nginx-nodeport: */
DNAT           tcp  --  0.0.0.0/0           0.0.0.0/0             /*
default/nginx-nodeport: */ tcp to:10.1.0.5:80
...
```

这里的关键点是 Service 对外暴露集群 IP，KUBE-SVC-37ROJ3MK6RKFMQ2B 链接了两个自定义链 KUBE-SEP-SVVBOHTYP7PAP3J5 和 KUBE-SEP-AYS7I6ZPYFC6YNNF，它们都设置了统计概率值为 0.5，这意味着，iptables 将生成一个随机数，并根据概率值 0.5 转发到不同目标。这两个自定义链的 DNAT 会更改数据包的目的 IP 地址为相应的 Pod IP，默认情况下，conntrack 会启用以在流量进入时跟踪源和目的。当流量进入服务时，

iptables 将随机选择一个 Pod 进行路由，并将目标 IP 从 Service IP 修改为真正的 Pod IP，并通过 un-DNAT 原路返回。

外部与服务通信

Kubernetes 支持外部流量访问的能力是至关重要的，目前有两个 API 对象来实现这一目标。

- **Service**：外部网络负载均衡或者 NodePort (L4)；
- **Ingress**：HTTP(S) 负载均衡 (L7)。

下一节会介绍更多关于 Ingress 的信息。首先看看四层的解决方案，前面我们了解了跨节点的 Pod 间通信，以及数据包如何在 Service 和 Pod 之间进出，下图展示了它的工作原理。假设我们有两个服务，服务 A 有 3 个 Pod（Pod a、Pod b 和 Pod c），服务 B 只有一个 Pod（Pod d）。当流量从负载均衡（LoadBalancer）进入时，数据包将被发送到其中一个节点。多数负载均衡（LoadBalancer）本身都不知道 Pod 或容器的存在，它们只知道有后端节点。如果节点通过了健康状况检查，那么它可以加入到负载均衡后端。假设我们想要访问服务 B，它目前只有一个 Pod 在运行，这时候负载均衡（LoadBalancer）就会将数据包发送到另一个节点上（Pod 不在此节点上）。

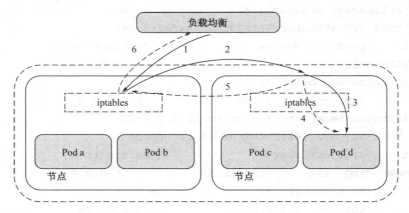

数据流如下：

1. 负载均衡（LoadBalancer）将选择其中一个节点来转发数据包。在 GCE 中，它通过源 IP 和端口、目的 IP 和端口，以及协议的散列选择实例。在 AWS 中，它是基于 round-robin 轮询算法的。
2. 这里路由的目标将被更改为 Pod d（DNAT），并将数据包转发到另一个节点，类似于跨节点的 Pod 间通信。
3. 然后，通过 Service 到 Pod 的通信，数据包到达 Pod d 并得到响应。

网络与安全 5

4. Pod 到 Service 通信也由 iptables 管理。
5. 数据包将被转发到原始节点。
6. 源和目的将 un-DNAT 回负载均衡（LoadBalancer）和客户端，数据包原路返回。

 在 Kubernetes 1.7 中，Service 中有一个名为外部流量策略（**externalTraffic-Policy**）的新属性，可以将其值设置为 local，然后在流量进入节点后，Kubernetes 将在该节点上路由。

Ingress

Kubernetes 的 Pod 和 Service 都有自己的 IP，然而，通常它们并不是提供给外部互联网的接口。虽然配置了含有节点 IP 的服务，但是节点 IP 中的端口不能在服务之间重复，确定使用哪种服务管理哪个端口很麻烦。此外，节点起起停停，为外部服务提供静态的节点 IP 并不是一个很好的选择。

Ingress 定义了一组允许入站连接访问 Kubernetes 集群服务的规则。它在七层将流量引入集群，在每个节点上都分配服务端口进行流量转发，如下图所示。我们定义一组规则并发布到 API 服务器，当流量进入时，Ingress 控制器将匹配 Ingress 规则并进行路由。如下图所示，Ingress 通过不同的 URL 将外部流量路由到不同的 Kuberentes 端点：

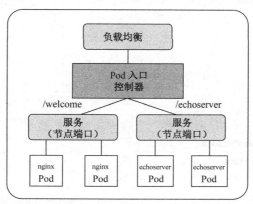

我们通过一个示例，看看它是如何工作的。这个例子将创建两个名为 `nginx` 和 `echoserver` 的服务，其中配置了 Ingress 路径/welcome 和/echoserver。可以在 minikube 中运行示例，旧版的 minikube 默认情况下不启用 ingress，必须先启用它：

```
// start over our minikube local
# minikube delete && minikube start
// enable ingress in minikube
```

```
# minikube addons enable ingress
ingress was successfully enabled
// check current setting for addons in minikube
# minikube addons list
- registry: disabled
- registry-creds: disabled
- addon-manager: enabled
- dashboard: enabled
- default-storageclass: enabled
- kube-dns: enabled
- heapster: disabled
- ingress: enabled
```

在 minikube 中启用 Ingress 将创建一个 nginx ingress 控制器和一个配置图（ConfigMap）来存储 nginx 配置（参考 https://github.com/kubernetes/ingress/blob/master/controllers/nginx/README.md），以及 RC 和服务作为默认的 HTTP 后端来处理请求，可以通过在 `kubectl` 命令中添加参数 `--namespace=kube-system` 来观察它们。接下来，创建后端资源，以下是 nginx 部署和服务：

```
# cat 5-2-1_nginx.yaml
apiVersion: apps/v1beta1
kind: Deployment
metadata:
  name: nginx
spec:
  replicas: 2
  template:
    metadata:
    labels:
      project: chapter5
      service: nginx
    spec:
      containers:
        - name: nginx
          image: nginx
          ports:
          - containerPort: 80
---
kind: Service
```

```yaml
apiVersion: v1
metadata:
  name: nginx
spec:
  type: NodePort
  selector:
    project: chapter5
    service: nginx
  ports:
    - protocol: TCP
      port: 80
      targetPort: 80
```

```
// create nginx RS and service
# kubectl create -f 5-2-1_nginx.yaml
deployment "nginx" created
service "nginx" created
```

接下来利用 RS 创建另一个服务：

```yaml
// another backend named echoserver
# cat 5-2-1_echoserver.yaml
apiVersion: apps/v1beta1
kind: Deployment
metadata:
  name: echoserver
spec:
  replicas: 1
  template:
    metadata:
      name: echoserver
      labels:
        project: chapter5
        service: echoserver
    spec:
      containers:
      - name: echoserver
        image: gcr.io/google_containers/echoserver:1.4
        ports:
        - containerPort: 8080
---
```

```yaml
kind: Service
apiVersion: v1
metadata:
  name: echoserver
spec:
  type: NodePort
  selector:
project: chapter5
service: echoserver
 ports:
   - protocol: TCP
     port: 8080
     targetPort: 8080
```
```
// create RS and SVC by above configuration file
# kubectl create -f 5-2-1_echoserver.yaml
deployment "echoserver" created
service "echoserver" created
```

接下来，我们将创建 Ingress 资源。如果服务请求根 URL/，则需要设置注解 ingress.kubernetes.io/rewrite-target。如果没有这个注解，将会返回 **404** 错误。请参阅 https://github.com/kubernetes/ingress/blob/master/controllers/nginx/configuration.md #annotations 获取 nginx ingress 控制器中更多支持的注解：

```yaml
# cat 5-2-1_ingress.yaml
apiVersion: extensions/v1beta1
kind: Ingress
metadata:
  name: ingress-example
  annotations:
    ingress.kubernetes.io/rewrite-target: /
spec:
  rules:
  - host: devops.k8s
    http:
     paths:
     - path: /welcome
       backend:
         serviceName: nginx
```

```
          servicePort: 80
    - path: /echoserver
      backend:
        serviceName: echoserver
        servicePort: 8080
// create ingress
# kubectl create -f 5-2-1_ingress.yaml
ingress "ingress-example" created
```

> 某些云服务提供商支持负载均衡（LoadBalancer）控制器，可以通过配置文件中的 `status.loadBalancer.ingress` 与 `ingress` 集成。更多信息请参阅 https://github.com/kubernetes/contrib/tree/master/service-loadbalancer。

由于我们的主机设置为 `devops.k8s`，因此只有从主机名访问它时才会响应。可以在 DNS 服务器中配置 DNS 记录，也可以在本地修改 hosts 文件。为简单起见，我们只需要在主机文件中添加一个带有 `ip hostname` 格式的行：

```
// normally host file located in /etc/hosts in linux
# sudo sh -c "echo `minikube ip` devops.k8s >> /etc/hosts"
```

然后可以通过 URL 直接访问我们的服务：

```
# curl http://devops.k8s/welcome
...
<title>Welcome to nginx!</title>
...
// check echoserver
# curl http://devops.k8s/echoserver
CLIENT VALUES:
client_address=172.17.0.4
command=GET
real path=/
query=nil
request_version=1.1
request_uri=http://devops.k8s:8080/
```

Pod Ingress 控制器根据 URL 路径来调度流量，路由的路径类似于外部到服务通信，数据包在节点和 Pod 之间转发。Kubernetes 支持很多官方或者第三方实现的网络插件，示例只做了简单描述，iptables 也只是一个默认的实现方式。网络功能在版本迭代中更新很快，撰写本文时，Kubernetes 刚刚发布了 1.7 版本。

网络策略

网络策略是 Pod 的软件防火墙，默认情况下，每个 Pod 都可以相互通信，没有任何边界。网络策略可以应用于 Pod 的隔离，它通过命名空间选择器和 Pod 选择器，定义了谁可以访问哪个 Pod 的哪个端口，这些策略在命名空间中是叠加的。一旦 Pod 启用了策略，它就会拒绝任何其他入站流量（默认拒绝所有）。

目前，有多个网络提供商支持网络策略，例如 Calico(https://www.projectcalico.org/calico-network-policy-come-to-kubernetes/)、Romana (https://github.com/romana/romana)、Weave Net(https://www.weave.works/docs/net/latest/kube-addon/#npc)、Contiv(http://contiv.github.io/documents/networking/policies.html) 和 Trireme (https://github.com/aporeto-inc/trireme-kubernetes)，用户完全可以自由选择。为简单起见，我们将使用 Calico 和 minikube。要实现这个方案，必须使用 --network-plugin=cni 选项启动 minikube。目前，Kubernetes 的网络策略仍然算是比较新的特性。我们将使用 Kubernetes v.1.7.0 和 minikube v.1.0.7 ISO 来部署 Calico (http://docs.projectcalico.org/v1.5/getting-started/kubernetes/installation/hosted/)。首先下载 calico.yaml (https://github.com/projectcalico/calico/blob/master/v2.4/getting-started/kubernetes/installation/hosted/calico.yaml) 文件来创建 Calico 节点和策略控制器，然后配置 etcd_endpoints（访问 localkube 资源查看 etcd 的 IP）。

```
// find out etcd ip
# minikube ssh -- "sudo /usr/local/bin/localkube --host-ip"
2017-07-27 04:10:58.941493 I | proto: duplicate proto type registered: google.protobuf.Any
2017-07-27 04:10:58.941822 I | proto: duplicate proto type registered: google.protobuf.Duration
2017-07-27 04:10:58.942028 I | proto: duplicate proto type registered: google.protobuf.Timestamp
localkube host ip:  10.0.2.15
```

etcd 的默认端口是 2379，因此将 calico.yaml 中的 etcd_endpoint 从 http://127.0.0.1:2379 修改为 http://10.0.2.15:2379：

```
// launch calico
```

```
# kubectl apply -f calico.yaml
configmap "calico-config" created
secret "calico-etcd-secrets" created
daemonset "calico-node" created
deployment "calico-policy-controller" created
job "configure-calico" created
// list the Pods in kube-system
# kubectl get Pods --namespace=kube-system
NAME                                              READY     STATUS    RESTARTS
AGE
calico-node-ss243                                  2/2      Running    0
1m
calico-policy-controller-2249040168-r2270          1/1      Running    0
1m
```

这里使用 5-2-1_nginx.yaml 作为示例:

```
# kubectl create -f 5-2-1_nginx.yaml
replicaset "nginx" created
service "nginx" created
// list the services
# kubectl get svc
NAME          CLUSTER-IP      EXTERNAL-IP     PORT(S)            AGE
Kubernetes    10.0.0.1        <none>          443/TCP            47m
Nginx         10.0.0.42       <nodes>         80:31071/TCP       5m
```

我们发现 nginx 服务的 IP 为 10.0.0.42，再启动一个简单的 bash 并使用 wget 来查看是否可以访问 nginx。

```
# kubectl run busybox -i -t --image=busybox /bin/sh
If you don't see a command prompt, try pressing enter.
/ # wget --spider 10.0.0.42
Connecting to 10.0.0.42 (10.0.0.42:80)
```

参数 --spider 用于检查 URL 是否存在，在这个例子中，busybox 成功地访问了 nginx。接下来，将 NetworkPolicy 应用于 nginx Pod:

```
// declare a network policy
# cat 5-3-1_networkpolicy.yaml
kind: NetworkPolicy
apiVersion: networking.k8s.io/v1
metadata:
  name: nginx-networkpolicy
```

```
spec:
  PodSelector:
    matchLabels:
      service: nginx
  ingress:
  - from:
    - PodSelector:
        matchLabels:
          project: chapter5
```

这里可以看到一些关键的语法，`PodSelector` 用于选择 Pod，它应与目标 Pod 的标签匹配。另一个是 `ingress[].from[].PodSelector`，它用于定义谁可以访问这些 Pod，这里所有带 `project=chapter5` 标签的 Pod 都被允许访问带 `server=nginx` 标签的 Pod。如果我们回到 busybox Pod，将无法再访问到 nginx，因为现在 nginx Pod 已启用了 NetworkPolicy，且默认情况下，它拒绝所有流量，因此 busybox 将无法与 nginx 通信：

```
// in busybox Pod, or you could use `kubectl attach <Pod_name> -c busybox -i -t` to re-attach to the Pod
# wget --spider --timeout=1 10.0.0.42
Connecting to 10.0.0.42 (10.0.0.42:80)
wget: download timed out
```

可以使用 `kubectl edit deployment busybox` 将标签 `project=chaper5` 添加到 busybox。

 请参阅第 3 章《Kubernetes 入门》中的标签和选择器部分了解更多信息。

之后，busybox 就可以再次访问到 nginx Pod：

```
// inside busybox Pod
/ # wget --spider 10.0.0.42
Connecting to 10.0.0.42 (10.0.0.42:80)
```

通过前面的示例，我们了解了如何应用网络策略，还可以使用一些默认策略来拒绝全部流量，或者通过调整选择器来控制访问，例如，可以通过以下方式来拒绝所有请求：

```
# cat 5-3-1_np_denyall.yaml
apiVersion: networking.k8s.io/v1
kind: NetworkPolicy
metadata:
  name: default-deny
```

网络与安全 5

```
spec:
  PodSelector:
```

所有与标签不匹配的 Pod 都将被拒绝。也可以创建另一个网络策略，入站流量允许，这样其他任何人都可以访问在命名空间中运行的 Pod。

```
# cat 5-3-1_np_allowall.yaml
apiVersion: networking.k8s.io/v1
kind: NetworkPolicy
metadata:
  name: allow-all
spec:
  PodSelector:
  ingress:
  - {}
```

总结

在本章中，我们学习了容器间如何相互通信，并介绍了 Pod 间通信的工作原理。如果标签选择器匹配，那么服务会将流量路由到这些 Pod，通过 iptables 实现了 Service 到 Pod 的通信。我们了解了从外部到 Pod 的数据包路由，以及 DNAT 和 un-DNAT，同时还学习了新的 API 对象 Ingress，它允许使用 URL 路径路由到不同服务。最后，我们还引入了另一个对象 NetworkPolicy，它提供增强的安全性，来充当软件防火墙。通过网络策略，可以限制某些 Pod 仅与某些 Pod 通信，例如，只有数据检索服务可以与数据库容器进行通信。所有这些特性都使 Kubernetes 更加灵活、安全和强大。

到目前为止，我们已经掌握了 Kubernetes 的基本概念。接下来，将通过监控集群、分析 Kubernetes 的应用程序和系统日志，能更清楚地了解集群内部的情况。监控和日志工具对于每个 DevOps 来说都是必不可少的，它们在 Kubernetes 中也发挥着极其重要的作用。因此，下一章将深入介绍集群内活动，例如调度、部署、扩展和服务发现，以帮助人们更好地理解在真实环境中管理 Kubernetes 的方法。

监控与日志

监控和日志是保障站点可靠性的重要组成部分,我们已经学会了如何利用各种控制器来处理应用程序,以及如何与 Ingress 一起来为 Web 应用程序提供服务。接下来,在本章中,我们将通过以下主题学习如何跟踪监控应用程序:

- 获取容器的状态快照;
- 监控 Kubernetes;
- 通过 Prometheus 汇总指标;
- Kubernetes 日志管理;
- 使用 Fluentd 和 Elasticsearch 处理日志。

容器检查

每当应用程序行为异常时,我们会尝试各种手段去了解发生了什么,例如检查日志、资源使用情况、进程监控,或者直接进入正在运行的主机来调查问题。在 Kubernetes 中,可以使用 `kubectl get` 和 `kubectl describe` 查询部署状态,这会帮助我们确定应用程序是否已崩溃或是否正常按预期工作。

此外,如果我们想通过应用程序的输出了解发生了什么,还可以使用 `kubectl logs` 将容器的标准输出重定向到终端。对于 CPU 和内存使用情况的统计数据,可以采用类似 top 的命令查看,如 `kubectl top`。举例来说,`kubectl top node` 的结果描述了节点的资源使用情况,而 `kubectl top Pod <POD_NAME>` 则显示了每个 Pod 的使用情况:

```
# kubectl top node
NAME        CPU (cores)    CPU%    MEMORY (bytes)    MEMORY%
node-1      42m            4%      273Mi             12%
```

6 监控与日志

```
node-2         152m           15%           1283Mi              75%
# kubectl top Pod myPod-name-2587489005-xq72v
NAME                                 CPU (cores)     MEMORY (bytes)
myPod--name--2587489005-xq72v  0m                   0Mi
```

 如果要使用 `kubectl top`，需要在集群中部署 Heapster，我们会在本章后面讨论这个问题。

如果将诸如日志之类的东西留在容器内而不发送到其他地方呢？我们知道可以通过 `docker exec` 在一个正在运行的容器中执行命令，但是我们不太可能每次都访问节点。幸运的是，kubectl 允许我们使用 `kubectl exec` 命令执行相同的操作，它的用法与 Docker 类似。例如，可以在容器中运行 shell，如下所示：

```
$ kubectl exec -it myPod-name-2587489005-xq72v /bin/sh
/ #
/ # hostname
myPod-name-2587489005-xq72v
```

这与通过 SSH 登录主机的效果几乎一样，它使我们能够使用熟悉的工具进行故障排查，就像在非容器环境中那样。

Kubernetes 仪表盘 ●●●

除了命令行工具之外，Kubernetes 还提供一个仪表盘，整合了上文讨论的所有数据，然后放在一个界面友好的 Web 界面上进行展示：

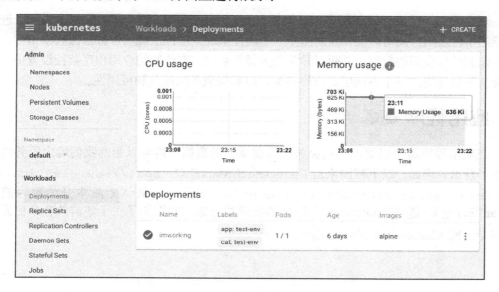

它实际上是 Kubernetes 集群可视化的用户界面，允许我们在上面创建、编辑和删除资源。部署它非常容易，直接使用模板进行创建：

```
$ kubectl create -f \
https://raw.githubusercontent.com/kubernetes/dashboard/v1.6.3/src/deploy/kubernetes- dashboard.yaml
```

此模板适用于启用了 RBAC（基于角色的访问控制）的 Kubernetes 集群，如果需要其他部署选项，请查看仪表盘相关内容（`https://github.com/kubernetes/dashboard`）。关于 RBAC，我们将在第 8 章《集群管理》中讨论。许多 Kubernetes 托管服务，如 Google Container Engine 会在集群中预先部署仪表盘，无须自行安装。要确定仪表盘是否存在于集群中，可以使用 `kubectl cluster-info` 查看。

如果仪表盘已经安装好，我们会看到 **kubernetes-dashboard is running at ...** 的提示。使用默认模板创建的或由云服务提供商提供的仪表盘服务通常是 ClusterIP 类型。为了访问它，需要在终端和 Kubernetes 的 API 服务器之间使用 `kubectl proxy` 建立代理，代理启动后，就可以通过 `http://localhost:8001/ui` 访问仪表盘，其中端口 8001 是 kubectl proxy 的默认端口。

 与 `kubectl top` 一样，需要在集群中部署 Heapster 才能查看 CPU 和内存的统计信息。

监控 Kubernetes

现在我们知道了如何在 Kubernetes 中检查应用程序状态，因此需要有一个机制来进行持续的事件监测，换句话说，我们需要一个监控系统。监控系统从各种来源收集指标，然后存储和分析收到的数据，进而对异常行为做出响应。在传统的应用程序监控设置中，至少会从基础架构的三个不同层面收集指标，以确保服务的质量和可用性。

应用程序

在应用程序这个层面，一般会关注内部状态的数据，这可以帮助我们确定服务内部发生了什么。例如，以下截图来自 Elasticsearch Marvel（`https://www.elastic.co/guide/en/marvel/current/introduction.html`），从 5.x 版本开始称为**监控**（**Monitoring**），是 Elasticsearch 集群的监控解决方案。它汇集了关于集群的各项信息，尤其是一些 Elasticsearch 的特定指标：

监控与日志 6

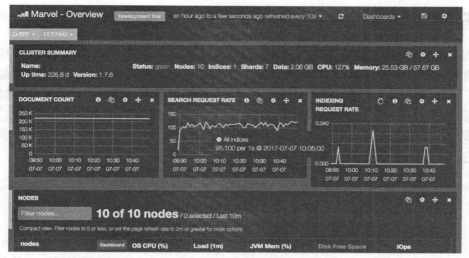

此外，我们将利用分析（profiling）工具和跟踪（tracing）工具来诊断应用程序，这会增加分析的维度，使我们能以更精细的颗粒度检测服务。目前应用程序一般由数十种服务组成，并以分布式方式部署，如果不使用跟踪工具，例如 OpenTracing（http://opentracing.io），识别性能瓶颈可能非常困难。

主机 ●●●●

主机层面的数据采集通常由监控框架提供的代理完成，代理获取并发送有关主机的综合度量指标，例如负载、磁盘、网络连接，有助于确定主机健康状况的进程统计信息。

外部资源 ●●●●

除上述两个层面外，还需要检查其他依赖组件的状态。例如，假设有一个消耗队列并执行任务的应用程序，就应该关注像队列长度和消耗率这样的指标，如果消耗率很低，并且队列长度不断增长，那么应用程序可能会遇到麻烦。

这些原则同样适用于 Kubernetes 上的容器，因为在主机上运行容器几乎与运行进程相同。尽管如此，由于 Kubernetes 上的容器和传统主机上的容器在利用资源的方式上存在细微差别，我们仍然需要在采用监控策略时考虑差异。例如，Kubernetes 上的应用程序容器将分布在多个主机上，并且也不会总是在同一主机上，如果仍然采用以主机为中心的监控方法，那么保证一个应用程序拥有一致的记录将是非常困难的。因此，我们不应仅仅在主机层面观察资源使用情况，而应将容器也放到监控栈中。此外，由于 Kubernetes 实际上是应用程序的基础设施，我们也必须考虑对它的监控。

/ 157 /

基于Kubernetes的DevOps实践
容器加速软件交付

容器 ●●●○

如上所述，在容器层面收集指标和主机层面几乎是相同的，尤其是系统资源的使用。尽管看似冗余，但实际上它能帮助我们解决容器的动态监控的难题。这个想法其实非常简单：需要做的是将容器相关的逻辑信息也附加到度量指标，例如 Pod 标签或控制器名称，通过这种方式，可以对来自不同主机的容器的指标进行更有意义的分组。考虑下图，假设我们想知道在应用 **2** 上发送了多少字节（**tx**），可以在应用 **2** 标签上汇总 **tx** 指标，发现它产生了 **20 MB** 流量：

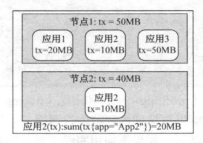

另一方面，CPU 限流的指标仅在容器级别报告，如果某个应用程序遇到性能问题，但主机上的 CPU 资源是有空闲的，我们可以检查它是否受到 CPU 限流的影响。

Kubernetes ●●●○

Kubernetes 负责管理、调度和编排应用程序。因此，一旦应用程序崩溃，Kubernetes 将是我们调查的首要目标，特别是在推出新的部署后发生故障，相关对象的状态会立即反映在 Kubernetes 上。

总而言之，应该监控的组件如下图所示：

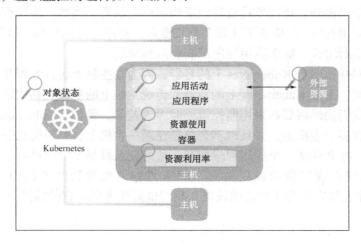

Kubernetes 监控要点

对于监控栈的每一层，我们总能找到一个对应的采集器。例如，在应用程序级别，可以手动抓取指标；在主机级别，可以在每个节点上安装一个代理；至于 Kubernetes，一些 API 可用于导出我们感兴趣的指标，至少可以使用 kubectl 获取。

对于容器级别的数据采集，我们有哪些选择呢？可以通过在应用程序镜像中安装代理来完成这项工作，但我们很快就会意识到它可能会使容器在大小和资源利用方面过于笨重。幸运的是，目前已经有针对此类需求的解决方案，如 cAdvisor（https://github.com/google/cadvisor），用来满足容器级别的指标收集需求。cAdvisor 聚合了主机上每个正在运行的容器的资源使用情况和性能统计信息，需要注意的是，cAdvisor 部署在主机而不是容器，这对于容器化的应用程序更为合理。在 Kubernetes 中，我们不用关心如何部署 cAdvisor，因为它已经嵌入在 kubelet 中。

可以通过每个节点上的 4194 端口访问 cAdvisor，在 Kubernetes 1.7 之前，也可以通过 kubelet 端口（10250/10255）。我们可以访问实例端口 4194，或通过 kubectl proxy（http://localhost:8001....）或直接访问 http://<node....>来访问 cAdvisor。

以下截图来自 cAdvisor Web 界面。连接后将会看到类似的页面。要查看 cAdvisor 抓取的度量，请访问终结点 /metrics。

监控栈中的另一个重要组件是 Heapster（https://github.com/kubernetes/heapster），它从每个节点检索监控统计信息，主要是节点上的 kubelet，然后写入外部接收器。它还可以通过 REST API 公开聚合度量指标。Heapster 的功能听起来与 cAdvisor 有些类似，但在监控实践中，它们扮演着不同的角色，Heapster 收集整个集群的统计数据，而 cAdvisor 侧重主机部分。也就是说，Heapster 赋予 Kubernetes 集群基本的监控能力。下图说明了它如何与集群中的其他组件交互：

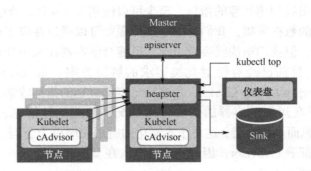

实际上，如果监控框架提供了类似的工具，也可以从 kubelet 中抓取指标，而无须安装 Heapster。但是，由于它是 Kubernetes 生态系统中的默认监控组件，因此很多工具都依赖它，例如 `kubectl top` 和前面提到的 Kubernetes 仪表盘。

在部署 Heapster 之前，请查看文档 https://github.com/kubernetes/heapster/blob/master/docs/sink-configuration.md，确认正在使用的监控工具是否可以作为 Heapster 接收器。

如果不可以，应用此模板进行独立设置，使仪表盘和 kubectl top 可以正常工作：

```
$ kubectl create -f \
https://raw.githubusercontent.com/kubernetes/heapster/master/deploy/kube-config/standalone/heapster-controller.yaml
Remember to apply this template if RBAC is enabled:
```

如果启用了 RBAC，请应用此模板：

```
$ kubectl create -f \
https://raw.githubusercontent.com/kubernetes/heapster/master/deploy/kube-config/rbac/heapster-rbac.yaml
```

Heapster 安装完成后，`kubectl top` 命令和 Kubernetes 仪表盘应该都可以正确地显示资源使用情况。

虽然 cAdvisor 和 Heapster 专注于监控物理指标，但我们还希望在仪表盘上显示对象的逻辑状态。kube-state-metrics（https://github.com/kubernetes/kube-state-metrics）是完成监控栈的最重要的部分，它会监控 Kubernetes Master 节点，并将我们从 `kubectl get` 或 `kubectl describe` 中看到的内容转换为 Prometheus 格式的指标（https://prometheus.io/docs/instrumenting/exposition_formats/）。

监控与日志 6

只要监控系统支持这种格式，我们就可以将状态进行存储，并在诸如重启计数等事件上发出警报。要安装 kube-state-metrics，首先要下载链接 https://github.com/kubernetes/kube-state-metrics/tree/master/kubernetes 中的模版，然后应用它们：

```
$ kubectl apply -f kubernetes
```

之后，就可以在服务端点 http://kube-state-metrics.kube-system:8080/metrics 的指标中查看集群内的状态。

监控实践

到目前为止，我们已经学习了很多基本原则，可以帮助我们在 Kubernetes 中构建一个监控系统，并把它变成一个健壮的服务，现在是时候动手实践了。由于绝大多数 Kubernetes 组件都支持 Prometheus 格式的指标，因此只要了解这种格式，就可以自由使用熟悉的监控工具了。在本节中，我们将使用开源项目 Prometheus（https://prometheus.io）建立一个示例，该项目是一个独立于平台的监控工具，它在 Kubernetes 生态系统中的受欢迎程度不仅体现在它的功能强大上，而且它还得到了 Cloud Native Computing Foundation（https://www.cncf.io/）的大力支持，后者也赞助了 Kubernetes 项目。

Prometheus 介绍

Prometheus 框架包含若干组件，如下图所示：

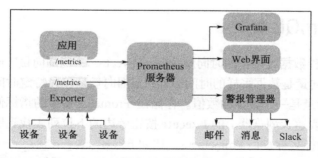

与所有其他监控框架类似，Prometheus 依靠代理从系统组件中收集统计信息，这些代理就是上图中左侧的 Exporter。除此之外，Prometheus 采用 pull 拉取模型的方式收集数据，也就是说，它不是被动地接收指标，而是主动从 Exporter 拉取数据。如果应用程序暴露指标的端点，Prometheus 服务器也能够抓取这些数据。目前默认存储后端是内嵌

/ 161 /

的 LevelDB，也可以切换到其他存储如 InfluxDB 或 Graphite。Prometheus 服务器还负责根据预先配置的规则向**警报管理器 Alert Manager** 发送警报。警报管理器处理警报并发送作业，它将收到的警报分组并将它们发送到消息推送的工具，例如电子邮件、Slack、PagerDuty 等。除了警报之外，我们还希望可视化地收集指标，以便快速了解我们的系统，Grafana 可以在这里派上用场。

部署 Prometheus

可以在这里找到示例模版：https://github.com/DevOps-with-Kubernetes/examples/tree/master/chapter6。

本节包括 Prometheus 部署、Exporters 和其他相关内容。除了在 `kube-system` 命名空间中所需的组件外，它们被放置在一个专有的命名空间 `monitoring` 中。现在让我们按以下顺序创建资源：

```
$ kubectl apply -f monitoring-ns.yml
$ kubectl apply -f prometheus/config/prom-config-default.yml
$ kubectl apply -f prometheus
```

在目前提供的配置中，资源的使用被限制在相对较低的水平。如果想以更正式的方式使用它们，建议根据实际要求调整参数。在 Prometheus 服务启动后，可以通过 `kubectl port-forward` 连接到端口 9090 的 Web 界面，如果修改了服务配置（`prometheus/prom-svc.yml`），我们也可以使用 NodePort 或 Ingress 进行连接。进入界面后，我们首先看到的是 Prometheus 的表达式浏览器，可以在其中创建查询并可视化指标。默认情况下，Prometheus 会从自身收集指标，可以在路径 `/targets` 下找到抓取目标。需要注意的是，要与 Prometheus 进行交互，必须对其使用的语言 PromQL 有所了解。

使用 PromQL

PromQL 有三种数据类型：即时向量（instant vector）、范围向量（range vector）和标量（scalar）。即时向量是数据采样的时间序列；范围向量是包含特定时间范围内的数据的一组时间序列；标量是一个具体的数值。存储在 Prometheus 中的指标使用名称和标签进行标识，可以使用表达式浏览器上的 **Execute** 按钮旁边的下拉列表找到所有已收集指标的名称。如果使用指标名称查询 Prometheus，比如 `http_requests_total`，我们将获得大量结果，因为即时向量与名称匹配，但具有不同的标签。同样，也可以使用语法 `{}` 查询特定的标签集，例如，查询 `{code ="400", method ="get"}` 意味着我们想要任何 `code` 等于 400 且 `method` 为 `get` 的内容，对名称和标签组合查询也是有效的，例如 `http_requests_total {code ="400", method ="get"}`。PromQL 赋予了我们数据查询的能力，只要收集了相关的指标，就可以从各种数据中了解应用程序或系统。

除了刚刚提到的基本查询之外，PromQL 还支持很多其他功能，例如使用正则表达式和逻辑运算符查询标签、连接查询和指标聚合，甚至在不同指标之间执行操作。例如，以下表达式为我们提供了 `kube-system` 命名空间中 `kube-dns` 部署所消耗的总内存：

```
sum(container_memory_usage_bytes{namespace="kube-system", Pod_name=~"kube-dns-(\\d+)-.*"} ) / 1048576
```

更详细的内容可以在 Prometheus 的官方网站（https://prometheus.io/docs/querying/basics/）找到，它会帮助你体会 Prometheus 的强大力量。

Kubernetes 目标发现 ●●●●

由于 Prometheus 只是从它知道的端点中提取指标，因此我们必须明确告诉它我们要从哪里收集数据，路径 `/config` 是当前已配置目标的列表。默认情况下，会有一项作业（job）收集 Prometheus 自身的指标，它位于路径 `/metrics` 下。如果连接到这个路径，会看到一个很长的文本页面：

```
$ kubectl exec -n monitoring prometheus-1496092314-jctr6 -- \
wget -qO - localhost:9090/metrics
# HELP go_gc_duration_seconds A summary of the GC invocation durations.
# TYPE go_gc_duration_seconds summary
go_gc_duration_seconds{quantile="0"} 2.4032e-05
go_gc_duration_seconds{quantile="0.25"} 3.7359e-05
go_gc_duration_seconds{quantile="0.5"} 4.1723e-05
...
```

这就是我们多次提到的 Prometheus 指标格式，下次看到这样的页面时，我们就会知道它表示指标的端点。

Prometheus 的默认作业被配置为静态目标。但是，由于 Kubernetes 中的容器是动态创建和销毁的，因此找到容器的确切地址比较麻烦，更不用说在 Prometheus 上设置它了。因此，在某些情况下，我们可能会将服务 DNS 用作静态指标目标，但这仍然无法解决所有问题。幸运的是，Prometheus 通过 Kubernetes 内部服务发现的功能帮助我们解决了这个问题。

更具体地说，它能够向 Kubernetes 查询运行服务的信息，并相应地将目标配置添加或删除。目前支持以下四种发现机制：

- **节点**发现模式为每个节点创建一个目标，默认情况下，目标端口是 kubelet 的端口。
- **服务**发现模式为每个服务对象创建目标，并且服务中的所有已定义端口将成为抓取目标。

- **Pod** 发现模式的工作方式与服务发现模式类似，即为每个 Pod 创建目标，并为每个 Pod 暴露所有已定义的容器端口。如果在 Pod 的模板中没有定义端口，它仍然会创建一个仅包含其地址的抓取目标。
- 端点发现模式会发现由服务创建的端点对象。例如，如果一个服务由三个 Pod 支持，每个 Pod 有两个端口，那么将有六个抓取目标。此外，对于 Pod，不仅会发现暴露给服务的端口，还会发现其他声明的容器端口。

下图说明了这四种发现机制：左侧是 Kubernetes 中的资源，右侧列表中的资源是在 Prometheus 中创建的目标：

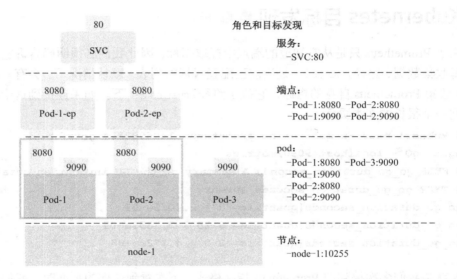

一般来说，并非所有暴露的端口都会作为指标端点使用，当然我们不希望 Prometheus 获取集群中的所有内容，而只去收集被标记的资源。为实现这一目标，Prometheus 利用资源清单上的注解来区分要抓取的目标，注解格式如下。

- Pod：如果 Pod 是由 Pod 控制器创建的，请记住在 Pod 的 spec 中而不是在 Pod 控制器中设置 Prometheus 注释：
  - prometheus.io/scrape: true 表示应该拉取这个 Pod。
  - prometheus.io/path: 公开指标的路径，只有在目标 Pod 使用 /metrics 之外的路径时才需要设置它。
  - prometheus.io/port: 如果定义的端口与实际的端口不同，请使用此注解覆盖。
- 服务：由于端点通常不是手动创建的，因此端点发现使用从服务继承的注解，也就是说，服务上的注解同时会影响服务和端点发现模式。所以我们使用

`prometheus.io/scrape:'true'`来表示要抓取的服务创建的端点，并使用`prometheus.io/probe:'true'`来标记带有指标的服务。此外，`prometheus.io/scheme`指定使用`http`还是`https`，路径和端口注解在此处也适用。

以下模板说明了 Prometheus 端点发现模式，但在 Pod 上创建目标的服务发现模式选择了 9100/prom。

```
apiVersion: v1
kind: Service
metadata:
  annotations:
    prometheus.io/scrape: 'true'
    prometheus.io/path: '/prom'
...
spec:
  ports:
 - port: 9100
```

示例模板 `prom-config-k8s.yml` 包含用于发现 Prometheus 的 Kubernetes 资源的配置：

```
$ kubectl apply -f prometheus/config/prom-config-k8s.yml
```

因为它是一个 ConfigMap，需要几秒钟才能达成一致状态。之后，通过向进程发送 SIGHUP 来重新加载 Prometheus：

```
$ kubectl exec -n monitoring ${PROM_POD_NAME} -- kill -1 1
```

上面提供的模板是基于 Prometheus 官方的示例，可以在这里找到更多的用法：

https://github.com/prometheus/prometheus/blob/master/documentation/examples/prometheus-kubernetes.yml

此外，下面的文档详细描述了 Prometheus 配置的工作原理：

https://prometheus.io/docs/operating/configuration/

从 Kubernetes 收集数据 ●●●●

前面在 Prometheus 中讨论的实现监控栈的步骤现在变得非常清晰了：安装 Exporter，使用适当的标记对它们进行注解，然后在自动发现的端点上收集数据。

Prometheus 中的主机层监控由节点 Exporter（https://github.com/prometheus/node_exporter）完成，对应的 Kubernetes 清单可以在本章的示例中找到，它包含一个带有注解的 DaemonSet：

```
$ kubectl apply -f exporters/prom-node-exporter.yml
```

其相应的配置将由 Pod 发现角色创建。

容器层收集器是 cAdvisor，它已经安装在 kubelet 中。因此，使用节点模式发现它是我们唯一需要做的事情。

Kubernetes 监控由 kube-state-metrics 完成，它带有 Prometheus 注解，这意味着我们不需要做任何额外的配置。

到目前为止，我们已经建立了一个基于 Prometheus 的强大监控栈。在应用程序和外部资源监控方面，Prometheus 生态系统中有大量 Exporter 支持监控系统内的各种组件，例如，如果需要 MySQL 数据库的统计数据，可以安装 MySQL Server Exporter（https://github.com/prometheus/mysqld_exporter），它提供了全面且有意义的指标。

除了之前介绍的那些指标外，Kubernetes 组件还有一些其他有用的指标，它们在各个方面起着重要的作用。

- **Kubernetes API 服务器**：API 服务器在 /metrics 处显示其状态，默认情况下此目标会启用。
- **kube-controller-manager**：此组件在端口 10252 上暴露指标，但是它在一些托管的 Kubernetes 服务上是不可见的，例如 Google Container Engine（GKE）。在自己管理的集群中，请应用 "kubernetes/self/kube-controller-manager-metrics-svc.yml" 来为 Prometheus 创建端点。
- **kube-scheduler**：它使用端口 10251，并且在集群上也不会被 GKE 看到。"kubernetes/self/kube-scheduler-metrics-svc.yml" 是用于创建 Prometheus 目标的模板。
- **kube-dns**：kube-dns Pod 中有两个容器：dnsmasq 和 sky-dns，它们的端口分别为 10054 和 10055，相应的模板是 kubernetes/self/kube-dns-metrics-svc.yml。
- **etcd**：etcd 集群在端口 4001 上也有一个 Prometheus 端点，如果 etcd 集群是由 Kubernetes 自己管理的，可以把 "kubernetes/self/etcd-server.yml" 作为参考。
- **nginx Ingress 控制器**：nginx 控制器在端口 10254 上暴露指标，但仅包含有限的信息。要通过主机或路径获取连接计数等数据，需要激活控制器中的 vts（译者注：vhost traffic status）模块以汇聚收集的指标。

使用 Grafana 查看指标

表达式浏览器有一个内置的图形化面板，能够可视化查看指标，但它并不是为日常操作的仪表盘而设计的。Grafana 是 Prometheus 的最佳选择，我们在第 4 章《存储与资源

监控与日志 6

管理》中讨论了如何设置 Grafana，接下来本章还会提供多个模板示例，它们都可以帮助完成设置。

要在 Grafana 中查看 Prometheus 指标，必须先添加数据源，连接到 Prometheus 服务器，需要配置以下参数。

- Type：`"Prometheus"`；
- Url：`http://prometheus-svc.monitoring:9090`；
- Access：`proxy`。

连接成功后，我们可以导入仪表盘以查看实际的操作内容。在 Grafana 页面（`https://grafana.com/dashboards?dataSource=prometheus`）上有丰富的仪表盘参考示例，以下截图来自仪表盘#1621：

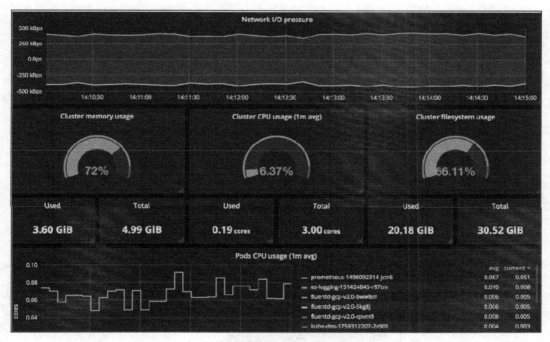

这些图是根据 Prometheus 数据绘制的，所以只要我们掌握了 PromQL，就能够绘制任何图形。

日志 ●●●●

对系统状态按照固定的时间序列进行监控，可以使我们快速了解系统中哪些组件发生故障，但这仍不足以发现根本原因。因此，一个收集、存储和搜索日志的系统会有助于通过将事件与检测到的异常关联来揭示出现问题的原因。

通常来说，日志系统中有两个主要组件：日志代理和日志后端。前者是程序的抽象层，它将收集、转换和分发日志到后端，后端会存储接收到的所有日志。与监控类似，为 Kubernetes 构建日志系统最具挑战性的部分是确定如何将日志从容器收集而来汇聚集中式日志系统。通常有三种记录日志的方式：

- 将所有内容发送到 `stdout/stderr`；
- 写入日志文件；
- 将日志发送到日志代理或直接记录到后端，Kubernetes 中的程序也能够以相同的方式发出日志，只要知道日志如何在 Kubernetes 中流动。

日志聚合模式

对于直接发送到日志代理或后端的程序，它们是否在 Kubernetes 内部都无关紧要，因为它们在技术上不通过 Kubernetes 输出日志。至于其他情况，我们使用以下两种模式来集中管理日志。

节点代理方式收集日志

我们知道通过 `kubectl logs` 查看的消息是从容器的 `stdout/stderr` 重定向输出的，但使用 `kubectl logs` 收集日志不是一个好主意。实际上，`kubectl logs` 从 kubelet 获取日志，而 kubelet 将日志从下面的容器引擎聚合到主机的 `/var/log/containers/`。

因此，在每个节点上设置日志代理并将它们配置为在对应的路径下收集和转发日志文件，正是我们所需的，如下图所示：

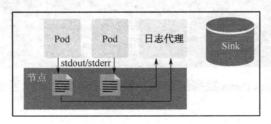

在实践中，我们还将配置日志代理从系统、Kubernetes、Master 和节点上的 `/var/log` 下的各组件收集日志，例如：

- `kube-proxy.log`；
- `kube-apiserver.log`；
- `kube-scheduler.log`；

- kube-controller-manager.log;
- etcd.log。

除了 stdout/stderr 之外，如果应用程序的日志作为文件存储在容器中并通过 hostPath 卷保存，则节点日志代理也能够将它们传递给节点。但是，对于每个导出的日志文件，必须在日志代理中定义相应的配置，以便可以正确分发。此外，还需要正确命名日志文件以防止冲突，并需要自行处理日志轮换，这使得它成为一种不可扩展且无法管理的日志管理机制。

Sidecar 容器方式转发日志

有时候，修改应用程序以将日志写入标准流而不是日志文件是非常困难的，并且我们不希望面对将日志记录到 hostPath 卷所带来的麻烦。这种情况下，可以运行 Sidecar 容器来处理一个 Pod 中的日志记录。换句话说，每个应用程序的 Pod 都有两个容器共享相同的 emptyDir 卷，以便 Sidecar 容器可以跟踪应用程序容器中的日志并将它们发送到 Pod 之外，如下图所示：

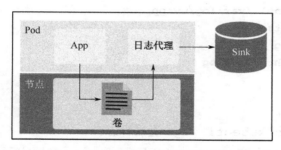

虽然我们不再需要担心日志文件的管理，但是诸如为每个 Pod 配置日志代理以及将元数据从 Kubernetes 附加到日志条目这样繁琐的事情仍然需要额外的操作。另一种选择是利用 Sidecar 容器将日志输出到标准流，而不是像下面的 Pod 那样运行专用的日志代理，应用程序容器不断地将消息写入 /var/log/myapp.log，然后 Sidecar 在共享卷中获取 myapp.log。

```
---6-2_logging-sidecar.yml---
apiVersion: v1
kind: Pod
metadata:
  name: myapp
spec:
  containers:
  - image: busybox
    name: application
```

```yaml
      args:
        - /bin/sh
        - -c
        - >
          while true; do
            echo "$(date) INFO hello" >> /var/log/myapp.log ;
            sleep 1;
          done
      volumeMounts:
        - name: log
          mountPath: /var/log
    - name: sidecar
      image: busybox
      args:
        - /bin/sh
        - -c
        - tail -fn+1 /var/log/myapp.log
      volumeMounts:
        - name: log
          mountPath: /var/log
  volumes:
    - name: log
      emptyDir: {}
```

现在我们可以通过 `kubectl logs` 查看日志:

```
$ kubectl logs -f myapp -c sidecar
Tue Jul 25 14:51:33 UTC 2017 INFO hello
Tue Jul 25 14:51:34 UTC 2017 INFO hello
...
```

获取 Kubernetes 事件 ●●●●

我们在 `kubectl describe` 的输出中看到的事件消息包含了很多有价值的内容，并可以用来补充 kube-state-metrics 收集的指标，这使得我们能够知道 Pod 或节点究竟发生了什么。因此，它应该和系统与应用程序日志一样，是日志记录的一部分。为了实现这一目标，我们需要观察 Kubernetes API 服务器并将事件聚合到日志记录接收器中，Eventer 可以满足这个需求。

Eventer 是 Heapster 的一部分，它目前支持 Elasticsearch、InfluxDB、Riemann 和 Google Cloud Logging 作为其接收器。如果我们正在使用的日志记录系统不支持，Eventer 也可

以直接输出到 `stdout`。

除了容器启动命令之外，部署 eventer 类似于部署 Heapster，因为它们都打包在同一镜像中，可以在此处找到不同接收器类型的标志和选项：(https://github.com/kubernetes/heapster/blob/master/docs/sink-configuration.md)。

本章提供的示例模板也包括了 Eventer，并且配置为与 Elasticsearch 一起使用，我们将在下一节中对其进行更多的介绍。

Fluentd 和 Elasticsearch 日志

到目前为止，我们已经讨论了在真实环境中可能遇到的日志记录的各种情况，现在是时候动手来构建一个日志系统了。

日志系统和监控系统的架构在某些方面几乎是相同的——采集器、存储和用户界面。我们要设置的相应组件分别是 Fluentd/Eventer、Elasticsearch 和 Kibana，可以在 `6-3_efk` 下找到这部分的模板，并将它们部署到上一节的命名空间 `monitoring` 中。

Elasticsearch 是一个功能强大的文本搜索和分析引擎，是数据存储、处理和分析的理想选择。本章的 Elasticsearch 模板使用非常简单的设置，主要是用来演示相关概念，如果希望部署 Elasticsearch 集群以供生产环境使用，请使用 StatefulSet 控制器并使用正确的配置来调整 Elasticsearch，如第 4 章《存储与资源管理》中所讨论的那样。接下来应用以下模板部署 Elasticsearch (https://github.com/DevOps-with-kubernetes/examples/tree/master/chapter6/6-3_efk/)：

```
$ kubectl apply -f elasticsearch/es-config.yml
$ kubectl apply -f elasticsearch/es-logging.yml
```

如果可以从 `es-logging-svc:9200` 得到响应，就说明 Elasticsearch 已经部署成功。

然后配置节点上的日志代理，当在每个节点上运行时，我们肯定希望它在资源使用方面尽可能少一些，这里选择了 Fluentd (www.fluentd.org)。Fluentd 具有较低的内存占用空间，能够满足我们要求的日志代理选项。此外，由于容器化环境中的日志记录要求非常集中，它有一个兄弟项目 Fluent Bit (`fluentbit.io`)，旨在使资源利用最小化。在我们的示例中，将使用为 Kubernetes 设计的 Fluentd 镜像 (https://github.com/fluent/fluentd-kubernetes-daemonset) 来实现之前提到的第一个日志记录模式。

这个镜像已经预配置为转发 `/var/log/container` 下的容器日志，并在 `/var/log` 下转发某些系统组件的日志，如果需要，我们完全可以进一步自定义日志配置。这里提供了两个模板：`fluentd-sa.yml` 是 RBAC 配置的，`fluentd-ds.yml` 是 Fluentd DaemonSet 配置的：

```
$ kubectl apply -f fluentd/fluentd-sa.yml
$ kubectl apply -f fluentd/fluentd-ds.yml
```

另一个必备的日志组件是 eventer，这里我们也准备了两个模板应对不同的情况。如果使用的是已部署 Heapster 的托管 Kubernetes 服务，这种情况下使用 `eventer-only.yml` 模板。否则，请考虑在同一个 Pod 中运行 Heapster 与 eventer 的模板：

```
$ kubectl apply -f heapster-eventer/heapster-eventer.yml
```

或

```
$ kubectl apply -f heapster-eventer/eventer-only.yml
```

要查看发送到 Elasticsearch 的日志，我们可以调用 Elasticsearch 的 API，但是有一个更好的选择，就是 Kibana，一个更友好的可操作 Elasticsearch 的 Web 界面。Kibana 的模板参照 `https://github.com/DevOps-with-Kubernetes/examples/tree/master/chapter6/6-3_efk/` 下的 `elasticsearch/kibana-logging.yml`。

```
$ kubectl apply -f elasticsearch/kibana-logging.yml
```

在上述示例中，Kibana 监听 `5601` 端口，可以通过任意浏览器进行登录。由 eventer 发出的日志的索引名称是 `heapster-*`，由 Fluentd 转发的日志则是 `logstash-*`，以下截图显示了 Elasticsearch 中的日志条目。

这些条目来自之前的示例 `myapp`，可以发现这些内容已经在 Kubernetes 上被标记成易于理解的元数据。

从日志中提取指标

我们构建了针对 Kubernetes 上应用程序的监控和日志系统，如下图所示：

监控与日志

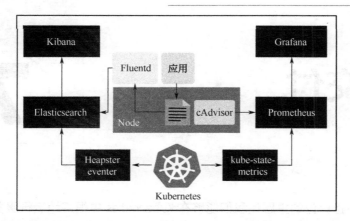

日志和监控看起来像是相互独立的,但实际上日志的价值要远远超过文本的集合。它们是结构化数据,并含有时间戳,因此,将日志转换为时间序列数据的想法是很有希望实现的。然而,尽管 Prometheus 非常擅长处理时间序列数据,但它无法在没有任何转换的情况下提取文本。

HTTPD 的访问日志条目如下所示:

10.1.8.10 - - [07/Jul/2017:16:47:12 0000] "GET /ping HTTP/1.1" 200 68.
它由请求 IP 地址、时间、方法、处理程序等组成,如果按照其含义划分日志段,则可以划分成后述指标:"10.1.8.10": 1,"GET": 1,"/ ping": 1,"200": 1。

像 mtail(https://github.com/google/mtail)和 Grok Exporter(https://github.com/fstab/grok_exporter)等工具会计算日志条目,并将这些数字组织到指标中,以便我们可以进一步在 Prometheus 中处理它们。

总结

在本章开头,我们介绍了如何通过内置功能如 kubectl 快速获取容器运行的状态,然后,我们讨论了监控的基本概念和原则,包括为什么需要进行监控、监控什么,以及如何监控。之后,我们以 Prometheus 为核心构建了一套监控系统,并通过 Exporter 来收集 Kubernetes 的指标。此外,本章还介绍了 Prometheus 的基础知识,以便可以充分利用指标来更好地了解集群及内部运行的应用程序。在日志管理部分,我们介绍了常见的日志模式及如何在 Kubernetes 中使用它们,并部署了 EFK 堆栈来处理日志。在本章中构建的系统有助于提高服务的可靠性,接下来将构建交付管道,以在 Kubernetes 中对产品进行持续交付。

持续交付

到目前为止讨论的主题使我们能够在 Kubernetes 中很好地运行服务，通过监控系统，我们对自己的服务也更有信心，接下来要做的是如何在 Kubernetes 中不断交付服务的最新功能，以及持续改善。我们将在本章中通过以下主题来学习这些内容：

- Kubernetes 资源更新；
- 构建交付管道；
- 部署流程改进技巧。

资源更新

持续交付的属性正如第 1 章《DevOps 简介》中描述的，包括持续集成（Continuous Integration，CI）及之后的部署任务。CI 一般包括版本控制、构建和自动化测试等元素。实现 CI 功能的工具通常位于可独立于底层基础架构的应用层，但是当实现部署时，对基础架构理解和处理也是必不可少的，因为部署任务是与运行应用程序的平台紧密结合的。在物理机或虚拟机环境中，我们使用配置管理工具、编排工具和脚本来部署软件。但是，如果我们在 Heroku 等应用程序平台上运行服务，甚至是 Serverless 无服务器模式，那部署管道的设计也将是一个完全不同的内容。总而言之，部署任务的目标是确保软件能够在恰当的位置上正常工作。在 Kubernetes 中，重要的是如何能够正确地更新资源，尤其是 Pod。

触发更新

在第 3 章《Kubernetes 入门》中，我们讨论了 Pod 部署的滚动更新机制，首先先回顾一下更新流程被触发后会发生什么。

① `Deployment` 根据更新清单创建一个具有 0 个 Pod 的新 `ReplicaSet`。

持续交付

② 当旧的 `ReplicaSet` 不断收缩时，新的 `ReplicaSet` 会逐渐扩展。

③ 在更换掉所有旧的 `Pod` 后，该过程结束。

上述机制由 Kubernetes 自动完成，这使我们不必去监督整个更新过程。要想触发更新，需要做的就是告知 Kubernetes 部署的 Pod spec 被更新了，也就是修改了 Kubernetes 中的资源。假设有一个部署 `my-app`（参见本节目录下的示例 `ex-deployment.yml`），可以使用 `kubectl` 的子命令进行修改，如下所示。

- `kubectl patch`：根据输入的 JSON 参数部分进行修改。如果想更新 `my-app` 的镜像，比如从 `alpine:3.5` 更新到 `alpine:3.6`，命令如下：

```
$ kubectl patch deployment my-app -p
'{"spec":{"template":{"spec":{"containers":[{"name":"app","image":"alpine:3.6"}]}}}}'
```

- `kubectl set`：对某些属性进行更改。这是直接更改某些属性的快捷方式，如部署（Deployment）的镜像是它支持的属性之一：

```
$ kubectl set image deployment my-app app=alpine:3.6
```

- `kubectl edit`：打开编辑器，并以交互的方式进行编辑，修改将在保存后立即生效。

- `kubectl replace`：用另一个模板文件进行替换。如果有资源尚未创建或包含无法更改的属性，则会提示报错。例如，示例模板 `ex-deployment.yml` 中有两个资源，部署（Deployment）`my-app` 和服务（Service）`my-app-svc`，让我们用新的文件替换它们：

```
$ kubectl replace -f ex-deployment.yml
deployment "my-app" replaced
The Service "my-app-svc" is invalid: spec.clusterIP: Invalid value:
"": field is immutable
$ echo $?
1
```

更换之后，可以看到错误代码为 1，结果是我们预期的那样。需要特别注意这种行为，尤其是在为 CI / CD 编写自动化脚本时。

- `kubectl apply`：直接应用方式。如果 Kubernetes 中资源已经存在，那么它将被更新，否则会被创建出来。当用于创建资源时，它在功能上大致相当于 `kubectl create --save-config`，规范文件会保存到注释字段 `kubectl.kubernetes.io/last-applied-configuration`，可以使用子命令 `edit-last-applied`、`set-last-applied` 和 `view-last-applied` 来管理。例如，可以查看之前提交的模板：

```
$ kubectl apply -f ex-deployment.yml view-last-applied
```

基于Kubernetes的DevOps实践
容器加速软件交付

不同于 `kubectl get -o yaml/json` 看到的信息，除了规范之外，它还包含了对象的运行状态。

虽然在本节中我们只关注部署的操作，但这里的命令也可用于更新其他 Kubernetes 资源，如服务、角色等。

 对 ConfigMap 和 Secret 的更改，通常需要几秒钟才能传播到 Pod。

Kubectl 是与 Kubernetes 的 API 服务器交互的推荐方式，如果处于受限环境中，可以使用 Kubernetes 的 REST API，例如，之前使用的 `kubectl patch` 命令可以变为如下形式：

```
$ curl -X PATCH -H 'Content-Type: application/strategic-merge-patch+json' --data
'{"spec":{"template":{"spec":{"containers":[{"name":"app","image":"alpine:3.6"}]}}}}'
'https://$KUBEAPI/apis/apps/v1beta1/namespaces/default/deployments/my-app'
```

变量 $KUBEAPI 是 API 服务器的端点，更多内容请参阅：https://kubernetes.io/docs/api-reference/v1.7/。

管理滚动更新 ●●●●

一旦滚动升级被触发，Kubernetes 将在后台完成所有任务，让我们来进行一些动手实验。需要再次强调的是，只有 Pod spec 被修改，滚动更新才会被触发。这里的示例是一个简单的脚本，它响应任何请求并返回其主机名和运行的 Alpine 版本。首先创建部署（Deployment），然后在另一个终端请求并查看响应：

```
$ kubectl apply -f ex-deployment.yml
deployment "my-app" created
service "my-app-svc" created
$ kubectl proxy
Starting to serve on 127.0.0.1:8001
// switch to another terminal #2
$ while :; do curl
localhost:8001/api/v1/proxy/namespaces/default/services/my-app-svc:80/;
sleep 1;

done
my-app-3318684939-pwh41-v-3.5.2 is running...
my-app-3318684939-smd0t-v-3.5.2 is running...
```

持续交付

...
现在将镜像更改为另一个版本，并查看响应：
```
$ kubectl set image deployment my-app app=alpine:3.6
deployment "my-app" image updated
// switch to terminal #2
my-app-99427026-7r5lr-v-3.6.2 is running...
my-app-3318684939-pwh41-v-3.5.2 is running...
```
...

版本 3.5 和 3.6 的消息是交错响应的，直到更新过程结束。如果想即时从 Kubernetes 更新流程确定状态，而不是轮询检查服务端点，可以使用 `kubectl rollout` 来管理滚动更新过程，包括查看更新进度，让我们看看子命令 `status` 的执行结果：

```
$ kubectl rollout status deployment my-app
Waiting for rollout to finish: 3 of 5 updated replicas are available...
Waiting for rollout to finish: 3 of 5 updated replicas are available...
Waiting for rollout to finish: 4 of 5 updated replicas are available...
Waiting for rollout to finish: 4 of 5 updated replicas are available...
deployment "my-app" successfully rolled out
```

此时，终端 #2 的输出应全部是 3.6 版本。子命令 `history` 允许我们查看之前的部署更改：

```
$ kubectl rollout history deployment my-app
REVISION        CHANGE-CAUSE
1               <none>
2               <none>
```

然而，`CHANGE-CAUSE` 字段不会显示任何有助于理解更改的信息，要想充分利用它，需要在每个更改的命令之后添加参数 `--record`，就像之前介绍的那样。当然，`kubectl create` 也支持 `record` 选项。

让我们对部署（Deployment）进行一些更改，比如 my-app Pod 的环境变量 `DEMO`。由于它会导致 Pod 的规约发生变化，因此滚动升级会立刻开始。这种行为允许我们在不构建新镜像的情况下触发更新。为简单起见，直接使用 `patch` 来修改变量：

```
$ kubectl patch deployment my-app -p
'{"spec":{"template":{"spec":{"containers":[{"name":"app","env":[{"name":"D
EMO","value":"1"}]}]}}}}' --record
deployment "my-app" patched
$ kubectl rollout history deployment my-app
deployments "my-app"
REVISION        CHANGE-CAUSE
1               <none>
2               <none>
```

/ 177 /

3   kubectl patch deployment my-app --patch={"spec":{"template":{"spec":{"containers":[{"name":"app","env":[{"name":"DEMO","value":"1"}]}]}}}} --record=true

版本 3 的 CHANGE-CAUSE 清楚地记录了已提交的命令，尽管如此，只有命令会被记录下来，这意味着任何通过 `edit/apply/replace` 修改的详细内容都不会被标记出来。但是，只要是使用 `apply` 进行更改的，都可以取出保存的配置以获取历史版本的清单。

出于各种原因，有时我们想要回滚应用程序，这可以通过子命令 `undo` 来实现：

```
$ kubectl rollout undo deployment my-app
deployment "my-app" rolled back
```

整个过程基本上与更新相同，即应用先前的清单，然后执行滚动更新。此外，可以使用标志 `--to-revision = <REVISION#>` 回滚到特定版本，但只能回滚保留的版本，Kubernetes 会根据部署对象中的 `revisionHistoryLimit` 参数确定要保留的版本数。

更新的进度可以通过 `kubectl rollout pause` 和 `kubectl rollout resume` 控制，正如它们的名字所示，它们应该成对使用。部署的暂停不仅意味着停止正在进行的部署，而且还会冻结滚动更新，即使规范被修改，这种状态一致持续到它被恢复。

更新 DaemonSet 和 StatefulSet ●●●●

Kubernetes 有多种方法来编排不同工作负载类型的 Pod，除了部署（Deployment）之外，还有 DaemonSet 和 StatefulSet，它们适用于长期运行、非批处理的工作负载。由于它们创建的 Pod 比部署（Deployment）有更多的限制，我们应该了解如何处理它们的更新。

DaemonSet

DaemonSet 是一个为系统守护进程设计的控制器，因此，守护集在每个节点只启动并维护一个 Pod，也就是说，守护集的 Pod 总数等于集群中节点的数量。由于这些限制，更新守护集并不像更新部署那样简单，例如，部署有一个 `maxSurge` 参数（`.spec.strategy.rollingUpdate.maxSurge`），用于控制在更新期间最多可以创建多少个冗余的 Pod，但是我们不能为守护集的 Pod 使用相同的策略，因为守护集通常会占用主机的资源，例如端口，如果在节点上同时有两个或更多 Pod，则可能会导致错误。因此，它们更新的方式是等待在旧的 Pod 销毁后再去创建新的 Pod。

Kubernetes 为 DaemonSet 实现了两种更新策略，`OnDelete` 和 `rolling Update`，模版 7-1_updates/ex-daemonset.yml 演示了如何编写 DaemonSet，更新策略

持续交付 7

在 `.spec.updateStrategy.type` 设置，在 Kubernetes 1.7 中默认值为 `OnDelete`，从 Kubernetes 1.8 开始将变为 `rollingUpdate`。

- `OnDelete`：Pod 仅在手动删除后更新。
- `rollingUpdate`：它的工作原理和 `OnDelete` 类似，但是 Pod 的删除是由 Kubernetes 自动执行的。类似于部署中的参数 `.spec.updateStrategy.rollingUpdate.maxUnavailable` 进行的。DaemonSet 也有一个可选参数 `.spec.updateStrategy.rollingUpdate.maxUnavailable`，默认值为 1，这意味着 Kubernetes 会逐个节点地替换 Pod。

触发滚动更新与部署（Deployment）一致，同样还可以利用 `kubectl rollout` 来进行管理，但是目前暂不支持暂停和恢复功能。

DaemonSet 的滚动更新仅适用于 Kubernetes 1.6 及更高版本。

StatefulSet

StatefulSet 和守护集的更新机制几乎一样——在更新期间不会创建冗余的 Pod，并且它们的更新策略也以类似的方式运行。模版 `7-1_updates/ex-statefulset.yml` 可用于测试，更新策略的选项在 `.spec.updateStrategy.type` 中设置。

- `OnDelete`：Pod 仅在手动删除后更新。
- `rollingUpdate`：与滚动更新一样，Kubernetes 控制 Pod 的删除和创建。由于 StatefulSet 中顺序的重要性，所以它会逆序地替换 Pod。假设在 StatefulSet 中有三个 Pod，它们分别是 `my-ss-0`、`my-ss-1`、`my-ss-2`，更新顺序是从 `my-ss-2` 到 `my-ss-0`。删除过程中并不会遵守 Pod 管理策略，即使将 Pod 管理策略设置为 `Parallel`，它们仍然会逐个进行更新。

`rollingUpdate` 唯一的参数是 partition（`.spec.updateStrategy.rollingUpdate.partition`），任何序号小于 partition 的 Pod 将保留当前版本不会被更新，例如，如果我们在具有 3 个 Pod 的 StatefulSet 中将其设置为 1，那么在更新时只会更新 Pod-1 和 Pod-2。此参数允许我们在某种程度上控制进度，这在一些应用场景中十分方便，例如等待数据同步、使用金丝雀测试发布或者预更新。

Pod 管理策略和滚动更新仅适用于 Kubernetes 1.7 及更高版本。

/ 179 /

基于Kubernetes的DevOps实践
容器加速软件交付

构建交付管道 ●●●●

为容器化应用构建持续交付管道非常容易，回想下迄今为止我们对 Docker 和 Kubernetes 的了解，然后将它们循序渐进地组织到持续交付管道中。假设我们已经完成了代码开发并拥有 Dockerfile 和对应的 Kubernetes 模板，要将它们部署到集群，可以通过以下的步骤。

① `docker build`：生成可执行的不可变工件。
② `docker run`：通过简单测试验证构建。
③ `docker tag`：如果通过测试，对构建进行版本标记。
④ `docker push`：将构建放置到工件存储库以进行分发。
⑤ `kubectl apply`：将构建部署到所需的环境。
⑥ `kubectl rollout status`：跟踪部署任务的进度。

这就是一个简单可行的交付管道。

工具选择 ●●●●

为了使管道可以持续构建，我们至少需要 3 种工具：版本控制系统、构建服务器和用于存储容器工件的存储库。在本节中，我们将基于在前几章中介绍的 SaaS 工具来配置一个持续交付管道，这些工具是 GitHub（https://github.com）、Travis CI（https://travis-ci.org）和 Docker Hub（https://hub.docker.com），它们都是免费开源的项目，并且都有很多替代方案，例如版本控制系统 GitLab，或持续集成工具 Jenkins。下图是基于这三个工具的持续交付流程：

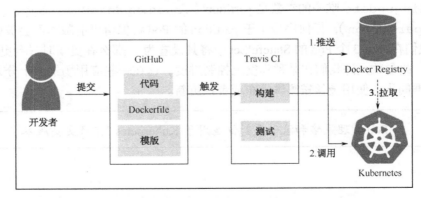

整个工作流程从代码提交到 GitHub 开始，然后调用 Travis CI 上的构建作业，在这

持续交付

个阶段完成 Docker 镜像的创建。建议在 CI 服务器上运行多种级别的测试，以确保构建的质量。此外，由于 Docker Compose 或 Kubernetes 运行应用程序比以往更加方便，因此我们能够在构建作业中运行多个组件的测试。之后，经过验证的镜像会被标记，并推送到公有的 Docker Registry 服务 Docker Hub 上。

管道中没有专门用于部署任务的部分，我们依靠 Travis CI 来进行部署，事实上，部署任务仅仅是在镜像推送后在某些构建上应用 Kubernetes 模板。最后，在 Kubernetes 的滚动更新过程结束后，整个交付过程结束。

过程解析

示例 `my-app` 是一个不断响应 OK 的 Web 服务，可以在 GitHub 上 https://github.com/DevOps-with-Kubernetes/my-app 查看代码及部署文件。

在配置 Travis CI 构建之前，让我们先在 Docker Hub 上创建一个镜像存储库，以便后续使用。登录 Docker Hub 后，单击右上角的 Create Repository 按钮，然后按照屏幕上的步骤依次进行配置，用于推送和拉取的 `my-app` 镜像列表位于目录 `devopswithkubernetes/my-app` 下（https://hub.docker.com/r/devopswithkubernetes/my-app/）。

连接 Travis CI 与 GitHub 存储库非常简单，需要做的就是授权 Travis CI 访问我们的 GitHub 存储库，并使 Travis CI 能够在 profile 页面上构建存储库（https://travis-ci.org/profile）。

Travis CI 中作业的定义是在同一存储库下的 .travis.yml 文件中配置的，它是一个 YAML 格式的模板，由 shell 脚本块组成，告诉 Travis CI 在构建期间应该做什么。这里的模版 .travis.yml（https://github.com/DevOps-with-Kubernetes/my-app/blob/master/.travis.yml）详解如下：

env

这部分定义了整个构建中的环境变量：

```
DOCKER_REPO=devopswithkubernetes/my-app
BUILD_IMAGE_PATH=${DOCKER_REPO}:b${TRAVIS_BUILD_NUMBER}
RELEASE_IMAGE_PATH=${DOCKER_REPO}:${TRAVIS_TAG}
RELEASE_TARGET_NAMESPACE=default
```

这里我们设置了一些可能会更改的变量，如命名空间和镜像构建的 Docker Registry 路径。此外，还有从 Travis CI 传递的以环境变量形式存在的元数据，它们在 https://docs.travis-ci.com/user/environment-variables/#Default-Environment-Variables 文件中被记录下来，例如，`TRAVIS_BUILD_NUMBER` 表示当前构建的编号，我们将其用作标识符以区分构建中的镜像。

另一个环境变量的源是在 Travis CI 上手动配置的，因为那里配置的变量会被隐藏，所以一般存储一些敏感数据（例如 Docker Hub 和 Kubernetes 的凭据）：

```
Environment Variables
Notice that the values are not escaped when your builds are executed. Special characters (for bash) should be escaped accordingly.

CI_ENV_K8S_CA                ****************
CI_ENV_K8S_MASTER            ****************
CI_ENV_K8S_SA_TOKEN          ****************
CI_ENV_REGISTRY_PASS         ****************
CI_ENV_REGISTRY_USER         ****************
```

每个 CI 工具都有自己的最佳实践来处理密钥，例如，一些 CI 工具允许在 CI 服务器中保存变量，但它们仍然会打印在构建日志中，我们不太可能在 CI 服务器中用这种方式保存密钥。

script

这部分是运行构建和测试的地方：

```
docker build -t my-app .
docker run --rm --name app -dp 5000:5000 my-app
sleep 10
CODE=$(curl -IXGET -so /dev/null -w "%{http_code}" localhost:5000)
'[ ${CODE} -eq 200 ] && echo "Image is OK"'
docker stop app
```

正如在 Docker 上一样，构建只是一行脚本。我们的测试也非常简单——使用构建的镜像启动容器并对其进行一些请求以确定其正确性和完整性。当然，这里可以添加更多的内容，例如单元测试、多阶段构建或者自动集成测试等，以更好地在此阶段生成工件。

after_success

仅当前一阶段结束且没有任何错误时才会执行这部分的内容，一旦到了这里，就可以发布镜像：

```
docker login -u ${CI_ENV_REGISTRY_USER} -p "${CI_ENV_REGISTRY_PASS}"
docker tag my-app ${BUILD_IMAGE_PATH}
docker push ${BUILD_IMAGE_PATH}
if [[ ${TRAVIS_TAG} =~ ^rel.*$ ]]; then
  docker tag my-app ${RELEASE_IMAGE_PATH}
  docker push ${RELEASE_IMAGE_PATH}
fi
```

镜像标记通常使用 Travis CI 上的构建号，另外一种常用的方式是使用代码提交的

7 持续交付

哈希值或者版本号,强烈建议不要使用默认标记 latest,因为它可能会导致版本间的混淆,例如两个不同的镜像却具有相同的名称。最后一个条件块是在某些特定的分支上发布镜像,实际上我们并不需要它,因为这里只是在独立的分支上构建和发布的。此外,记得在推送镜像之前进行 Docker Hub 的身份验证。

 Kubernetes 通过 imagePullPolicy 来判断是否应该拉取图像:https://kubernetes.io/docs/concepts/containers/images/#updating-images。

因为我们只会在发布版本上将项目部署到实际的节点,所以构建可能会停止并在此时结束。查看这个版本的日志 https://travis-ci.org/DevOps-with-Kubernetes/my-app/builds/268053332,该日志保留了 Travis CI 执行的脚本及每一行输出:

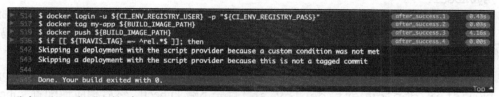

我们可以看到,构建成功完成,镜像被发布在这里:https://hub.docker.com/r/devopswithkubernetes/my-app/tags/。镜像构建的标签是 b1,我们也可以在 CI 服务器外部使用它:

```
$ docker run --name test -dp 5000:5000 devopswithkubernetes/my-app:b1
72f0ef501dc4c86786a81363e278973295a1f67555eeba102a8d25e488831813
$ curl localhost:5000
OK
```

deploy

虽然我们可以从端到端实现完全自动化的管道,但由于业务原因,经常会遇到阻碍构建的情况,因此,我们告诉 Travis CI 仅在发布新版本时才运行部署脚本。

要在 Travis CI 中操作 Kubernetes 集群的资源,需要授予 Travis CI 足够的权限。示例使用 RBAC 模式的服务账户 cd-agent 来创建和更新部署,后面的章节将会有更多关于 RBAC 的介绍。用于创建账户和权限的模板位于:https://github.com/DevOps-with-Kubernetes/examples/tree/master/chapter7/7-2_service- account-for-ci-tool,该账户是在命名空间 cd 下创建的,它被授予多种类型的资源创建和修改权限。

 这里我们使用了一个服务账户,该账户能够读取和修改命名空间中的大多数资源,包括集群的密钥。出于安全考虑,我们始终建议将服务账户的权限限制为账户实际使用的资源,否则这可能成为潜在的安全漏洞。

/ 183 /

基于Kubernetes的DevOps实践
容器加速软件交付

由于 Travis CI 位于集群之外,因此我们必须从 Kubernetes 导出凭据,以便配置 CI 作业使用,这里我们提供一个简单的脚本来帮助导出这些凭据,该脚本位于:https://github.com/DevOps-with-Kubernetes/examples/blob/master/chapter7/get-sa-token.sh。

```
$ ./get-sa-token.sh --namespace cd --account cd-agent
API endpoint:
https://35.184.53.170
ca.crt and sa.token exported
$ cat ca.crt | base64
LS0tLS1C...
$ cat sa.token
eyJhbGci...
```

导出的 API 端点、ca.crt 和 sa.token 的变量分别对应 CI_ENV_K8S_MASTER、CI_ENV_K8S_CA 和 CI_ENV_K8S_SA_TOKEN。客户端证书 ca.crt 采用 base64 编码,它将在部署脚本中被解码。

部署脚本(https://github.com/DevOps-with-Kubernetes/my-app/blob/master/deployment/deploy.sh)首先下载 kubectl,然后相应地配置 kubectl 和环境变量。之后,在部署模板中填写当前构建的镜像路径并应用模板。最后,在滚动更新完成后,我们的部署也完成了。

让我们看看整个流程的实际效果。

只要我们在 GitHub 上发布一个版本:https://github.com/DevOps-with-Kubernetes/my-app/releases/tag/rel.0.3

Travis CI 就会开始构建:

一段时间后,构建的镜像会被推送到 Docker Hub:

此时，Travis CI 应该开始运行部署任务，我们可以看一下日志以了解部署的状态：
https://travis-ci.org/DevOps-with-Kubernetes/my-app/builds/268107714

正如我们所看到的，应用程序已经成功部署，并可以正常响应所有的 OK 请求：

```
$ kubectl get deployment
NAME      DESIRED   CURRENT   UP-TO-DATE   AVAILABLE   AGE
my-app    3         3         3            3           30s
$ kubectl proxy &
$ curl localhost:8001/api/v1/namespaces/default/services/my-app-svc:80/proxy/
OK
```

本节中构建和演示的管道是在 Kubernetes 中持续代码交付的经典流程，由于团队之间的工作方式和文化各不相同，所以为团队量身定制的持续交付管道可以大幅提高效率。

深入解析 Pod

对 Pod 来说，创建和终止是一瞬间的事情，它们是服务中最薄弱的环节。现实中很多常见的场景都是我们想要尽力避免的，如将请求路由到没有准备好的服务，或者切断问题节点的所有连接。即使 Kubernetes 会为我们处理大部分事情，但是知道如何正确配

/ 185 /

置以获得更加稳定的的部署仍是必须的。

启动 Pod

默认情况下，一旦 Pod 启动，Kubernetes 就会将 Pod 的状态切换到 Running。如果 Pod 作为服务的后端，则端点控制器会立即将端点注册到 Kubernetes，然后在 kube-proxy 上观察端点的变化，并向 iptables 添加对应的规则，以便外部请求可以转发到 Pod。Kubernetes 中 Pod 注册很快，所以请求可能在应用程序准备就绪之前就会到了 Pod，特别是在大应用上。另一方面，如果 Pod 在运行时出现故障，应该有一种自动化的方式立即将其移除。

部署（Deployment）和其他控制器的 `minReadySeconds` 字段并不会延长 Pod 就绪的时间，它会延迟 Pod 变为可用的时间，这在更新过程中很有价值，因为只有当所有 Pod 都可用时才算更新成功。

Liveness 和 Readiness 探针

探针是容器健康状况的指示器，通过 kubelet 定期对容器执行诊断操作来判断其健康状况：

- **Liveness 探针**：指示容器是否存活。如果容器在此探测上失败，则 kubelet 会将其终止并根据 Pod 的 restartPolicy 重新启动。
- **Readiness 探针**：指示容器是否已准备好接收传入流量。如果服务后端的 Pod 未准备好，则在 Pod 就绪之前不会创建对应的端点。

`retartPolicy` 告诉 Kubernetes 在 Pod 故障或终止时如何进行处理，它有三种模式：`Always`、`OnFailure` 和 `Never`，默认选项为 `Always`。

目前有三种操作可以配置。
- `exec`：在容器内执行已定义的命令，如果退出代码为 0 则成功。
- `tcpSocket`：通过 TCP 测试指定端口，如果端口打开则成功。
- `httpGet`：对目标容器的 IP 地址执行 HTTP GET 请求，请求中的标头可以自定义，如果状态代码满足：400> CODE >= 200，则被认为是健康的。

此外，还有五个参数来定义探测器的行为。
- `initialDelaySeconds`: 在第一次探测之前，kubelet 应该等待多长时间。
- `successThreshold`: 当连续探测成功通过该阈值时，容器被认为是健康的。
- `failureThreshold`: 与前面类似，但定义的是失败的阈值。

- timeoutSeconds: 单个探测操作的时间限制。
- periodSeconds: 探测操作之间的间隔。

以下代码演示了 readiness 探针的用法，完整的模板位于：https://github.com/DevOps-with-Kubernetes/examples/blob/master/chapter7/7-3_on_Pods/probe.yml。

```
...
    containers:
    - name: main
      image: devopswithkubernetes/my-app:b5
      readinessProbe:
        httpGet:
          path: /
          port: 5000
        periodSeconds: 5
        initialDelaySeconds: 10
        successThreshold: 2
        failureThreshold: 3
        timeoutSeconds: 1
      command:
...
```

探针的行为如下图所示：

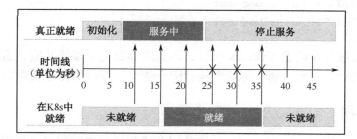

上面的时间线展示 Pod 的真正就绪时间，下面的线是 Kubernetes（K8s）角度的就绪时间。在创建 Pod 之后 10 秒执行第一次探测，并且在两次探测成功之后将该 Pod 视为就绪。几秒钟后，由于未知原因，该 Pod 停止服务，并且在接下来的三次探测失败后它将变为为未就绪。部署前面的示例并观察对应的输出：

```
...
Pod is created at 1505315576
starting server at 1505315583.436334
1505315586.443435 - GET / HTTP/1.1
```

```
1505315591.443195 - GET / HTTP/1.1
1505315595.869020 - GET /from-tester
1505315596.443414 - GET / HTTP/1.1
1505315599.871162 - GET /from-tester
stopping server at 1505315599.964793
1505315601 readiness test fail#1
1505315606 readiness test fail#2
1505315611 readiness test fail#3
...
```

在示例中，另一个 Pod tester 不断向服务发起请求，服务中的日志条目 /from-tester 就是由 tester 创建的。从 tester 的活动日志中可以观察到，在服务变成 unready 之后，tester 的数据传输也被停止了：

```
$ kubectl logs tester
1505315577 - nc: timed out
1505315583 - nc: timed out
1505315589 - nc: timed out
1505315595 - OK
1505315599 - OK
1505315603 - HTTP/1.1 500
1505315607 - HTTP/1.1 500
1505315612 - nc: timed out
1505315617 - nc: timed out
1505315623 - nc: timed out
...
```

由于没有在服务中配置 liveness 探针，因此除非我们手动终止它，否则不健康的容器也不会重新启动。因此，通常将两个探针配合使用，以使恢复过程可以自动化。

初始化容器

尽管 initialDelaySeconds 允许我们在接收流量之前帮 Pod 延迟一段时间，但它仍然有一些限制。想象一下，如果应用程序在初始化时提供从某个地方获取的文件，则准备时间可能会有很大差异，具体情况取决于文件大小，因此，Init 容器在这里派上用场。

Init 容器是一个或多个容器，它们在应用程序容器启动之前启动，并按照顺序逐个运行。如果任何容器发生故障，Pod 会根据 restartPolicy 策略重新开始，直到所有容器在 0 代码情况下能正常退出。

定义 Init 容器的方法和普通容器类似：

持续交付

```
...
spec:
  containers:
  - name: my-app
    image: <my-app>
  initContainers:
  - name: init-my-app
    image: <init-my-app>
...
```

它们的区别仅在于：
- Init 容器没有 readiness 探针；
- 在 Init 容器中定义的端口不会被服务捕获；
- 使用 `max(sum(regular containers))` 和 `max(init containers)` 来计算资源的请求/限制，这意味着如果其中一个 Init 容器设置了比其他 Init 容器更高的资源限制或者超过了所有普通容器资源限制的总和，Kubernetes 会根据 Init 容器的资源限制来调度 Pod。

Init 容器的用处不仅仅是延迟启动应用程序容器，例如，我们可以将一个 `emptyDir` 卷共享给 Init 容器和应用程序容器，而不是构建一个只在基础镜像上运行 `awk/sed` 然后挂载使用在 Init 容器中密钥的应用程序镜像。

终止 Pod ●●●●

终止 Pod 与启动 Pod 类似，Kubernetes 收到删除的调用请求后，发送 `SIGTERM` 信号到要删除的 Pod，并将 Pod 的状态变为 Terminating。同时，如果 Pod 作为 Service 的后端，Kubernetes 将删除该 Pod 的端点以停止进一步的请求。有时候有些 Pod 不能正常退出，可能是 Pod 没有处理 `SIGTERM` 信号，也可能仅仅因为它们的任务没有完成，这种情况下，Kubernetes 会在配置的终止时间后发送 `SIGKILL` 强行终止这些 Pod，这个时间配置为 `.spec.terminationGracePeriodSeconds`。尽管 Kubernetes 还有其他机制来回收这种 Pod，我们仍然应该确保 Pod 能够正确被关闭。

此外，就像启动 Pod 一样，这里我们还需要处理可能影响服务的内容：在完全删除相应 iptables 规则之前禁止 Pod 提供请求。

处理 SIGTERM

优雅地终止并不是一个新想法，它是编程中的常见做法，对于关键业务任务尤为重要。

其实现主要包括三个步骤。
① 添加处理程序以捕获终止信号。
② 执行处理程序中所需的所有操作，例如返回资源、释放分布式锁或者关闭连接。
③ 关闭程序。之前的示例演示了这个想法：在处理程序 `graceful_exit_handler` 中关闭 `SIGTERM` 上的控制器线程，代码可以在这里找到（https://github.com/DevOps-with-Kubernetes/my-app/blob/master/app.py）。

事实上，没有优雅退出的常见问题不在程序方面。

SIGTERM 不会转发到容器进程

在第 2 章《DevOps 与容器》中，我们了解到在编写 Dockerfile 时有两种形式可以执行程序，即 shell 和 exec，Linux 容器上默认通过 `/bin/sh` 运行 shell 命令。让我们看看下面的例子（https://github.com/DevOps-with-Kubernetes/examples/tree/master/chapter7/7-3_on_Pods/graceful_docker）：

```
--- Dockerfile.shell-sh ---
FROM python:3-alpine
EXPOSE 5000
ADD app.py .
CMD python -u app.py
```

我们知道发送到容器的信号会被容器内的 `PID 1` 进程捕获，所以让我们尝试构建并运行它。

```
$ docker run -d --rm --name my-app my-app:shell-sh
8962005f3722131f820e750e72d0eb5caf08222bfbdc5d25b6f587de0f6f5f3f
$ docker logs my-app
starting server at 1503839211.025133
$ docker kill --signal TERM my-app
my-app
$ docker ps --filter name=my-app --format '{{.Names}}'
my-app
```

我们的容器还在，来看看容器内发生了什么：

```
$ docker exec my-app ps
PID   USER     TIME   COMMAND
1     root     0:00   /bin/sh -c python -u app.py
5     root     0:00   python -u app.py
6     root     0:00   ps
```

`PID 1` 进程本身就是 shell，它不会将我们的信号转发给子进程。在这个例子中，我们使用 Alpine 作为基本镜像，它使用 `ash` 作为默认 shell，如果用 `/bin/sh` 执行任何操作，实际上都会关联到 `ash`。类似地，Debian 系列的默认 shell 是 `dash`，它也不转发信号。也有转发信号的 shell,例如 bash,要想利用 bash,需要安装额外的 shell,或者将基本镜像切换到使用 bash 的发行版,这些都很麻烦。

但仍然有方法不使用 bash 而修复信号问题,其中一种是通过 exec 运行程序:

```
CMD exec python -u app.py
```

该进程将取代 shell 进程成为 PID 1。另一个推荐的方法是以 EXEC 形式编写 Dockerfile:

```
CMD [ "python", "-u", "app.py" ]
```

让我们尝试使用 EXEC 形式的示例:

```
---Dockerfile.exec-sh---
FROM python:3-alpine
EXPOSE 5000
ADD app.py .
CMD [ "python", "-u", "app.py" ]
---
$ docker run -d --rm --name my-app my-app:exec-sh
5114cabae9fcec530a2f68703d5bc910d988cb28acfede2689ae5eebdfd46441
$ docker exec my-app ps
PID USER TIME COMMAND
1 root 0:00 python -u app.py
5 root 0:00 ps
$ docker kill --signal TERM my-app && docker logs -f my-app
my-app
starting server at 1503842040.339449
stopping server at 1503842134.455339
```

EXEC 就像是一种魔法,正如看到的那样,容器中的进程是我们预期的,处理程序现在也可以正确地接收 SIGTERM。

SIGTERM 未调用终止处理程序

某些情况下,SIGTERM 不会触发进程的终止处理程序。例如,将 SIGTERM 发送到 nginx 实际上会导致快速关闭,为了优雅地关闭 nginx 控制器,我们必须发送带有 nginx -s quit 的 SIGQUIT。

 关于 nginx 信号支持操作的完整列表,请参见: http://nginx.org/en/docs/control.html。

现在又有了另一个问题,在删除 Pod 时,如何将 SIGTERM 以外的信号发送到容器? 我们可以修改程序的行为以捕获 SIGTERM,但是我们无法对像 nginx 这样流行的工具做修改,对于这种情况,生命周期钩子可以帮助解决上述问题。

容器生命周期钩子

生命周期钩子是针对容器执行的事件感知的操作，它的工作方式类似于单个 Kubernetes 探针操作，但只会在容器的生命周期内触发事件（至少一次）。目前支持以下两类事件。

- `PostStart`：在创建容器后立即执行。由于这类钩子和容器的入口点是异步触发的，因此无法保证在容器启动之前执行。因此，我们不太可能使用它来初始化容器的资源。
- `PreStop`：在将 `SIGTERM` 发送到容器之前执行。与 `PostStart` 的一个区别是：`PreStop` 是同步调用，换句话说，`SIGTERM` 仅在 `PreStop` 钩子退出后发送。

因此，nginx 关闭的问题可以通过 `PreStop` 钩子轻松解决：

```
...
    containers:
    - name: main
      image: nginx
      lifecycle:
        preStop:
          exec:
            command: [ "nginx", "-s", "quit" ]
...
```

此外，钩子的一个重要特性是它们可能以某种方式影响 Pod 的状态：除非 `PostStart` 钩子成功退出，否则 Pod 将不会运行；Pod 设置为在删除时立即终止，但除非 `PreStop` 钩子成功退出，否则不会发送 `SIGTERM`。因此，对于前面提到的情况，容器在删除 iptables 规则之前退出，我们可以通过 PreStop 钩子解决，下图说明了如何使用钩子消除这类问题：

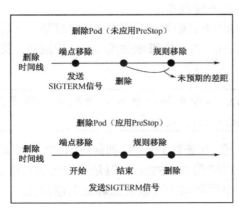

它的实现只是添加一个休眠几秒钟的钩子：

```
...
  containers:
  - name: main
    image: nginx
    lifecycle:
      preStop:
        exec:
          command: [ "nginx", "-c", "sleep 5" ]
...
```

放置 Pod ●●●●

大部分时间我们并不关心 Pod 运行在哪个节点，因为调度 Pod 是 Kubernetes 的基本功能。尽管如此，Kubernetes 在调度 Pod 时并不了解节点的地理位置、可用区或机器类型等因素。此外，有时我们希望在单独的实例组中部署运行测试版本的 Pod，因此，为了完成更好的调度，Kubernetes 提供不同级别的亲和性 affinitiy 配置，允许我们主动将 Pod 分配给某些节点。

Pod 节点选择器是手动放置 Pod 的最简单方法，它类似于 Service 的 Pod 选择器，但它只能将 Pod 放在具有标签匹配的节点上，配置字段为 `.spec.nodeSelector`。例如，以下 Pod spec 片段表示将 Pod 安排到标签为 `purpose = sandbox` 和 `disk = ssd` 的节点。

```
...
  spec:
    containers:
    - name: main
      image: my-app
    nodeSelector:
      purpose: sandbox
      disk: ssd
...
```

查看节点上的标签与查看 Kubernetes 中的其他资源的方式相同：

```
$ kubectl describe node  gke- -my- -cluster- ins4 9e8f52a-1z41
Name:       gke- -my- - cluster- -ins 49e8f52a- -1z41
Role:
Labels:     beta.kubernetes.io/arch=amd64
            beta.kubernetes.io/fluentd-ds-ready=true
```

```
            beta.kubernetes.io/instance-type=g1-small
            beta.kubernetes.io/os=linux
            cloud.google.com/gke-nodepool=ins
            failure-domain.beta.kubernetes.io/region=us-
            central1
            failure-domain.beta.kubernetes.io/zone=us-
            central1-b
            kubernetes.io/hostname=gke-my-cluster-ins-
            49e8f52a-1z41
...
```

可以看到，节点上已经有一些标签，这些标签为默认设置。Kubernetes 默认节点标签如下：

- kubernetes.io/hostname
- failure-domain.beta.kubernetes.io/zone
- failure-domain.beta.kubernetes.io/region
- beta.kubernetes.io/instance-type
- beta.kubernetes.io/os
- beta.kubernetes.io/arch

如果想标记一个节点来安排示例 Pod，我们可以更新节点或使用命令 `kubectl label`：

```
$ kubectl label node gke-my-cluster-ins-49e8f52a-1z41 \
  purpose=sandbox disk=ssd
node "gke-my-cluster-ins-49e8f52a-1z41" labeled
$ kubectl get node --selector purpose=sandbox,disk=ssd
NAME                                STATUS    AGE    VERSION
gke-my-cluster-ins-49e8f52a-1z41    Ready     5d     v1.7.3
```

除了主动将 Pod 放置到节点，也可以设置节点拒绝放置 Pod，即污点（taint）和容忍（toleration），我们将在下一章中学习它们。

总结

在本章中，我们不仅讨论了构建持续交付管道的主题，还学习了优化部署任务的技巧。Pod 的滚动升级是一种功能强大的工具，能够以受控的方式执行更新，要触发滚动更新，我们需要做的是更新 Pod 规约。尽管更新是由 Kubernetes 管理，但我们仍然可以通过 `kubectl rollout` 来控制它。

持续交付 7

　　接着，我们又通过 GitHub/DockerHub/Travis-CI 等工具建立了可扩展的持续交付管道，然后了解了有关 Pod 生命周期的更多信息以防止可能发生的故障，包括使用 readiness 和 liveness 探针来保护 Pod、使用 Init 容器初始化、通过在 exec 中编写 Dockerfile 来正确处理 SIGTERM、利用生命周期钩子来延迟 Pod 创建和在正确的时间移除 iptables 规则，最后介绍了将 Pod 分配给特定节点的方法。

　　在下一章中，我们将学习如何使用逻辑边界对集群进行切分，以便在 Kubernetes 中更加稳定和安全地共享资源。

集群管理

在之前的章节中我们学习了 Kubernetes 的 DevOps 基础技能,从如何将应用程序容器化到通过持续部署无缝地将我们的容器化软件部署到 Kubernetes 中。现在,是时候深入地了解如何管理 Kubernetes 集群了。

在本章中,我们将了解到:
- 利用命名空间设置管理边界;
- 使用 kubeconfig 在多个集群之间切换;
- Kubernetes 认证;
- Kubernetes 授权。

因为 minikube 是一个比较简单的环境,我们会使用 Google Container Engine(GKE)和 AWS 上自己管理的集群作为示例。更多详细的设置,请参阅第 9 章《AWS 上的 Kubernetes》和第 10 章《GCP 上的 Kubernetes》。

Kubernetes 命名空间

Kubernetes 具有命名空间的概念,可以将资源从物理集群划分为多个虚拟集群,通过这种方式,不同的组可以通过有效隔离共享相同的物理集群,其中每个命名空间提供:
- 一组名称,每个命名空间中的对象名称是唯一的;
- 确保可信身份认证的策略;
- 为资源管理设置配额。

命名空间非常适合同一公司中的不同团队或者项目,因此不同的组可以拥有自己的虚拟集群,这些集群之间资源是隔离的,但可以共享相同的物理资源。一个命名空间中的资源在其他命名空间中是不可见的，可以为不同的命名空间设置不同的资源配额，并提供不同级别的 QoS。需要注意的是，并非所有对象都在命名空间中，例如属于整个集群的节点和持久卷。

默认命名空间 ●●●●

默认情况下，Kubernetes 有三个命名空间：`default`、`kube-system` 和 `kube-public`。`default` 命名空间包含在不指定任何命名空间的情况下创建的对象，而 `kube-system` 命名空间包含由 Kubernetes 系统创建的对象，通常由系统组件使用，例如 Kubernetes 仪表盘或 Kubernetes DNS。`kube-public` 命名空间是版本 1.6 中新引入的，旨在存放每个人都可以访问的资源，目前主要应用是公开的 ConfigMap，例如集群信息。

创建命名空间 ●●●●

让我们看看如何创建命名空间，命名空间也是 Kubernetes 对象，像操作其他对象一样将类型指定为命名空间。下面是创建一个命名空间 `project1` 的示例：

```
// configuration file of namespace
# cat 8-1-1_ns1.yml
apiVersion: v1
kind: Namespace
metadata:
  name: project1

// create namespace for project1
# kubectl create -f 8-1-1_ns1.yml
namespace "project1" created

// list namespace, the abbreviation of namespaces is ns. We could use
`kubectl get ns` to list it as well.
# kubectl get namespaces
NAME            STATUS     AGE
default         Active     1d
kube-public     Active     1d
kube-system     Active     1d
project1        Active     11s
```

在 `project1` 命名空间中，通过部署（Deployment）启动两个 nginx 容器：

```
// run a nginx deployment in project1 ns
# kubectl run nginx --image=nginx:1.12.0 --replicas=2 --port=80 --
namespace=project1
```

当通过 `kubectl get Pods` 列出 Pod 时，我们在集群中看不到任何内容，这是因为 Kubernetes 使用当前上下文来决定当前使用哪个命名空间，如果没有在上下文或 kubectl 命令行中显式指定命名空间，则将使用 default 命名空间：

```
// We'll see the Pods if we explicitly specify --namespace
# kubectl get Pods --namespace=project1
NAME                         READY   STATUS    RESTARTS   AGE
nginx-3599227048-gghvw       1/1     Running   0          15s
nginx-3599227048-jz31g       1/1     Running   0          15s
```

可以使用 `--namespace <namespace_name>`，`--namespace = <namespace_name>`，`-n <namespace_name>` 或 `-n=<namespace_name>` 来指定命名空间。要列出所有命名空间中的资源，使用 `--all-namespaces` 参数。

另一种方法是将当前上下文更改为所需的命名空间而不是默认命名空间。

上下文

上下文（context）是集群信息、用户和命名空间的组合这样一个概念，例如，以下是 GKE 中一个集群的上下文信息：

```
- context:
  cluster: gke_devops-with-kubernetes_us-central1-b_cluster
  user: gke_devops-with-kubernetes_us-central1-b_cluster
  name: gke_devops-with-kubernetes_us-central1-b_cluster
```

可以使用 `kubectl config current-context` 命令查看当前上下文：

```
# kubectl config current-context
gke_devops-with-kubernetes_us-central1-b_cluster
```

要列出包括上下文在内的所有配置信息，可以使用命令 `kubectl config view`，要查看当前正在使用的上下文，使用命令 `kubectl config get-contexts`。

创建上下文

接下来我们创建一个上下文，与前面的示例一样，需要为上下文设置用户和集群。如果不指定，则默认被设为空值。创建上下文的命令如下：

```
$ kubectl config set-context <context_name> --namespace=<namespace_name> --
```

集群管理

```
cluster=<cluster_name> --user=<user_name>
```

可以在同一集群中创建多个上下文,以下是在 GKE 集群(gke_devops-with-kubernetes_us- central1-b_cluster)中为 project1 命名空间创建上下文的示例:

```
// create a context with my GKE cluster
# kubectl config set-context project1 --namespace=project1 --cluster=gke_devops-with-kubernetes_us-central1-b_cluster --user=gke_devops-with-kubernetes_us-central1-b_cluster
Context "project1" created.
```

切换上下文

可以通过 use-context 子命令切换上下文:

```
# kubectl config use-context project1
Switched to context "project1".
```

上下文切换后,通过 kubectl 调用的每个命令都会在 project1 上下文中,不需要显式指定命名空间来查看 Pod:

```
// list Pods
# kubectl get Pods
NAME                        READY     STATUS      RESTARTS    AGE
nginx-3599227048-gghvw      1/1       Running     0           3m
nginx-3599227048-jz31g      1/1       Running     0           3m
```

资源配额

默认情况下,Kubernetes 中的 Pod 是不限制资源使用的,这种情况下,运行的 Pod 可能会耗尽集群中所有计算或存储资源。资源配额 ResourceQuota 是一个资源对象,允许我们限制命名空间内可以消耗的资源,通过设置资源限制,可以有效地减少邻居干扰的现象发生,project1 的工作团队也不会耗尽物理集群中的所有资源。

这样,我们就可以保证在共享相同物理集群的其他项目中的工作团队的服务质量。Kubernetes 1.7 支持三种资源配额,每种类型都包含不同的资源名称(https:// kubernetes. io/docs/concepts/policy/resource-quotas):

- 计算资源配额(CPU、内存);
- 存储资源配额(请求的存储、持久卷声明);
- 对象数量配额(Pod、RC、ConfigMap、Service、LoadBalancer)。

已创建的资源不会受新创建的资源配额的影响,如果资源创建请求超过指定的

ResourceQuota，资源将无法启动。

创建资源配额

首先让我们学习下 ResourceQuota 的语法，以下是一个参考示例：

```
# cat 8-1-2_resource_quota.yml
apiVersion:v1
kind:ResourceQuota
metadata:
  name: project1-resource-quota
spec:
  hard:# the limits of the sum of memory request
    requests.cpu: "1"                # the limits of the sum
    of  requested CPU
    requests.memory: 1Gi             # the limits of the sum
    of  requested memory
    limits.cpu: "2"                  # the limits of total CPU
    limits
    limits.memory: 2Gi               # the limits of total memory
    limit   requests.storage: 64Gi   # the limits of sum of
    storage requests across PV claims
    Pods : "4"                       # the limits of Pod number
```

该模板与其他对象类似，只是类型变成了 ResourceQuota，指定的配额对处于成功或失败状态（即非终止状态）的 Pod 都有效。Kubernetes 支持多种资源约束，在前面的示例中，我们演示了如何设置计算资源、存储资源和对象数量的配额。任何时候都可以通过 kubectl 命令来查看资源配额：`kubectl describe resourcequota <resource_quota_name>`。

现在让我们通过命令 `kubectl edit deployment nginx` 修改现有的 nginx 部署，将副本从 2 更改为 4 并保存，再次查看状态。

```
# kubectl describe deployment nginx
Replicas:         4 desired | 2 updated | 2 total | 2 available | 2
unavailable
Conditions:
   Type                       Status       Reason
   ----                       ------       ------
   Available                  False        MinimumReplicasUnavailable
   ReplicaFailure    True     FailedCreate
```

8 集群管理

结果显示一些 Pod 在创建时失败，如果查看对应的 ReplicaSet，可以找出其中的原因：

```
# kubectl describe rs nginx-3599227048
...
Error creating: Pods "nginx-3599227048-" is forbidden: failed quota:
project1-resource-quota: must specify
limits.cpu,limits.memory,requests.cpu,requests.memory
```

我们已经指定了内存和 CPU 的请求限制，但 Kubernetes 并不知道新 Pod 的默认请求限制，可以看到原有的两个 Pod 仍在运行，因为资源配额不适用于已有资源。然后使用 `kubectl edit deployment nginx` 来修改容器规约，如下所示：

这里我们在 Pod 规约中指定 CPU 和内存的请求和限制，它表示 Pod 不能超过指定的配额，否则将无法启动：

```
// check the deployment state
# kubectl get deployment
NAME      DESIRED   CURRENT   UP-TO-DATE   AVAILABLE   AGE
nginx     4         3         2            3           2d
```

可用的 Pod 变成四个，而不是两个，但还没达到我们想要的 4 个，什么地方出了错呢？如果退一步去查看资源配额，就可以发现目前所有的 Pod 配额已经被使用。由于部署默认使用滚动更新部署机制，因此它需要多于 4 个 Pod，这就是我们之前设置的对象限制：

```
# kubectl describe resourcequota project1 - resource- -quota
Name:          project1-resource-quota
Namespace:     project1
Resource       Used      Hard
--------       ----      ----
limits.cpu     900m      4
limits.memory  900Mi     4Gi
```

```
Pods                4         4
requests.cpu      300m        4
requestS.memory   450Mi      16Gi
requests.storage    0        64Gi
```

通过 `kubectl edit resourcequota project1-resource-quota` 命令将 Pod 配额从 4 修改为 8 后，部署就有足够的资源来启动 Pod。一旦使用的配额超过硬限制，ResourceQuota 准入控制器将拒绝该请求，否则更新资源配额以确保足够的资源分配。

由于 ResourceQuota 不会影响已经创建的资源，有时我们可能需要调整失败的资源，例如删除 RS 的空变更集或者扩展部署，以便让 Kubernetes 创建新的 Pod 或 RS 来使用最新的配额限制。

请求具有默认计算资源限制的 Pod

我们还可以指定命名空间的默认资源请求和限制，如果在创建 Pod 期间未指定请求和限制，则将使用该默认设置。一个技巧是使用 LimitRange 资源对象，LimitRange 对象包含一组 defaultRequest（请求）和 default（限制）。

LimitRange 由 LimitRanger 准入控制器插件控制，如果使用自己管理的解决方案，请务必启用它，更多信息请查看本章中的准入控制器部分。

下面一个例子，我们将 `cpu.request` 设置为 250m，限制为 500m，`memory.request` 设置为 256Mi，限制为 512Mi：

```yaml
# cat 8-1-3_limit_range.yml
apiVersion: v1
kind: LimitRange
metadata:
  name: project1-limit-range
spec:
  limits:
  - default:
      cpu: 0.5
      memory: 512Mi
    defaultRequest:
      cpu: 0.25
      memory: 256Mi
    type: Container

// create limit range
```

```
# kubectl create -f 8-1-3_limit_range.yml
limitrange "project1-limit-range" created
```

当我们在此命名空间内启动 Pod 时,不需要随时指定 cpu 及内存请求和限制,即使在 ResourceQuota 中设置了总限制。

CPU 的单位是核心,按照绝对数量计算,它可以是 AWS vCPU、GCP core,也可以是超线程的。内存的单位是字节,Kubernetes 使用单个字母(E、P、T、G、M、K)或者等价的 2 的幂次形式(Ei、Pi、Ti、Gi、Mi、Ki)表示,例如 256M 将被写为 256 000 000、256 M 或 244 Mi。

此外,可以在 LimitRange 中为 Pod 设置最小和最大 CPU 及内存值,其行为与默认值不同,仅当 Pod 规约不包含任何请求和限制时,才会使用该默认值。最小和最大约束用于验证 Pod 是否请求过多资源,语法是 spec.limits[].min 和 spec.limits[].max。如果请求超出最小值和最大值,则服务器会出现禁止的错误。

```
limits:
  - max:
      cpu: 1
      memory: 1Gi
    min:
      cpu: 0.25
      memory: 128Mi
    type: Container
```

Pod 的服务质量:Kubernetes 中有三个用于 Pod 的 QoS 类 Guaranteed、Burstable 和 BestEffort,它们可与上面学到的命名空间和资源管理的概念联系在一起,我们在第 4 章《存储与资源管理》中也学习了 QoS,相关内容请参阅第 4 章《存储与资源管理》中的最后一节 Kubernetes 资源管理。

删除命名空间 ●●●●

与任何其他资源一样,删除命名空间使用 `kubectl delete namespace <namespace_name>`。请注意,如果删除了命名空间,则与该命名空间关联的所有资源将被清除。

Kubeconfig

Kubeconfig 是一个文件，可以使用它通过切换上下文在多个集群切换。使用 kubectl config view 来查看设置，以下是 minikube 集群中 kubeconfig 文件的示例。

```
# kubectl config view
apiVersion: v1
clusters:
- cluster:
    certificate-authority: /Users/k8s/.minikube/ca.crt
    server: https://192.168.99.100:8443
  name: minikube
contexts:
- context:
    cluster: minikube
    user: minikube
  name: minikube
current-context: minikube
kind: Config
preferences: {}
users:
- name: minikube
  user:
    client-certificate: /Users/k8s/.minikube/apiserver.crt
    client-key: /Users/k8s/.minikube/apiserver.key
```

就像之前了解的那样，可以使用 kubectl config use-context 来切换集群来进行操作，还可以使用 kubectl config -kubeconfig=<config file name>来指定我们想要使用的 kubeconfig 文件，只有指定的文件会被使用。此外，还可以通过环境变量$KUBECONFIG 指定 Kubeconfig 文件，通过这种方式可以合并配置文件。例如，以下命令将合并 kubeconfig-file1 和 kubeconfig-file2：

```
# export KUBECONFIG=$KUBECONFIG: kubeconfig-file1: kubeconfig-file2
```

之前我们并没有进行任何特定设置，那 kubectl config view 的输出来自哪里呢？默认情况下，它位于$HOME/.kube/config 下，如果没有通过上述任何一个方法进行配置，Kubernetes 将加载此文件。

服务账户

与普通用户不同,服务账户(**Service Account**)为 Pod 内的进程使用,以联系 Kubernetes API 服务器。默认情况下,Kubernetes 集群会为不同的需求创建不同的服务账户。在 GKE 中,已经有许多创建好的服务账户:

```
// list service account across all namespaces
# kubectl get serviceaccount --all-namespaces
NAMESPACE     NAME                          SECRETS   AGE
default       default                       1         5d
kube-public   default                       1         5d
kube-system   namespace-controller          1         5d
kube-system   resourcequota-controller      1         5d
kube-system   service-account-controller    1         5d
kube-system   service-controller            1         5d
project1      default                       1         2h
...
```

Kubernetes 将在每个命名空间中创建一个默认服务账户,如果在创建容器期间未在 Pod 规约中指定服务账户,则使用该默认账户。下面看看它如何在 `project1` 命名空间工作:

```
# kubectl describe serviceaccount/default
Name:                default
Namespace:           project1
Labels:              <none>
Annotations:         <none>
Image pull secrets:  <none>
Mountable secrets:   default-token-nsqls
Tokens:              default-token-nsqls
```

可以看到服务账户基本上使用挂载的 Secret 作为 token,继续了解 token 的内容:

```
// describe the secret, the name is default-token-nsqls here
# kubectl describe secret default-token-nsqls
Name:         default-token-nsqls
Namespace:    project1
Annotations:  kubernetes.io/service-account.name=default
              kubernetes.io/service-account.uid=5e46cc5e-
              8b52-11e7-a832-42010af00267
```

```
Type: kubernetes.io/service-account-token
Data
====
ca.crt:        # the public CA of api server. Base64 encoded.
namespace:     # the name space associated with this service account. Base64
encoded
token:         # bearer token. Base64 encoded
```

密钥将自动挂载到目录 /var/run/secrets/kubernetes.io/serviceaccount，当 Pod 访问 API 服务器时，API 服务器将检查证书和 token 以进行身份验证。服务账户的概念还会在接下来的内容中被提及。

认证与授权

从 DevOps 的角度来看，认证和授权非常重要。认证会验证用户身份并检查用户是否确实是他们声称的，另一方面，授权会检查用户所具有的权限。Kubernetes 支持多种不同的认证和授权模块。

以下是 Kubernetes API 服务器在收到请求时访问控制的说明。

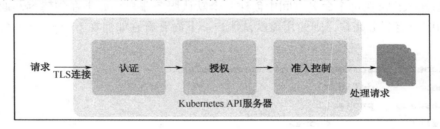

API 服务器访问控制

当请求到达 API 服务器时，首先，它通过在 API 服务器中使用证书颁发机构（CA）验证客户端的证书来建立 TLS 连接，API 服务器中的 CA 通常位于 /etc/kubernetes/，客户端的证书通常位于 $HOME/.kube/config。成功握手后，它进入认证阶段，在 Kuberentes 中，认证模块是链式结构的，当请求到来时，Kubernetes 将逐个尝试所有认证模块，直到成功为止。如果请求在所有身份验证模块上都失败，则请求将被拒绝，返回 **HTTP 401 Unauthorized**。否则，其中一个认证模块校验通过用户的身份，然后请求被认证。接着 Kubernetes 授权模块将发挥作用，它通过一组策略来验证用户是否有权执行他们请求的操作，它也是链式结构的，同样会尝试每个模块，直到它成功为止。如果请求在所有模块上都失败，结果会返回 **HTTP 403 Forbidden**。准入控制是 API 服务器中的一

集群管理

组可配置插件,用于确定请求是允许的还是拒绝的,在此阶段,如果请求未通过其中一个插件,则该请求立即被拒绝。

认证

默认情况下,服务账户是基于 token 的。使用默认服务账户创建服务账户或命名空间时,Kubernetes 会创建 token 并将其存储为由 base64 编码的密钥,将它作为卷挂载到容器中,然后,Pod 中的进程就可以与集群服务通信。另一方面,用户账户代表普通用户,可能会使用 `kubectl` 直接操作资源。

服务账户认证

当创建服务账户时,Kubernetes 服务账户准入控制器插件将自动创建签名的 token。

在第 7 章《持续交付》中,我们演示了部署 my-app 的示例,当时创建了一个名为 cd 的命名空间,使用脚本 `get- sa-token.sh` (https://github.com/DevOps-with-Kubernetes/examples/blob/master/chapter7/get-sa -token.sh) 导出 token,这里通过 `kubectl config set-credentials <user> --token=$TOKEN` 命令创建一个用户 mysa:

```
# kubectl config set-credentials mysa --token=${CI_ENV_K8S_SA_TOKEN}
```

接下来,配置上下文绑定用户和命名空间:

```
# kubectl config set-context myctxt --cluster=mycluster --user=mysa
```

最后,将上下文 myctxt 设置为默认:

```
# kubectl config use-context myctxt
```

当服务账户发送请求时,API 服务器将验证 token 以检查请求者是否符合条件,并且确认是否是它声称的。

用户账户认证

用户账户身份验证有多种实现方式,从客户端证书、token、静态文件到 OpenID token,可以在认证链上选择多个认证模块。这里,我们将演示客户端证书。

在第 7 章《持续交付》中,我们学习了如何导出服务账户的证书和 token,现在,让我们学习如何为用户做这件事情。假设目前仍在 `project1` 命名空间内,并想为新的 DevOps 成员 Linda 创建一个用户,他将帮助部署应用程序。

首先,通过 OpenSSL (https://www.openssl.org) 生成私钥:

```
// generate a private key for Linda
# openssl genrsa -out linda.key 2048
```

接下来,为 Linda 创建证书签名请求 (.csr):

```
// making CN as your username
# openssl req -new -key linda.key -out linda.csr -subj "/CN=linda"
```
linda.key 和 linda.csr 均位于当前文件夹中，为了批准签名请求，需要找到 Kubernetes 集群的 CA。

 在 minikube 中，它位于~/.minikube/下。对于其他自托管解决方案，通常位于目录/etc/kubernetes/下。如果是使用 kops 部署集群，则在目录/srv/kubernetes 下，我们可以在/etc/kubernetes/manifests/kube-apiserver.manifest 文件中找到该路径。

假设在当前文件夹下已经有了 ca.crt 和 ca.key，可以通过签名请求生成证书，使用-days 参数定义过期日期：

```
// generate the cert for Linda, this cert is only valid for 30 days.
# openssl x509 -req -in linda.csr -CA ca.crt -CAkey ca.key -CAcreateserial -out linda.crt -days 30
Signature ok
subject=/CN=linda
Getting CA Private Key
```
签署证书后，可以在集群中设置用户。
```
# kubectl config set-credentials linda --client-certificate=linda.crt --client-key=linda.key
User "linda" set.
```
回忆 context 的概念：它是集群信息、用户和命名空间的组合这样一个概念。现在，我们将在 kubeconfig 中设置上下文条目，在以下示例替换集群名称、命名空间和用户：

```
# kubectl config set-context devops-context --cluster=k8s-devops.net --namespace=project1 --user=linda
Context "devops-context" modified.
```
目前，Linda 应该暂时没有权限：
```
// test for getting a Pod
# kubectl --context=devops-context get Pods
Error from server (Forbidden): User "linda" cannot list Pods in the namespace "project1". (get Pods)
```
Linda 通过认证阶段，而 Kubernetes 知道了她就是 Linda。但是，为了让 Linda 有权限进行部署，我们需要在授权模块中设置策略。

集群管理

授权 ●●●

Kubernetes 支持多个授权模块，撰写本书时，它支持以下几种方式：
- 基于属性的访问控制（ABAC）；
- 基于角色的访问控制（RBAC）；
- 节点授权 webhook；
- 自定义模块。

基于属性的访问控制（ABAC）是引入**基于角色的访问控制**（RBAC）之前的最主要的授权模式。kubelet 使用节点授权向 API 服务器发出请求，Kubernetes 支持 webhook 授权模式，来建立 HTTP 回调以使用外部 RESTful 服务。当需要授权时，它就会发送 POST 请求。另一种常见方法是通过遵循预定义的授权接口来实现自定义模块，更多内容请参阅 https://kubernetes.io/docs/admin/authorization/#custom-modules。在本节中，我们将介绍 ABAC 和 RBAC 的更多细节。

基于属性的访问控制（ABAC）●●●

ABAC 允许管理员将一组用户授权策略定义到一个文件中，采用每行一个 JSON 的格式。ABAC 模式的主要缺点是启动 API 服务器时策略文件必须存在，文件中的任何更改都需要使用参数 --authorization-policy-file=<policy_file_name> 重新启动 API 服务器。自 Kubernetes 1.6 以后，引入了另一种授权方法 RBAC，这种方法更加灵活，不需要重启 API 服务器，RBAC 现在已经成为最常用的授权模式。

以下是 ABAC 如何工作的示例，策略文件的格式是每行一个 JSON 对象，配置文件与其他配置文件类似，只是在规范中使用不同的语法。ABAC 有四个主要属性：

属性类型	支持的值
主体匹配	用户、组
资源匹配	apiGroup、命名空间和资源
非资源匹配	用于非资源类型的请求，例如 /version、/apis、/cluster
只读	true、false

以下是一些参考示例：

```
{"apiVersion": "abac.authorization.kubernetes.io/v1beta1", "kind":
"Policy", "spec": {"user":"admin", "namespace": "*", "resource": "*",
"apiGroup": "*"}}
{"apiVersion": "abac.authorization.kubernetes.io/v1beta1", "kind":
"Policy", "spec": {"user":"linda", "namespace": "project1", "resource":
```

```
"deployments", "apiGroup": "*", "readonly": true}}
{"apiVersion": "abac.authorization.kubernetes.io/v1beta1", "kind":
"Policy", "spec": {"user":"linda", "namespace": "project1", "resource":
"replicasets", "apiGroup": "*", "readonly": true}}
```

在前面的示例中，有一个可以访问所有内容的用户 admin，另一个用户 Linda 只能读取命名空间 project1 中的部署（Deployment）和 ReplicaSet。

基于角色的访问控制（RBAC）

RBAC 在 Kubernetes 1.6 中处于测试阶段，默认情况下已启用。在 RBAC 中，admin 创建一些角色或集群角色，它们具有更细粒度的权限，用于指定角色可以访问和操作一组资源和动作（verbs），之后，admin 通过 RoleBinding 或 ClusterRoleBindings 向用户授予 Role 的权限。

> 如果正在使用 minikube，请在 minikube 启动时添加参数 --extra-config=apiserver.Authorization.Mode=RBAC。如果是通过 kops 在 AWS 上运行的集群，则在启动集群时添加 --authorization=rbac。kops 将 API 服务器作为 Pod 启动，使用 kops edit cluster 命令可以修改容器的规格。

角色和集群角色

Kubernetes 中的角色（Role）绑定在命名空间内，集群角色（ClusterRole）是在集群范围内的。以下是 Role 的示例，它可以执行所有操作，包括对资源部署（Deployment）、ReplicaSet 和 Pod 的 `get, watch, list, create, update, delete, patch` 操作。

```
# cat 8-5-2_role.yml
kind: Role
apiVersion: rbac.authorization.k8s.io/v1beta1
metadata:
  namespace: project1
  name: devops-role
rules:
- apiGroups: ["", "extensions", "apps"]
  resources:
  - "deployments"
  - "replicasets"
  - "Pods"
```

```
    verbs: ["*"]
```

在撰写本书时，`apiVersion` 版本仍然是 `v1beta1`，如果 API 版本发生变化，Kubernetes 会显示异常并提示更改。在 apiGroups 中，空字符串表示核心 API 组，API 组是 RESTful API 调用的一部分，核心表示原始 API 调用路径，例如 /api/v1，较新的 REST 路径中包含组名和 API 版本，例如 /apis/$GROUP_NAME/$VERSIO；要查找 API 组，请查看 https://kubernetes.io/docs/reference 上的 API 参考。在资源配置下可以添加要授予访问权限的资源，并在动作列表中添加此角色可以执行的操作数组。让我们来看看 ClusterRole 的示例，即上一章中持续交付的角色：

```
# cat cd-clusterrole.yml
apiVersion: rbac.authorization.k8s.io/v1beta1
kind: ClusterRole
metadata:
  name: cd-role
rules:
- apiGroups: ["extensions", "apps"]
  resources:
  - deployments
  - replicasets
  - ingresses
  verbs: ["*"]
- apiGroups: [""]
  resources:
  - namespaces
  - events
  verbs: ["get", "list", "watch"]
- apiGroups: [""]
  resources:
  - Pods
  - services
  - secrets
  - replicationcontrollers
  - persistentvolumeclaims
  - jobs
  - cronjobs
  verbs: ["*"]
```

ClusterRole 是集群范围的，某些资源不属于任何命名空间，例如节点，只能由 ClusterRole 来控制，它可以访问的命名空间取决于它关联的 ClusterRoleBinding

中的命名空间字段。可以看到我们授予允许此角色在 extensions 和 App 组中读取和写入 Deployment、ReplicaSet 和 ingress 的权限。在核心 API 组中，我们仅授予对命名空间和事件的访问权限，以及对其他资源（如 Pod 和服务）的所有权限。

角色绑定和集群角色绑定

角色绑定（RoleBinding）用于将角色或集群角色（ClusterRole）绑定到用户或服务账户列表。如果集群角色（ClusterRole）通过角色绑定（RoleBinding）而不是集群角色绑定（ClusterRoleBinding）绑定，则只会授予角色绑定（RoleBinding）指定的命名空间内的权限。以下是角色绑定（RoleBinding）规范的示例：

```
# cat 8-5-2_rolebinding_user.yml
kind: RoleBinding
apiVersion: rbac.authorization.k8s.io/v1beta1
metadata:
  name: devops-role-binding
  namespace: project1
subjects:
- kind: User
  name: linda
  apiGroup: [""]
roleRef:
  kind: Role
  name: devops-role
  apiGroup: [""]
```

这个示例中，角色通过 roleRef 与用户绑定。Kubernetes 支持不同类型的 roleRef，可以在这里替换 Role 为 ClusterRole：

```
roleRef:
kind: ClusterRole
name: cd-role
apiGroup: rbac.authorization.k8s.io
```

然后 cd-role 只能访问命名空间 project1 中的资源。

另一方面，集群角色绑定（ClusterRoleBinding）用于在所有命名空间中授予权限。回顾一下在第 7 章《持续交付》中所做的工作，首先我们创建了一个名为 cd-agent 的服务账户，然后创建一个名为 cd-role 的 ClusterRole，接着为 cd-agent 和 cd-role 创建了一个 ClusterRoleBinding，最后使用 cd-agent 代表我们进行部署：

```
# cat cd-clusterrolebinding.yml
apiVersion: rbac.authorization.k8s.io/v1beta1
```

集群管理

```
kind: ClusterRoleBinding
metadata:
  name: cd-agent
roleRef:
  apiGroup: rbac.authorization.k8s.io
  kind: ClusterRole
   name: cd-role
subjects:
- apiGroup: rbac.authorization.k8s.io
  kind: User
  name: system:serviceaccount:cd:cd-agent
```

cd-agent 通过集群角色绑定(ClusterRoleBinding)与集群角色(ClusterRole)绑定，因此它可以具有跨命名空间的 cd-role 权限。由于在命名空间中创建了服务账户，因此我们需要指定其全名，包括命名空间：

```
system:serviceaccount:<namespace>:<serviceaccountname>
```

通过 8-5-2_role.yml 和 8-5-2_rolebinding_user.yml 启动 Role 和 RoleBinding：

```
# kubectl create -f 8-5-2_role.yml
role "devops-role" created
# kubectl create -f 8-5-2_rolebinding_user.yml
rolebinding "devops-role-binding" created
```

现在，我们的操作不再被禁止了：

```
# kubectl --context=devops-context get Pods
No resources found.
```

如果 Linda 想要列出命名空间，那么它是被允许的吗？

```
# kubectl --context=devops-context get namespaces
Error from server (Forbidden): User "linda" cannot list namespaces at the
cluster scope. (get namespaces)
```

答案是不允许的，因为 Linda 未被授予列出命名空间的权限。

准入控制 ●●●●

准入控制是在 Kubernetes 处理请求之前及通过认证和授权之后进行的，通过添加 --admission-control 参数，在启动 API 服务器时被启用。如果集群版本高于 1.6.0，Kubernetes 官方建议集群使用以下插件：

```
--admission-
control=NamespaceLifecycle,LimitRanger,ServiceAccount,PersistentVolumeLabel
,DefaultStorageClass,DefaultTolerationSeconds,ResourceQuota
```

下面将介绍这些插件的用法及我们为什么需要它们。更多有关支持的准入控制插件的最新信息，请参考官方文档 https://kubernetes.io/docs/admin/admission-controllers。

命名空间生命周期（NamespaceLifecycle）● ● ● ●

之前了解到，当命名空间被删除时，该命名空间中的所有对象也将被清理。此插件可确保不会在已终止或不存在的命名空间中创建新的对象创建请求，它还可以防止 Kubernetes 自带的命名空间被删除。

范围限制（LimitRanger）● ● ● ●

这个插件确保 LimitRange 可以正常工作，使用 LimitRange，我们可以在命名空间中设置默认请求和限制，这将在启动没有指定请求和限制的 Pod 时使用。

服务账户（Service account）● ● ● ●

如果使用服务账户对象，则必须添加服务账户插件。有关服务账户的详细信息，可以回顾本章中的服务账户部分内容。

持久卷标签（PersistentVolumeLabel）● ● ● ●

持久卷标签根据底层云提供商提供的标签为新创建的 PV 添加标签，此准入控制器已从版本 1.8 开始弃用。

默认存储类型（DefaultStorageClass）● ● ● ●

如果在持久性卷声明中未设置存储类型，则此插件可确保默认存储类可以正常工作。不同云服务提供商的配置工具会利用默认存储类型（例如 GKE 使用 Google Cloud Persistent Disk），请确保已启用此功能。

资源配额（ResourceQuota）● ● ● ●

就像 LimitRange 一样，如果使用资源配额对象来管理不同级别的 QoS，则必须启用此插件，并将资源配额始终放在准入控制插件列表的末尾。正如我们在资源配额部

集群管理

分提到的,如果使用的配额小于硬限制,则将更新资源配额使用情况,以确保集群具有足够的资源来接受请求。如果它最终被以下控制器拒绝,将其置于准入控制器列表的末尾可以防止该请求过早增加配额使用。

默认容忍时间(DefaultTolerationSeconds)

在介绍这个插件之前,我们必须首先了解什么是污点(taints)和容忍(tolerations)。

污点(taint)和容忍(toleration)

污点(taint)和容忍(toleration)用于防止一组 Pod 被调度在某些节点上运行,污点(taint)应用于节点,而容忍(toleration)被指定给 Pod。污点(taint)的值可以是 `NoSchedule` 或 `NoExecute`,如果一个污点(taint)节点的 Pod 没有匹配容忍(toleration),则 Pod 将被逐出。

假设我们有两个节点:

```
# kubectl get nodes
NAME                         STATUS   AGE   VERSION
ip-172-20-56-91.ec2.internal Ready    6h    v1.7.2
ip-172-20-68-10.ec2.internal Ready    29m   v1.7.2
```

使用 `kubectl run nginx --image=nginx:1.12.0 -- replicas=1 --port=80` 命令,运行一个 nginx Pod。

Pod 正在第一个节点 `ip-172-20-56-91.ec2.internal` 上运行:

```
# kubectl describe Pods nginx-4217019353-s9xrn
Name:        nginx-4217019353-s9xrn
Node:        ip-172-20-56-91.ec2.internal/172.20.56.91
Tolerations: node.alpha.kubernetes.io/notReady:NoExecute for 300s
node.alpha.kubernetes.io/unreachable:NoExecute for 300s
```

通过 Pod 的描述可以看到,Pod 附加了两个默认容忍(toleration),这意味着如果节点尚未就绪或不可达,需要等待 300 秒,然后将 Pod 从节点中逐出,这两个容忍(toleration)由默认容忍时间(DefaultTolerationSecond)许可控制器插件应用,稍后会介绍这个插件。接下来,为第一个节点设置污点:

```
# kubectl taint nodes ip-172-20-56-91.ec2.internal
experimental=true:NoExecute
node "ip-172-20-56-91.ec2.internal" tainted
```

由于我们将操作设置为 `NoExecute`,并且 `experimental=true` 与 Pod 上任何容忍(toleration)都不匹配,因此 Pod 立即从节点中删除并重新调度。可以同时应用多个容忍(toleration)到节点,Pod 必须匹配所有容忍(toleration)才能在该节点上运行,以下是可以通过污点（taint）节点的示例：

```
# cat 8-6_Pod_tolerations.yml
apiVersion: v1
kind: Pod
metadata:
  name: Pod-with-tolerations
spec:
  containers:
  - name: web
    image: nginx
    tolerations:
    - key: "experimental"
      value: "true"
      operator: "Equal"
      effect: "NoExecute"
```

除了 `Equal` 运算符之外，也可以使用 `Exists`，这种情况下，我们不需要指定具体值。只要标识都匹配，则 Pod 就可以在 taint 节点上运行。

`DefaultTolerationSeconds` 插件用于设置那些没有任何容忍（toleration）设置的 Pod，它将容忍（toleration）对污点 `notready:NoExecute` 和 `unreachable:NoExecute` 应用默认配置为 300s，如果不希望在集群中使用，则可以禁用此插件。

Pod 节点选择器（PodNodeSelector）

此插件用于将节点选择器注释设置为命名空间，启用此插件后，参考以下格式传递带有选项 `--admission-control-config-file` 的配置文件：

```
PodNodeSelectorPluginConfig:
  clusterDefaultNodeSelector: <default-node-selectors-labels>
  namespace1: <namespace-node-selectors-labels-1>
  namespace2: <namespace-node-selectors-labels-2>
```

然后，节点选择器注释将应用于命名空间，该命名空间上的 Pod 将在匹配的节点上运行。

始终准许（AlwaysAdmit）

这个插件代表总是允许所有请求，仅用于测试。

始终拉取镜像（AlwaysPullImages）●●●●

拉取策略定义了当 kubelet 拉取镜像时的行为，默认的策略是 `IfNotPresent`，也就是说，如果本地不存在镜像，它才会去拉取。如果启用此插件，则默认拉取策略将变为 `Always`，即始终拉取最新镜像。如果集群由不同的团队共享，则此插件还可以带来另一个好处，那就是无论何时调度 Pod，无论镜像是否存在于本地，它都将拉取最新的镜像，这样我们就可以确保 Pod 创建请求始终通过对镜像的授权检查。

始终拒绝（AlwaysDeny）●●●●

这个插件代表总是拒绝所有请求，仅用于测试。

拒绝升级执行（DenyEscalatingExec）●●●●

此插件拒绝任何 `kubectl exec` 和 `kubectl attach` 需要升级特权模式的命令，具有特权模式的 Pod 具有主机命名空间的访问权限，这可能会成为安全隐患。

其他准入插件 ●●●●

我们可以使用更多其他准入控制器插件，例如 NodeRestriciton 限制 kubelet 的权限，ImagePolicyWebhook 用于建立 webhook 来控制镜像的访问，SecurityContextDeny 用于控制 Pod 或容器的权限，请参阅官方文档 `https://kubernetes.io/docs/admin/admission-controllers` 了解更多其他插件。

总结 ●●●●

在本章中，我们了解了命名空间和上下文的概念和它们的工作机制，以及如何通过设置上下文在物理集群和虚拟集群之间进行切换。然后，我们又接触了一个重要的对象——服务账户，该账户用于验证在 Pod 中运行的进程，接着学习了如何控制 Kubernetes 中的访问流，了解了认证和授权之间的区别，以及它们在 Kubernetes 中的工作方式，还有如何利用 RBAC 为用户提供更细粒度的权限。最后，我们学习了几个准入控制器插件，这是访问控制流程中的最后一道防线。

AWS 是公有云服务提供商中最主要的主导者，我们在本章中使用它作为集群示例，在第 9 章《AWS 上的 Kubernetes》中，我们将继续了解 AWS 的基本概念，以及如何在 AWS 上部署 Kubernetes 集群。

AWS 上的 Kubernetes

在公有云上使用 Kubernetes 可以为你的应用程序提供灵活性和可扩展性。AWS 是公有云行业中最流行服务之一。在本章中，你将了解 AWS 和如何在 AWS 上设置 Kubernetes，以及以下主题：

- 了解公有云；
- 使用和理解 AWS 组件；
- 通过 kops 设置和管理 Kubernetes；
- Kubernetes 云提供商。

AWS 简介

当在公共网络上运行应用程序时，你需要一些基础设施，如网络、虚拟机和存储。显然，公司可以租用或建立自己的数据中心来准备这些基础设施，然后聘请数据中心工程师和运维人员来监控和管理这些资源。

但是，购买和维护这些资源需要大量的资本支出；并且还需要支付数据中心工程师、运维人员的费用。你还需要一段时间来学会设置这些基础设施，例如，购买服务器、安装数据中心机架、网络布线，以及操作系统的安装和初始化配置等。

因此，快速获取具有适当资源能力的基础设施是决定企业成功的重要因素之一。

为了使这些基础设施的管理更轻松、更快捷，数据中心需要提供更多技术上的支持，如用于虚拟化的软件定义网络（SDN）、存储区域网络（SAN）等。但是，将这种技术结

AWS上的Kubernetes

合起来,仍存在一些敏感的兼容性问题,并且稳定性较差。因此,需要额外聘请行业专家,但这又使自建数据中心的运营成本变得更高。

公有云 ●●●●

目前有一些公司提供了在线基础设施服务。例如,AWS 就是一种非常流行的提供在线基础设施的服务,称为云或公有云。早在 2006 年,AWS 就正式推出了称为 Elastic Computing Cloud(EC2)的虚拟机服务、Simple Storage Service(S3)在线对象存储服务,以及 Simple Queue Service(SQS)在线消息队列服务。

这些服务非常简单易用,从数据中心管理的角度来看,由于采用了按实际使用量付费(pay-as-you-go)的定价模式(按小时或年从 AWS 计费),它们可以减少基础设施资源预分配的时间和成本。因此,AWS 越来越受欢迎,许多公司已将业务负载从它们自己的数据中心迁移到公有云。

 与公有云相比,自己的数据中心被称为本地数据中心。

API 和基础设施即代码 ●●●●

使用公有云而不是本地数据中心(on-premises)的独特优势之一是公有云提供 API 来控制基础设施。AWS 提供命令行工具(AWS CLI)来控制 AWS 基础设施。例如,注册 AWS 后(https://aws.amazon.com/free/),你可以安装命令行工具 AWS CLI(http://docs.aws.amazon.com/cli/latest/userguide/installing.html),然后你想要启动一个虚拟机(EC2 实例),可以按照以下方式使用 AWS CLI:

```
$ aws ec2 run-instances --image-id ami-a4c7edb2 --key-name my-key --instance-type t2.nano --security-groups ssh-only > /dev/null
$ aws ec2 describe-instances | grep PublicIpAddress
                "PublicIpAddress": "54.172.10.42",
$ ssh ec2-user@54.172.10.42
The authenticity of host '54.172.10.42 (54.172.10.42)' can't be established.
ECDSA key fingerprint is SHA256:4/4exJT5PiRzcqXSg+mo2Q4de/DJrPEWR2cG+M92ojg.
Are you sure you want to continue connecting (yes/no)? yes
Warning: Permanently added '54.172.10.42' (ECDSA) to the list of known hosts.
Enter passphrase for key '/Users/saito/.ssh/id_rsa':

       __|  __|_  )
       _|  (     /   Amazon Linux AMI
      ___|\___|___|

https://aws.amazon.com/amazon-linux-ami/2017.03-release-notes/
2 package(s) needed for security, out of 6 available
Run "sudo yum update" to apply all updates.
[ec2-user@ip-172-31-31-217 ~]$
```

如图所示,在注册 AWS 后只需几分钟即可创建并访问虚拟机。那么,如果是从头开始构建本地数据中心呢？下图是使用本地数据中心和使用公有云的对比：

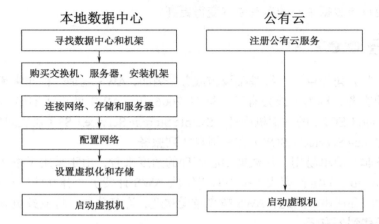

如上所见，公有云非常简单、快捷。这就是为什么公有云不仅灵活便捷，而且作为新兴事物被广泛采用的原因。

AWS 组件 ●●●●

AWS 使用一些组件配置网络和存储。这些组件对于了解公有云如何工作非常重要，并且对了解如何配置 Kubernetes 也很有帮助。

VPC 和子网

在 AWS 上，你首先需要创建自己的网络，它被称为 Virtual Private Cloud（VPC），并使用 SDN 技术。AWS 允许你在 AWS 上创建一个或多个 VPC。VPC 之间可以根据需要相互连接。创建 VPC 时，只需定义一个网络 CIDR 块和 AWS 区域。例如，`us-east-1` 区域和 CIDR `10.0.0.0/16`。无论是否有权访问公共网络，你都可以定义任何网络地址范围（介于 /16 ~ /28 网络掩码范围之间）。创建 VPC 很快，一旦完成创建 VPC，可以在 VPC 中创建一个或多个子网。

在以下示例中，将通过 AWS 命令行创建一个 VPC：

```
//specify CIDR block as 10.0.0.0/16
//the result, it returns VPC ID as "vpc-66eda61f"
$ aws ec2 create-vpc --cidr-block 10.0.0.0/16
{
  "Vpc": {
    "VpcId": "vpc-66eda61f",
    "InstanceTenancy": "default",
```

AWS上的Kubernetes

```
    "Tags": [],
    "State": "pending",
    "DhcpOptionsId": "dopt-3d901958",
    "CidrBlock": "10.0.0.0/16"
    }
}
```

子网是一个逻辑网络块，必须属于一个 VPC，并且属于一个可用区域（arailability Zone），例如，VPC `vpc-66eda61f` 和 `us-east-1b`。网络 CIDR 必须在 VPC 的 CIDR 范围内。例如，如果 VPC CIDR 是 `10.0.0.0/16`（10.0.0.0 -10.0.255.255），则一个子网 CIDR 可以是 `10.0.1.0/24`（10.0.1.0 - 10.0.1.255）。

在以下示例中，在 `vpc-66eda61f` 中创建两个子网（`us-east-1a` 和 `us-east-1b`）：

```
//1st subnet 10.0."1".0/24 on us-east-1"a" availability zone
$ aws ec2 create-subnet --vpc-id vpc-66eda61f --cidr-block 10.0.1.0/24 --
availability-zone us-east-1a
{
    "Subnet": {
    "VpcId": "vpc-66eda61f",
    "CidrBlock": "10.0.1.0/24",
    "State": "pending",
    "AvailabilityZone": "us-east-1a",
    "SubnetId": "subnet-d83a4b82",
    "AvailableIpAddressCount": 251
    }
}
//2nd subnet 10.0."2".0/24 on us-east-1"b"
$ aws ec2 create-subnet --vpc-id vpc-66eda61f --cidr-block 10.0.2.0/24 --
availability-zone us-east-1b
{
    "Subnet": {
    "VpcId": "vpc-66eda61f",
    "CidrBlock": "10.0.2.0/24",
    "State": "pending",
    "AvailabilityZone": "us-east-1b",
    "SubnetId": "subnet-62758c06",
    "AvailableIpAddressCount": 251
    }
}
```

将第一个子网设置为一个公有子网,第二个子网设置为一个私有子网。这意味着公有子网可以通过互联网访问,从而允许它拥有公有 IP 地址。另外,私有子网不能拥有公有 IP 地址。为此,你需要设置网关和路由表。

> 为了实现公有子网和私有子网的高可用性,建议至少创建四个子网(在不同的可用区共创建两个公有子网和两个私有子网)。但为了简化示例方便理解,本书示例只创建了一个公有子网和一个私有子网。

互联网网关和 NAT-GW

在大多数情况下,VPC 需要与互联网建立连接。在这种情况下,你需要创建一个 IGW(Internet Gateway,Internet 网关)并附加到 VPC。

在以下示例中,你将创建一个 IGW,并将其附加到 vpc-66eda61f:

```
//create IGW, it returns IGW ID igw-c3a695a5
$ aws ec2 create-internet-gateway
{
    "InternetGateway": {
        "Tags": [],
        "InternetGatewayId": "igw-c3a695a5",
        "Attachments": []
    }
}
//attach igw-c3a695a5 to vpc-66eda61f
$ aws ec2 attach-internet-gateway --vpc-id vpc-66eda61f --internet-gateway-id igw-c3a695a5
```

一旦附加了 IGW,你需要为指向 IGW 的子网设置一个路由表(默认网关)。如果默认网关指向 IGW,则该子网可以配置公有 IP 地址,然后就可以从互联网访问到。因此,如果默认网关不指向 IGW,则它被定义为私有子网,这也意味着不能从互联网直接访问。

在以下示例中,你将创建一个指向 IGW 并属于第一个子网的路由表:

```
//create route table within vpc-66eda61f
//it returns route table id as rtb-fb41a280
$ aws ec2 create-route-table --vpc-id vpc-66eda61f
{
    "RouteTable": {
    "Associations": [],
    "RouteTableId": "rtb-fb41a280",
    "VpcId": "vpc-66eda61f",
    "PropagatingVgws": [],
```

AWS上的Kubernetes

```
    "Tags": [],
    "Routes": [
      {
        "GatewayId": "local",
        "DestinationCidrBlock": "10.0.0.0/16",
         "State": "active",
         "Origin": "CreateRouteTable"
      }
    ]
  }
}

//the set default route (0.0.0.0/0) as igw-c3a695a5
$ aws ec2 create-route --route-table-id rtb-fb41a280 --gateway-id igw-c3a695a5 --destination-cidr-block 0.0.0.0/0
{
    "Return": true
}

//finally, update 1st subnet (subnet-d83a4b82) to use this route table
$ aws ec2 associate-route-table --route-table-id rtb-fb41a280 --subnet-id subnet-d83a4b82
{
    "AssociationId": "rtbassoc-bf832dc5"
}

//because 1st subnet is public, assign public IP when launch EC2
$ aws ec2 modify-subnet-attribute --subnet-id subnet-d83a4b82 --map-public-ip-on-launch
```

另外,第二个子网虽然是私有子网,不需要公有 IP 地址,但有时私有子网也需要访问互联网。例如,下载一些软件包,访问 AWS 服务等。在这种情况下,我们也有方案使得它连接到互联网,这就是**网络地址转换网关**(NAT-GW)。

NAT-GW 允许私有子网通过它来访问互联网。因此,NAT-GW 必须位于公有子网中,然后私有子网路由表指向 NAT-GW 作为默认网关。请注意,为了通过 NAT-GW 访问公网,你需要指定与 NAT-GW 关联的**弹性 IP**(Elastic IP)。

在以下示例中,你将创建一个 NAT-GW:

```
//allocate EIP, it returns allocation id as eipalloc-56683465
```

```
$ aws ec2 allocate-address
{
  "PublicIp": "34.233.6.60",
  "Domain": "vpc",
  "AllocationId": "eipalloc-56683465"
}
//creat NAT-GW on 1st public subnet (subnet-d83a4b82
//also assign EIP eipalloc-56683465
$ aws ec2 create-nat-gateway --subnet-id subnet-d83a4b82 --allocation-id
eipalloc-56683465
{
  "NatGateway": {
  "NatGatewayAddresses": [
  {
    "AllocationId": "eipalloc-56683465"
  }
  ],
  "VpcId": "vpc-66eda61f",
  "State": "pending",
  "NatGatewayId": "nat-084ff8ba1edd54bf4",
  "SubnetId": "subnet-d83a4b82",
  "CreateTime": "2017-08-13T21:07:34.000Z"
  }
}
```

 与 IGW 不同，AWS 向用户收取 Elastic IP 和 NAT-GW 的额外小时费用。因此，如果希望节省成本，请仅需要访问互联网时创建 NAT-GW。

创建 NAT-GW 需要几分钟时间，一旦创建了 NAT-GW，你需要更新私有子网路由表指向 NAT-GW，这样所有 EC2 实例都能够访问互联网。但是，因为私有子网没有公有 IP 地址，你无法从互联网访问私有子网 EC2 实例。

在以下示例中，更新第二个子网的路由表指向 NAT-GW 作为默认网关：

```
//as same as public route, need to create a route table first
$ aws ec2 create-route-table --vpc-id vpc-66eda61f
{
  "RouteTable": {
  "Associations": [],
  "RouteTableId": "rtb-cc4cafb7",
```

AWS上的Kubernetes

```
    "VpcId": "vpc-66eda61f",
    "PropagatingVgws": [],
    "Tags": [],
    "Routes": [
     {
        "GatewayId": "local",
        "DestinationCidrBlock": "10.0.0.0/16",
        "State": "active",
        "Origin": "CreateRouteTable"
     }
    ]
  }
}

//then assign default gateway as NAT-GW
$ aws ec2 create-route --route-table-id rtb-cc4cafb7 --nat-gateway-id
nat-084ff8ba1edd54bf4 --destination-cidr-block 0.0.0.0/0
{
   "Return": true
}

//finally update 2nd subnet that use this routing table
$ aws ec2 associate-route-table --route-table-id rtb-cc4cafb7 --subnet-id
subnet-62758c06
{
    "AssociationId": "rtbassoc-2760ce5d"
}
```

目前，我们配置了两个子网，一个公有子网，一个私有子网。每个子网都有一条默认路由，分别指向 IGW 和 NAT-GW，如下表所示。请注意，由于 AWS 会为资源分配唯一标识符，所以你看到的 ID 会有所不同：

子网类型	CIDR 块	子网 ID	路由表 ID	默认网关	在 EC2 启动时分配公共 IP
公有	10.0.1.0/24	subnet-d83a4b82	rtb-fb41a280	igw-c3a695a5 (IGW)	是
私有	10.0.2.0/24	subnet-62758c06	rtb-cc4cafb7	nat-084ff8ba1edd54bf4 (NAT-GW)	否（默认）

/ 225 /

> 从技术上讲，你仍然可以将公有 IP 地址分配给私有子网的 EC2 实例，但它并没有指向互联网的默认网关（IGW）。因此，如果你不需要连接互联网，这些公有 IP 地址只会被浪费。

现在，如果在公有子网上启动 EC2 实例，它将变为对外公开的实例。你可以在这个子网中部署应用程序。

另外，如果在私有子网上启动 EC2 实例，它无法从互联网访问，但可以通过 NAT-GW 访问互联网。然而，你仍可以从公有子网的 EC2 实例访问它们。因此，你可以在私有子网中部署内部服务，如数据库、中间件和监控工具等。

安全组

一旦 VPC 和具有相关网关/路由的子网准备就绪，你就可以开始创建 EC2 实例。但是，在这之前，你需要先创建一个访问控制，在 AWS 上被称为安全组（security group）。它可以定义入口（入网访问）和出口（出网访问）的防火墙规则。

在以下示例中，将创建一个安全组和一个针对公有子网主机的规则，以允许通过实例的 IP 地址进行 ssh 连接，并在全球范围内开放 HTTP（80/tcp）访问：

> 在为公有子网定义安全组时，强烈建议由安全专家对其进行审查。因为一旦你将 EC2 实例部署到公有子网上，它就拥有一个公有 IP 地址，从而使互联网上的每个人都可以直接访问你的实例。

```
//create one security group for public subnet host on vpc-66eda61f
$ aws ec2 create-security-group --vpc-id vpc-66eda61f --group-name public -
-description "public facing host"
{
    "GroupId": "sg-7d429f0d"
}
//check your machine's public IP ( if not sure, use 0.0.0.0/0 as temporary )
$ curl ifconfig.co
107.196.102.199

//public facing machine allows ssh only from your machine
$ aws ec2 authorize-security-group-ingress --group-id sg-7d429f0d --
protocol tcp --port 22 --cidr 107.196.102.199/32

//public facing machine allow HTTP access from any host ( 0.0.0.0/0 )
$ aws ec2 authorize-security-group-ingress --group-id sg-d173aea1 --
```

AWS上的Kubernetes

```
protocol tcp --port 80 --cidr 0.0.0.0/0
```
接下来，为私有子网主机创建一个安全组，使其允许来自公有子网主机进行 ssh 连接。在这种情况下，需要指定公有子网安全组 ID（`sg-7d429f0d`），而不是 CIDR 块：

```
//create security group for private subnet
$ aws ec2 create-security-group --vpc-id vpc-66eda61f --group-name private
--description "private subnet host"
{
    "GroupId": "sg-d173aea1"
}
//private subnet allows ssh only from ssh bastion host security group
//it also allows HTTP(80 / TCP) from public subnet security group
$ aws ec2 authorize-security-group-ingress --group-id sg-d173aea1 --
protocol tcp --port 22 --source-group sg-7d429f0d

//private subner allows HTTP access from public subnet security group too
$ aws ec2 authorize-security-group-ingress --group-id sg-d173aea1 --
protocol tcp --port 80 --source-group sg-7d429f0d
```

以上示例创建了两个安全组，如下表所示：

名称	安全组 ID	允许 ssh（22/TCP）	允许 HTTP（80/TCP）
公有	sg-7d429f0d	你的 IP（107.196.102.199）	0.0.0.0/0
私有	sg-d173aea1	public sg（sg-7d429f0d）	public sg（sg-7d429f0d）

EC2 和 EBS

EC2 是 AWS 中的一项非常重要的服务，你可以在 VPC 上启动 VM。根据不同的硬件规格（CPU、内存和网络），AWS 上提供多种类型的 EC2 实例供你使用。启动 EC2 实例时，需要指定 VPC、子网、安全组和 ssh 密钥对。因此，所有这些资源都必须事先创建好。

参照前面的例子，将完成我们最后一步：创建 ssh 密钥对。下面将介绍如何创建 ssh 密钥对：

```
//create keypair(internal_rsa, internal_rsa.pub)
$ ssh-keygen
Generating public/private rsa key pair.
Enter file in which to save the key (/Users/saito/.ssh/id_rsa):
/tmp/internal_rsa
Enter passphrase (empty for no passphrase):
Enter same passphrase again:
Your identification has been saved in /tmp/internal_rsa.
```

基于Kubernetes的DevOps实践
容器加速软件交付

```
Your public key has been saved in /tmp/internal_rsa.pub.

//register internal_rsa.pub key to AWS
$ aws ec2 import-key-pair --key-name=internal --public-key-material "`cat /tmp/internal_rsa.pub`"
{
   "KeyName": "internal",
   "KeyFingerprint":
 "18:e7:86:d7:89:15:5d:3b:bc:bd:5f:b4:d5:1c:83:81"
}
//laurich public facing host, on using Amazon Linux us-east-1 (ami-a4c7edb2)
$ aws ec2 run-instances --image-id ami-a4c7edb2 --instance-type t2.nano --key-name internal --security-group-ids sg-7d429f0d --subnet-id subnet-d83a4b82


//launch private subnet host
$ aws ec2 run-instances --image-id ami-a4c7edb2 --instance-type t2.nano --key-name internal --security-group-ids sg-d173aea1 --subnet-id subnet-62758c06
```

几分钟后，查看AWS Web控制台上的EC2实例状态。它会显示具有公有IP地址的公有子网中的主机信息。另外，私有子网中的主机没有分配公有IP地址：

实例ID	可用性	IPv4 公有IP	密钥名称	VPC ID	子网ID	私有IP地址
i-0b5114971831fab28	us-east-1b	-	internal	vpc-66eda61f	subnet-62758c06	10.0.2.98
i-0db344916c90fae61	us-east-1a	54.227.197.56	internal	Vpc-66eda61f	subnet-d83a4b82	10.0.1.24

```
//add private keys to ssh-agent
$ ssh-add -K /tmp/internal_rsa
Identity added: /tmp/internal_rsa (/tmp/internal_rsa)
$ ssh-add -l
2048 SHA256:AMkdBxkVZxPz0gBTzLPCwEtaDqou4XyiRzTTG4vtqTo /tmp/internal_rsa (RSA)
//ssh to the public subnet host with -A (forward ssh-agent) option
$ ssh -A ec2-user@54.227.197.56
The authenticity of host '54.227.197.56 (54.227.197.56)' can't be established.
ECDSA key fingerprint is
```

AWS上的Kubernetes 9

```
SHA256:ocI7Q60RB+k2qbU90H09Or0FhvBEydVI2wXIDzOacaE.
Are you sure you want to continue connecting (yes/no)? yes
Warning: Permanently added '54.227.197.56' (ECDSA) to the list of known
hosts.
               __|  __|_  )
               _|  (     /   Amazon Linux AMI
              ___|\___|___|

https://aws.amazon.com/amazon-linux-ami/2017.03-release-notes/
2 package(s) needed for security, out of 6 available
Run "sudo yum update" to apply all updates.
```

现在公有子网主机（`54.227.197.56`）有一个内部（私有）IP 地址，因为这台主机部署在 10.0.1.0/24 子网（`subnet-d83a4b82`）中，因此，私有地址范围是 `10.0.1.1`～`10.0.1.254`。

```
$ ifconfig eth0
eth0            Link encap:Ethernet HWaddr 0E:8D:38:BE:52:34
                inet addr:10.0.1.24 Bcast:10.0.1.255
                Mask:255.255.255.0
```

在公有子网的主机上安装 nginx Web 服务器，如下所示：

```
$ sudo yum -y -q install nginx
$ sudo /etc/init.d/nginx start
Starting nginx:                                         [ OK ]
```

然后，退出到你自己的电脑终端上查看网站 54.227.197.56：

```
$ exit
logout
Connection to 52.227.197.56 closed.


//from your machine, access to nginx
$ curl -I 54.227.197.56
HTTP/1.1 200 OK
Server: nginx/1.10.3
...
Accept-Ranges: bytes
```

另外，在相同的 VPC 中，其他可用区域也可以连接，因此可以从该主机 ssh 到私有子网主机（`10.0.2.98`）。请注意，使用转发 ssh-agent 的 `ssh -A` 选项，不需要额外创建～`/.ssh/id_rsa` 文件：

```
[ec2-user@ip-10-0-1-24 ~]$ ssh 10.0.2.98
The authenticity of host '10.0.2.98 (10.0.2.98)' can't be established.
```

```
ECDSA key fingerprint is 1a:37:c3:c1:e3:8f:24:56:6f:90:8f:4a:ff:5e:79:0b.
Are you sure you want to continue connecting (yes/no)? yes
    Warning: Permanently added '10.0.2.98' (ECDSA) to the list of known
hosts.
       __|  __|_  )
       _|  (     /   Amazon Linux AMI
      ___|\___|___|
https://aws.amazon.com/amazon-linux-ami/2017.03-release-notes/
2 package(s) needed for security, out of 6 available
Run "sudo yum update" to apply all updates.
[ec2-user@ip-10-0-2-98 ~]$
```

除了 EC2 之外，还有另外一个非常重要的功能，就是磁盘管理。AWS 提供 Elastic Block Store（EBS），一个灵活的磁盘管理服务。你可以创建一个或多个持久数据存储。然后连接到 EC2 实例。从 EC2 角度来看，EBS 是一块（或几块）HDD/SSD 硬盘。一旦 EC2 实例终止（删除），EBS 及其数据会被保留下来，然后需要重新连接到另一个 EC2 实例。

在以下示例中，创建了一个容量为 40 GB 的卷，连接到公有子网主机（实例 ID i-0db344916c90fae61）：

```
//create 40GB disk at us-east-1a(as same as EC2 hosting instance)
$ aws ec2 create-volume --availability-zone us-east-1a --size 40 --volume-type standard
{
    "AvailabilityZone": "us-east-1a",
    "Encrypted": false,
    "VolumeType": "standard",
    "VolumeId": "vol-005032342495918d6",
    "State": "creating",
    "SnapshotId": "",
    "CreateTime": "2017-08-16T05:41:53.271Z",
    "Size": 40
}

//attach to public subnet host as /dev/xvdh
$ aws ec2 attach-volume --device xvdh --instance-id i-0db344916c90fae61 --volume-id vol-005032342495918d6
{
    "AttachTime": "2017-08-16T05:47:07.598Z",
    "InstanceId": "i-0db344916c90fae61",
```

AWS上的Kubernetes 9

```
    "VolumeId": "vol-005032342495918d6",
    "State": "attaching",
    "Device": "xvdh"
}
```

将 EBS 卷连接到 EC2 实例上，Linux 内核将会识别/dev/xvdh，然后需要执行分区才能使用此设备，如下所示：

在这个例子中，我们将设置一个分区为/dev/xvdh1，这样就可以在/dev/xvdh1上创建一个 ext4 格式的文件系统，然后挂载到 EC2 实例上使用该设备：

卸载卷后，可以随时分离此卷，然后在需要时重新连接：

```
//detach volume
$ aws ec2 detach-volume --volume-id vol-005032342495918d6
{
    "AttachTime": "2017-08-16T06:03:45.000Z",
    "InstanceId": "i-0db344916c90fae61",
    "VolumeId": "vol-005032342495918d6",
    "State": "detaching",
    "Device": "xvdh"
}
```

Route 53

AWS 还提供名为 Route 53 的托管 DNS 服务。Route 53 允许人们管理自己的域名，以及关联 FQDN 到 IP 地址。例如，如果你希望拥有这样一个域名 k8s-devops.net，可以通过 Route 53 订购，并注册 DNS 域名。

以下截图显示了对域名 k8s-devops.net 的订购页面，它可能需要几个小时完成注册：

注册完成后，你可能会收到来自 AWS 的通知电子邮件，然后可以通过 AWS 命令行或 Web 控制台管理此域名。让我们添加一条记录（FQDN 到 IP 地址），它将关联 public.k8s-devops.net 到对外公开的 EC2 主机的公有 IP 地址 54.227.197.56。为此，需要先获取托管区域（hosted zone）ID，如下所示：

```
$ aws route53 list-hosted-zones | grep Id
```

AWS上的Kubernetes

```
"Id": "/hostedzone/Z1CTVYM9SLEAN8",
```

托管区域 ID 为/hostedzone/Z1CTVYM9SLEAN8，接下来，准备一个 JSON 文件以更新 DNS 记录，如下所示：

```
//create JSON file
$ cat /tmp/add-record.json
{
   "Comment": "add public subnet host",
   "Changes": [
    {
       "Action": "UPSERT",
       "ResourceRecordSet": {
       "Name": "public.k8s-devops.net",
       "Type": "A",
       "TTL": 300,
       "ResourceRecords": [
          {
             "Value": "54.227.197.56"
          }
        ]
      }
    }
  ]
}

//submit to Route53
$ aws route53 change-resource-record-sets --hosted-zone-id
/hostedzone/Z1CTVYM9SLEAN8 --change-batch file:///tmp/add-record.json

//a few minutes later, check whether A record is created or not
$ dig public.k8s-devops.net
; <<>> DiG 9.8.3-P1 <<>> public.k8s-devops.net
;; global options: +cmd
;; Got answer:
;; ->>HEADER<<- opcode: QUERY, status: NOERROR, id: 18609
;; flags: qr rd ra; QUERY: 1, ANSWER: 1, AUTHORITY: 0, ADDITIONAL: 0
;; QUESTION SECTION:
;public.k8s-devops.net.      IN A
;; ANSWER SECTION:
```

```
public.k8s-devops.net. 300 IN A54.227.197.56
```
目前看起来不错，现在通过 DNS 名称 `public.k8s-devops.net` 访问 nginx：

```
$ curl -I public.k8s-devops.net
HTTP/1.1 200 OK
Server: nginx/1.10.3
...
```

ELB

AWS 提供了一个功能强大的基于软件的负载均衡器——**Elastic Load Balancer**（**ELB**）。它允许你将网络流量负载均衡到一个或多个 EC2 实例。此外，ELB 可以卸载 SSL / TLS，还支持多个可用区。

在以下示例中，将创建一个 ELB，并将其与公有子网主机 nginx 关联（80/ TCP）。因为 ELB 需要安全组，所以先为 ELB 创建一个新的安全组。

```
$ aws ec2 create-security-group --vpc-id vpc-66eda61f --group-name elb --description "elb sg"
{
    "GroupId": "sg-51d77921"
}

$ aws ec2 authorize-security-group-ingress --group-id sg-51d77921 --protocol tcp --port 80 --cidr 0.0.0.0/0

$ aws elb create-load-balancer --load-balancer-name public-elb --listeners Protocol=HTTP,LoadBalancerPort=80,InstanceProtocol=HTTP,InstancePort=80 --subnets subnet-d83a4b82 --security-groups sg-51d77921
{
    "DNSName": "public-elb-1779693260.us-east-1.elb.amazonaws.com"
}

$ aws elb register-instances-with-load-balancer --load-balancer-name public-elb --instances i-0db344916c90fae61

$ curl -I public-elb-1779693260.us-east-1.elb.amazonaws.com
HTTP/1.1 200 OK
Accept-Ranges: bytes
Content-Length: 3770
```

AWS上的Kubernetes

```
Content-Type: text/html
...
```

更新 Route 53 DNS 记录将 `public.k8s-devops.net` 指向 ELB。在这种情况下，ELB 已经有一条 A 记录，因此这里使用指向 ELB FQDN 的 CNAME（别名）：

```
$ cat change-to-elb.json
{
   "Comment": "use CNAME to pointing to ELB",
   "Changes": [
     {
       "Action": "DELETE",
       "ResourceRecordSet": {
         "Name": "public.k8s-devops.net",
         "Type": "A",
         "TTL": 300,
         "ResourceRecords": [
           {
             "Value": "52.86.166.223"
           }
         ]
       }
     },
     {
       "Action": "UPSERT",
       "ResourceRecordSet": {
         "Name": "public.k8s-devops.net",
         "Type": "CNAME",
         "TTL": 300,
         "ResourceRecords": [
           {
             "Value": "public-elb-1779693260.us-east-1.elb.amazonaws.com"
           }
         ]
       }
     }
   ]
}
```

```
$ dig public.k8s-devops.net
; <<>> DiG 9.8.3-P1 <<>> public.k8s-devops.net
;; global options: +cmd
;; Got answer:
;; ->>HEADER<<- opcode: QUERY, status: NOERROR, id: 10278
;; flags: qr rd ra; QUERY: 1, ANSWER: 3, AUTHORITY: 0, ADDITIONAL: 0
;; QUESTION SECTION:
;public.k8s-devops.net.         IN      A
;; ANSWER SECTION:
public.k8s-devops.net.  300     IN      CNAME public-elb-1779693260.us-east-1.elb.amazonaws.com.
public-elb-1779693260.us-east-1.elb.amazonaws.com. 60 IN A 52.200.46.81
public-elb-1779693260.us-east-1.elb.amazonaws.com. 60 IN A 52.73.172.171
;; Query time: 77 msec
;; SERVER: 10.0.0.1#53(10.0.0.1)
;; WHEN: Wed Aug 16 22:21:33 2017
;; MSG SIZE rcvd: 134
$ curl -I public.k8s-devops.net
HTTP/1.1 200 OK
Accept-Ranges: bytes
Content-Length: 3770
Content-Type: text/html
```

S3

AWS 提供了一种称为 **Simple Storage Service**（**S3**）的对象数据存储服务。它与 EBS 不一样，EC2 实例不可以直接将其作为文件系统挂载，而是使用 AWS API 传输文件到 S3。S3 可以提供数据的高持久性（99.999 999 999%），并且多个实例可以同时访问它。对于非高吞吐量和随机访问敏感的数据来说，S3 是一个不错的选择，如配置文件、日志文件和数据文件等。

在以下示例中，从计算机上传文件到 AWS S3：

```
//create S3 bucket "k8s-devops"
$ aws s3 mb s3://k8s-devops
make_bucket: k8s-devops

//copy files to S3 bucket
$ aws s3 cp add-record.json s3://k8s-devops/
upload: ./add-record.json to s3://k8s-devops/add-record.json
```

AWS上的Kubernetes 9

```
$ aws s3 cp change-to-elb.json s3://k8s-devops/
upload: ./change-to-elb.json to s3://k8s-devops/change-to-elb.json

//check files on S3 bucket
$ aws s3 ls s3://k8s-devops/
2017-08-17 20:00:21        319 add-record.json
2017-08-17 20:00:28        623 change-to-elb.json
```

总体来说，我们已经讨论了如何围绕 VPC 配置 AWS 组件。下图显示了一些主要组件和它们之间的关系：

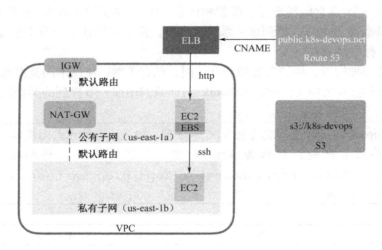

在 AWS 上安装和配置 Kubernetes*

我们已经讨论了一些 AWS 上易用的网络、虚拟机和存储组件。目前，有多种方法可以在 AWS 上安装配置 Kubernetes，如 kubeadm（http://github.com/kubernets/kubeadm）、kops（http://github.com/kubernetes/kops）和 Kubespray（http://github.com/kubernetes-incubator/kubespray）。我们推荐使用 kops，kops 是一款生产级部署工具，支持多种配置。在本章中，我们将使用 kops 在 AWS 上安装配置 Kubernetes。kops 代表 Kubernetes Operations。

---

* 译者注：AWS 也提供 Kubernetes 的托管服务 Amazon EKS（Amazon Elastic Kubernetes Service），于 2018 年 5 月正式推出，是在本书原著撰写之后。

基于Kubernetes的DevOps实践
容器加速软件交付

安装 kops ●●●

首先,你需要在你的机器上安装 kops。它支持 Linux 和 macOS 操作系统。kops 是一个二进制文件,所以只需按照官方推荐将 kops 命令复制到 /usr/local/bin。之后,为 kops 创建一个 IAM 用户和角色来处理 kops 操作。详情请参考官方网址:http://github.com/kubernetes/kops/blob/master/docs/aws.md。

运行 kops ●●●

kops 需要一个 S3 存储桶来存储配置和状态。此外,使用 Route 53 将 Kubernetes API 服务器和 etcd 服务器名称注册到域名系统。这里,使用我们在前一节中创建的 S3 存储桶和 Route 53 托管区域。

kops 支持多种配置,例如部署到公有子网、私有子网、使用不同类型和数量的 EC2 实例、高可用和覆盖网络(overlay network)。让我们用前一节提到的类似网络配置来配置 Kubernetes,如下所示:

> kops 可以选择重用现有的 VPC 和子网。但是,这种方式比较棘手,可能会遇到一些设置问题;建议为 kops 创建一个新的 VPC。详细信息请访问:http://github.com/kunernetes/kops/blob/master/docs/run-in-existing-vpc.md。

参数	值	含义
--name	my-cluster.k8s-devops.net	在 k8s-devops.net 域名下设置 my-cluster
--state	s3://k8s-devops	使用 k8s-devops S3 存储桶
--zones	use-east-1a	部署到 use-east-1a 可用区
--cloud	aws	使用 AWS 作为云提供商
--network-cidr	10.0.0.0/16	使用 CIDR 10.0.0.0/16 创建新 VPC
--master-size	t2.large	使用 EC2 t2.large 作为 Master 主机实例
--node-size	t2.medium	使用 EC2 t2.medium 作为 Node 主机实例
--node-count	2	设置 2 个节点
--networking	calico	利用 Calico 网络模式
--topology	private	设置公有和私有子网,并在私有子网部署 Master 和 Node
--ssh-public-key	/tmp/internal_rsa.pub	使用 /tmp/internal_rsa.pub 作为堡垒机秘钥
--bastion		在公有子网中创建 ssh 堡垒机
--yes		立即执行

AWS上的Kubernetes

使用以下命令运行 kops：

```
$ kops create cluster --name my-cluster.k8s-devops.net -state=s3://k8s-devops--zones us-east-1a --cloud aws --network-cidr 10.0.0.0/16 –master-size t2.large --node-size t2.medium --node-count 2 --networking calico --topology private --ssh-public-key /tmp/internal_rsa.pub --bastion --yes
I0818 20:43:15.022735 11372 create_cluster.go:845] Using SSH public key: /tmp/internal_rsa.pub
...
I0818 20:45:32.585246 11372 executor.go:91] Tasks: 78 done / 78 total; 0 can run
I0818 20:45:32.587067 11372 dns.go:152] Pre-creating DNS records
I0818 20:45:35.266425 11372 update_cluster.go:247] Exporting kubecfg for cluster
Kops has set your kubectl context to my-cluster.k8s-devops.net
Cluster is starting.  It should be ready in a few minutes.
```

看到上面的内容后，需要大约 5 ~ 10 分钟才能完成安装。因为，它会创建 VPC、子网、NAT-GW、启动 EC2，然后安装 Kunernetes 主节点和工作节点，创建 ELB，然后更新 Route 53，如下图所示。

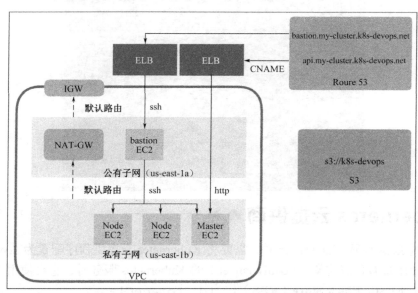

完成后，机器上的 kops 会更新 ~/.kube/config 文件指向 Kubernetes API 服务器。kops 创建一个 ELB，并将 Route 53 上相应的 FQDN 记录设置为 https://api.<your-cluster-name>.<your-domain-name>/，因此，现在你可以直接运行 kubectl 命令，查看如下节点列表：

```
$ kubectl get nodes
NAME                          STATUS        AGE    VERSION
ip-10-0-36-157.ec2.internal   Ready,master  8m     v1.7.0
ip-10-0-42-97.ec2.internal    Ready,node    6m     v1.7.0
ip-10-0-42-170.ec2.internal   Ready,node    6m     v1.7.0
```

一切搞定！我们只花了几分钟就设置好了 AWS 基础设施和 Kubernetes。现在，可以通过 kubectl 命令部署 Pod。接下来，通过 ssh 连接到主节点或者工作节点，看看会发生什么？

基于安全考虑，如果指定 --topology private，则只有堡垒机允许 ssh 远程连接，然后再使用私有 IP 地址 ssh 到主节点或者工作节点。这类似于上一节介绍的先 ssh 到公有子网主机，然后使用 ssh-agent（-A 选项）ssh 到私有子网主机。

在下面的示例中，我们将先 ssh 到堡垒机（kops 创建的 Route 53 条目为 bastion.my-cluster.k8s-devops.net），然后再 ssh 到主节点（10.0.36.157）：

Kubernetes 云提供商 ●●●●

在通过 kops 设置 Kubernetes 时，需要将 Kubernetes 云提供程序配置为 AWS。这意味着当你使用带有负载均衡（LoadBalancer）的 Kubernetes 服务时，它会使用 ELB。此外，它使用 **Elastic Block Store（EBS）** 作为其 StorageClass。

L4 负载均衡

当你将 Kubernetes 服务开放给外部时，使用 ELB 会更合理。将服务类型设置为

AWS上的Kubernetes

LoadBalancer,这将会创建 ELB,并将它与节点关联:

```yaml
$ cat grafana.yml
apiVersion: apps/v1beta1
kind: Deployment
metadata:
  name: grafana
spec:
  replicas: 1
  template:
    metadata:
      labels:
        run: grafana
    spec:
      containers:
        - image: grafana/grafana
          name: grafana
          ports:
            - containerPort: 3000
---
apiVersion: v1
kind: Service
metadata:
  name: grafana
spec:
  ports:
     - port: 80
       targetPort: 3000
  type: LoadBalancer
  selector:
    run: grafana
```

```
$ kubectl create -f grafana.yml
deployment "grafana" created
service "grafana" created

$ kubectl get service
NAME              CLUSTER-IP        EXTERNAL-IP         PORT(S)     AGE
grafana           100.65.232.120    a5d97c8ef8575...    80:32111/TCP 11s
```

/ 241 /

```
kubernetes      100.64.0.1      <none>              443/TCP  13m

$ aws elb describe-load-balancers | grep a5d97c8ef8575 | grep DNSName
    "DNSName": "a5d97c8ef857511e7a6100edf846f38a-1490901085.useast-
east-1.elb.amazonaws.com",
```

如你所见，ELB 被自动创建出来，DNS 名称是 `a5d97c8ef857511e7a6100edf846f38a-1490901085.us-east-elb.amazonaws.com`。现在可以在 `HTTP://a5d97c8ef857511e7a6100edf846f38a-1490901085.us-east-1.elb.amazonaws.com` 上访问 Grafana 了。

可以使用 `awscli` 更新 Route 53 分配 CNAME，例如 `grafana.k8s-devops.net`，或者，可以使用外部 Kubernetes 孵化器项目 external-dns（`https://github.com/kubernetes-incubator/external-dns`）自动更新 Route 53。

L7 负载均衡（Ingress）

kops 1.7.0 版本并没有提供开箱即用的 Ingress 控制器功能。但是，kops 提供了一些附加组件（`https://github.com/kubernetes/kops/tree/master/addons`）扩展 Kubernetes。其中，附加组件 ingress-nginx（`https://github.com/kubernetes/kops/tree/master/addons/ingress-nginx`）结合使用 AWS ELB 和 nginx，以实现 Kubernetes Ingress 控制器。

要安装 `ingress-nginx` 附加组件，输入以下命令以设置 Ingress 控制器：

```
$ kubectl create -f
```

AWS上的Kubernetes

```
https://raw.githubusercontent.com/kubernetes/kops/master/addons/ingress-ngi
nx/v1.6.0.yaml
namespace "kube-ingress" created
serviceaccount "nginx-ingress-controller" created
clusterrole "nginx-ingress-controller" created
role "nginx-ingress-controller" created
clusterrolebinding "nginx-ingress-controller" created
rolebinding "nginx-ingress-controller" created
service "nginx-default-backend" created
deployment "nginx-default-backend" created
configmap "ingress-nginx" created
service "ingress-nginx" created
deployment "ingress-nginx" created
```

之后,使用 NodePort 服务类型部署 nginx 和 echoserver,如下所示:

```
$ kubectl run nginx --image=nginx --port=80
deployment "nginx" created
$
$ kubectl expose deployment nginx --target-port=80 --type=NodePort
service "nginx" exposed
$
$ kubectl run echoserver --image=gcr.io/google_containers/echoserver:1.4 --
port=8080
deployment "echoserver" created
$
$ kubectl expose deployment echoserver --target-port=8080 --type=NodePort
service "echoserver" exposed

// URL "/" point to nginx, "/echo" to echoserver
$ cat nginx-echoserver-ingress.yaml
apiVersion: extensions/v1beta1
kind: Ingress
metadata:
  name: nginx-echoserver-ingress
spec:
  rules:
  - http:
      paths:
      - path: /
```

```
      backend:
        serviceName: nginx
        servicePort: 80
    - path: /echo
      backend:
        serviceName: echoserver
        servicePort: 8080

//check ingress
$ kubectl get ing -o wide
NAME                        HOSTS    ADDRESS
PORTS        AGE
nginx-echoserver-ingress *
a1705ab488dfa11e7a89e0eb0952587e-28724883.us-east-1.elb.amazonaws.com 80
1m
```

几分钟后，Ingress 控制器将 nginx 服务和 echoserver 服务与 ELB 关联起来。当使用 URI "/" 访问 ELB 服务器时，nginx 返回如下结果：

另外，如果还是访问这个 ELB，但使用 URI "/echo"，则会显示如下结果：

第 9 章 AWS 上的 Kubernetes

与标准 Kubernetes 负载均衡服务相比，一个 LoadBalancer 服务使用一个 ELB。另外，使用 ingress-nginx 插件，可以将多个 Kubernetes NodePort 类型的服务整合到单个 ELB 上。这将有助于你更轻松地构建 RESTful 服务。

存储类型（StorageClass）

正如我们在第 4 章《存储与资源管理》中所讨论的那样，使用 StorageClass 可以动态分配持久卷，kops 将其实现设置为 `aws-ebs`，这将使用 EBS 存储：

```
$ kubectl get storageclass
NAME              TYPE
default           kubernetes.io/aws-ebs
gp2 (default)     kubernetes.io/aws-ebs

$ cat pvc-aws.yml
apiVersion: v1
kind: PersistentVolumeClaim
metadata:
  name: pvc-aws-1
spec:
  storageClassName: "default"
  accessModes:
   - ReadWriteOnce
  resources:
   requests:
      storage: 10Gi

$ kubectl create -f pvc-aws.yml
persistentvolumeclaim "pvc-aws-1" created

$ kubectl get pv
NAME                                         CAPACITY    ACCESSMODES    RECLAIMPOLICY    STATUS    CLAIM              STORAGECLASS    REASON    AGE
pvc-94957090-84a8-11e7-9974-0ea8dc53a244     10Gi        RWO            Delete           Bound     default/pvc-aws-1  default                   3s
```

这将自动创建 EBS 卷，如下所示：

```
$ aws ec2 describe-volumes --filter Name=tagvalue,
Values="pvc-51cdf520-8576-11e7-a610-0edf846f38a6"
{
```

```
    "Volumes": [
        {
            "AvailabilityZone": "us-east-1a",
            "Attachments": [],
            "Tags": [
                {
...
            ],
            "Encrypted": false,
            "VolumeType": "gp2",
            "VolumeId": "vol-052621c39546f8096",
            "State": "available",
            "Iops": 100,
            "SnapshotId": "",
            "CreateTime": "2017-08-20T07:08:08.773Z",
            "Size": 10
        }
    ]
}
```

总体而言，AWS 上的 Kubernetes 云提供商用于将 ELB 映射到 Kubernetes 服务，以及将 EBS 用到 Kubernetes 持久卷。使用 AWS 一个很大的好处是，Kubernetes 没有必要预先分配或购买物理负载均衡或存储设备，你只需按需付费。它为企业带来了灵活性和可扩展性。

通过 kops 维护 Kubernetes 集群

当需要更改 Kubernetes 配置时，例如，节点数或者 EC2 的实例类型，这种情况下 kops 可以帮助到你。例如，如果你希望将 Kubernetes 节点实例类型从 `t2.medium` 更改为 `t2.micro`，并且将实例数从 2 减少到 1，以节约成本，那么你只需要修改 kops 节点的实例组（ig），如下所示：

```
$ kops edit ig nodes --name my-cluster.k8s-devops.net --state=s3://k8s-devops
```

这将会启动一个 vi 编辑器，然后你可以将 kops 节点实例组的设置做如下更改：

```
apiVersion: kops/v1alpha2
kind: InstanceGroup
metadata:
  creationTimestamp: 2017-08-20T06:43:45Z
```

AWS上的Kubernetes

```
  labels:
    kops.k8s.io/cluster: my-cluster.k8s-devops.net
  name: nodes
spec:
  image: kope.io/k8s-1.6-debian-jessie-amd64-hvm-ebs-2017-
  05-02
  machineType: t2.medium
  maxSize: 2
  minSize: 2
  role: Node
  subnets:
  - us-east-1a
```

在这种情况下，将 `machineType` 更改为 `t2.small`，将 `maxSize/minSize` 更改为 1，然后保存。之后，运行 `kops update` 命令应用设置：

```
$ kops update cluster --name my-cluster.k8s-devops.net --state=s3://k8s-
Devops --yes
I0820 00:57:17.900874 2837 executor.go:91] Tasks: 0 done / 94 total; 38
can run
I0820 00:57:19.064626 2837 executor.go:91] Tasks: 38 done / 94 total; 20
can run
...
Kops has set your kubectl context to my-cluster.k8s-devops.net
Cluster changes have been applied to the cloud.
Changes may require instances to restart: kops rolling-update cluster
```

正如在上面的消息中看到的，需要运行 `kops rolling-update cluster` 命令替换现有实例。这需要几分钟将现有实例更换为新实例：

```
$ kops rolling-update cluster --name my-cluster.k8s-devops.net --
state=s3://k8s-devops --yes
NAME                  STATUS       NEEDUPDATE   READY   MIN   MAX   NODES
bastions              Ready        0            1       1     1     0
master-us-east-1a     Ready        0            1       1     1     1
nodes                 NeedsUpdate  1            0       1     1     1
I0820 01:00:01.086564  2844 instancegroups.go:350] Stopping instance
"i-07e55394ef3a09064", node "ip-10-0-40-170.ec2.internal", in AWS ASG
"nodes.my-cluster.k8s-devops.net".
```

现在Kubernetes节点实例数已从 2 减少到 1，如下所示：

```
$ kubectl get nodes
```

基于Kubernetes的DevOps实践
容器加速软件交付

```
NAME                         STATUS         AGE    VERSION
ip-10-0-36-157.ec2.internal  Ready,master   1h     v1.7.0
ip-10-0-58-135.ec2.internal  Ready,node     34s    v1.7.0
```

总结 ●●●●

在本章中，我们讨论了很多有关公有云的内容。AWS 是目前最受欢迎的公有云服务之一，它提供 API 接口方便用户以编程方式管理 AWS 基础设施。我们可以轻松实现自动化和基础设施即代码。特别是，kops 可以让我们快速配置好 AWS 和 Kubernetes 环境。Kubernetes 和 kops 的开发都非常活跃，因此请持续关注这些项目，它们会持续地发布更多新的功能和特性。

下一章将介绍另一种流行的公有云服务 Google Cloud Platform（GCP）。Google 容器引擎（GKE）是托管的 Kubernetes 服务，它让 Kubernetes 使用起来更方便。

GCP 上的 Kubernetes

由 Google 提供的 Google Cloud Platform（GCP）在公有云行业中越来越受欢迎。GCP 具有与 AWS 类似的概念，如 VPC、计算引擎、持久磁盘、负载均衡，以及其他托管服务。在本章中，你将通过以下主题了解 GCP，以及如何在 GCP 上设置 Kubernetes：

- 了解 GCP；
- 使用和了解 GCP 组件；
- 使用 Google Container Engine（GKE），托管的 Kubernetes 服务。

GCP 简介

GCP 于 2011 年正式推出。但与 AWS 不同，一开始，GCP 首先提供了 PaaS（平台即服务）服务。你可以在平台上直接部署应用程序，而不是启动 VM 之后，它继续增强以支持各种服务和功能。

对 Kubernetes 用户最重要的服务是 GKE，这是一个托管的 Kubernetes 服务。因此，你可以从 Kubernetes 的安装、升级和管理中解脱出来。它采用按需付费的方式来使用 Kubernetes 集群。GKE 可以及时提供新版本的 Kubernetes，不断提供新功能和管理工具。

接下来，让我们先看看 GCP 能够提供什么样的基础和服务，然后再详细了解 GKE。

GCP 组件

GCP 提供 Web 控制台和命令行界面（CLI）。两者都可以简单，可以直接控制 GCP 基础设施，但需要使用 Google 账户（如 Gmail）。拥有 Google 账户后，转到 GCP 注册页面（https://cloud.google.com/free/）创建和设置 GCP 账户。

如果要通过 CLI 进行控制，则需要安装 Cloud SDK（https://cloud.google.com/sdk/gcloud/），这与 AWS CLI 类似，你可以列出、创建、更新和删除 GCP 资源。安装 Cloud SDK 后，你需要使用以下命令对其进行配置，以将其与 GCP 账户关联：

```
$ gcloud init
```

VPC

与 AWS 相比，GCP 中的 VPC 是一种完全不同的策略。首先，不需要为 VPC 设置 CIDR 前缀，换句话说，不能为 VPC 设置 CIDR。相反，只需将一个或多个子网添加到 VPC。因为子网始终带有 CIDR 块，因此，GCP VPC 被看作子网的逻辑组，VPC 内的子网可以相互通信。

请注意，GCP VPC 有两种模式，自动模式（auto）和自定义模式（custom）。如果选择 auto，它将在每个区域上使用预定义的 CIDR 块创建一些子网。例如，如果输入以下命令：

```
$ gcloud compute networks create my-auto-network --mode auto
```

它将创建 11 个子网，如下图所示（截至 2017 年 8 月，GCP 有 11 个地区）：

my-auto-network	11	Auto		
	us-central1	my-auto-network	10.128.0.0/20	10.128.0.1
	europe-west1	my-auto-network	10.132.0.0/20	10.132.0.1
	us-west1	my-auto-network	10.138.0.0/20	10.138.0.1
	asia-east1	my-auto-network	10.140.0.0/20	10.140.0.1
	us-east1	my-auto-network	10.142.0.0/20	10.142.0.1
	asia-northeast1	my-auto-network	10.146.0.0/20	10.146.0.1
	asia-southeast1	my-auto-network	10.148.0.0/20	10.148.0.1
	us-east4	my-auto-network	10.150.0.0/20	10.150.0.1
	australia-southeast1	my-auto-network	10.152.0.0/20	10.152.0.1
	europe-west2	my-auto-network	10.154.0.0/20	10.154.0.1
	europe-west3	my-auto-network	10.156.0.0/20	10.156.0.1

自动模式 VPC 可能很适合以上场景。但是，在自动模式下，你无法指定 CIDR 前缀，并且在所有区域中的 11 个子网可能并不适合某些场景。例如，如果要通过 VPN 集成到本地数据中心，或者只想从特定区域创建子网。

GCP上的Kubernetes   10

在这种情况下，可以选择自定义模式 VPC，然后手动创建具有所需 CIDR 前缀的子网。输入以下命令以创建自定义模式 VPC：

```
//create custom mode VPC which is named my-custom-network
$ gcloud compute networks create my-custom-network --mode custom
```

因为自定义模式 VPC 不会创建任何子网，如下图所示，让我们将子网添加到以下自定义模式 VPC：

| my-custom-network | 0 | Custom | 0 |

子网

GCP 中的子网，它始终跨越地区（region）内的多个区域（可用区）。换句话说，你不能在像 AWS 那样在单个可用区内创建子网。你始终需要指定创建子网时的整个地区。

此外，没有像 AWS 公用和私有子网这样的概念（路由和 Internet 网关或 NAT 网关的组合，以确定是公有子网或私有子网）。这是因为 GCP 中的所有子网都有到 Internet 网关的路由。

GCP 使用主机（实例）级访问控制（网络标签，network tags），而不是子网级访问控制，以确保网络安全。接下来的章节会有更详细的介绍。

它可能会让网络管理员感到紧张，但 GCP 最佳实践会带给你更简化和可扩展的 VPC 管理，因为你可以随时添加子网扩展整个网络块。

> 从技术上讲，可以启动 VM 实例，然后将其设置为 NAT 网关或 HTTP 代理，然后为私有子网创建自定义优先级路由指向 NAT/代理实例以实现类似 AWS 的私有子网。
>
> 有关详细信息，请参阅以下在线文档：
>
> https://cloud.google.com/compute/docs/vpc/special-configurations。

另外，GCP VPC 一个有趣而独特的概念是可以添加不同的 CIDR 前缀网络块到单个 VPC。例如，使用自定义模式 VPC，然后添加以下三个子网：
- 来自 us-west1 的 subnet-a （10.0.1.0/24）;
- 来自 us-east1 的 subnet-b （172.16.1.0/24）;
- 来自 asia-northeast1 的 subnet-c （192.168.1.0/24）。

以下命令将在三个不同的区域创建三个不同 CIDR 前缀的子网：

```
$ gcloud compute networks subnets create subnet-a --network=my-customnetwork --range=10.0.1.0/24 --region=us-west1
$ gcloud compute networks subnets create subnet-b --network=my-customnetwork
```

```
--range=172.16.1.0/24 --region=us-east1
$ gcloud compute networks subnets create subnet-c --network=my-customnetwork
--range=192.168.1.0/24 --region=asia-northeast1
```

以下 Web 控制台截图显示了执行结果。如果你熟悉 AWS VPC，那么你不会相信在单个 VPC 中可以包括这些 CIDR 前缀的组合[*]！这意味着，无论何时需要扩展网络，都可以随意分配另一个 CIDR 前缀以添加到 VPC。

my-custom-network		3	Custom		0
	us-west1	subnet-a		10.0.1.0/24	10.0.1.1
	us-east1	subnet-b		172.16.1.0/24	172.16.1.1
	asia-northeast1	subnet-c		192.168.1.0/24	192.168.1.1

防火墙规则

如前所述，GCP 防火墙规则对于实现网络安全非常重要。但 GCP 防火墙比 AWS 安全组（SG）更简单、灵活。例如，在 AWS 中，当启动 EC2 实例时，必须至少分配一个与 EC2 紧密耦合的 SG。在 GCP 中，无法直接分配任何防火墙规则。相反，防火墙规则和 VM 实例通过网络标签松散耦合。

因此，防火墙规则与 VM 实例之间没有直接关联。下图是 AWS 安全组和 GCP 防火墙规则之间的比较。EC2 需要安全组，而 GCP VM 实例只需要设置标签。这与相应的防火墙是否具有相同的标签无关。

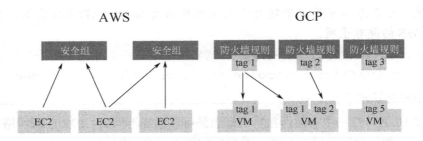

例如，使用以下命令在公有主机（使用网络标签 `public`）和私有主机（使用网络标签 `private`）上创建防火墙规则：

```
//create ssh access for public host
$ gcloud compute firewall-rules create public-ssh --network=my-customnetwork
```

---

[*] 译者注：实际上，AWS 中的 VPC 允许添加多个 CIDR 前缀。更多内容请参考 https://docs.aws.amazon.com/vpc/catest/userguide/VPC_Subnets.html。

GCP上的Kubernetes

```
--allow="tcp:22" --source-ranges="0.0.0.0/0" --target-tags="public"

//create http access (80/tcp for public host)
$ gcloud compute firewall-rules create public-http --network=my-customnetwork
--allow="tcp:80" --source-ranges="0.0.0.0/0" --target-tags="public"

//create ssh access for private host (allow from host which has "public"tag)
$ gcloud compute firewall-rules create private-ssh --network=my-customnetwork
--allow="tcp:22" --source-tags="public" --target-tags="private"

//create icmp access for internal each other (allow from host which has
either "public" or "private")
$ gcloud compute firewall-rules create internal-icmp --network=my-customnetwork
--allow="icmp" --source-tags="public,private"
```

它创建了四个防火墙规则,如下图所示。让我们创建 VM 实例以使用公有或私有网络标签来查看它是如何工作的:

Name	Targets	Source filters	Protocols / ports	Action	Priority	Network
internal-icmp	public, 1 more	Tags: public, 1 more	icmp	Allow	1000	my-custom-network
private-ssh	private	Tags: public	tcp:22	Allow	1000	my-custom-network
public-http	public	IP ranges: 0.0.0.0/0	tcp:80	Allow	1000	my-custom-network
public-ssh	public	IP ranges: 0.0.0.0/0	tcp:22	Allow	1000	my-custom-network

VM 实例

GCP 中的 VM 实例与 AWS EC2 非常相似,可以从具有不同硬件配置的各种机器(实例)类型中进行选择。除了基于 Linux 或 Windows 的操作系统或自定义操作系统的操作系统镜像,你还可以有其他选择。

在讨论防火墙规则时提到,你可以指定零个或多个网络标签,而不需要事先创建标签。这意味着你可以首先启动具有网络标签的 VM 实例,即使未创建防火墙规则。它仍然有效,但在这种情况下没有应用任何防火墙规则。然后创建拥有网络标签的防火墙规则。最终,防火墙规则将在之后应用于 VM 实例。这就是 VM 实例和防火墙规则松散耦合的原因,这也为用户提供了灵活性。

基于Kubernetes的DevOps实践
容器加速软件交付

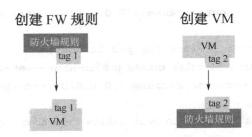

在启动 VM 实例之前，需要首先创建一个 ssh 公钥，这与 AWS EC2 相同。最简单的方法是运行以下命令来创建和注册新密钥：

```
//this command create new ssh key pair
$ gcloud compute config-ssh


//key will be stored as ~/.ssh/google_compute_engine(.pub)
$ cd ~/.ssh
$ ls -l google_compute_engine*
-rw-------  1 saito  admin  1766 Aug 23 22:58 google_compute_engine
-rw-r--r--  1 saito  admin   417 Aug 23 22:58 google_compute_engine.pub
```

现在让我们开始在 GCP 上启动 VM 实例。

在 subnet-a 和 subnet-b 上部署两个实例作为公有实例（使用 public 网络标签），然后在子网 subnet-a 上启动另一个实例作为私有实例（使用 private 网络标签）：

```
//create public instance ("public" tag) on subnet-a
$ gcloud compute instances create public-on-subnet-a --machine-type=f1-micro --network=my-custom-network --subnet=subnet-a --zone=us-west1-a --tags=public


//create public instance ("public" tag) on subnet-b
$ gcloud compute instances create public-on-subnet-b --machine-type=f1-micro --network=my-custom-network --subnet=subnet-b --zone=us-east1-c --tags=public


//create private instance ("private" tag) on subnet-a with larger size (g1-small)
$ gcloud compute instances create private-on-subnet-a --machine-type=g1-small --network=my-custom-network --subnet=subnet-a --zone=us-west1-a --tags=private
```

GCP上的Kubernetes 10

```
//Overall, there are 3 VM instances has been created in this example as
below
$ gcloud compute instances list
NAME ZONE MACHINE_TYPE
PREEMPTIBLE INTERNAL_IP EXTERNAL_IP STATUS
public-on-subnet-b us-east1-c f1-micro
172.16.1.2 35.196.228.40 RUNNING
private-on-subnet-a us-west1-a g1-small
10.0.1.2 104.199.121.234 RUNNING
public-on-subnet-a us-west1-a f1-micro
10.0.1.3 35.199.171.31 RUNNING
```

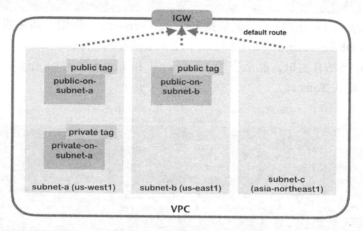

你可以登录到这些机器，检查防火墙规则是否如预期那样工作。首先，需要在你机器上的ssh-agent中添加一个ssh密钥：

```
$ ssh-add ~/.ssh/google_compute_engine
Enter passphrase for /Users/saito/.ssh/google_compute_engine:
Identity added: /Users/saito/.ssh/google_compute_engine
(/Users/saito/.ssh/google_compute_engine)
```

然后，检查ICMP防火墙规则是否拒绝外部访问，因为ICMP只允许带有public或private标签的主机，所以它不允许从你的计算机中ping，如下图所示：

/ 255 /

另一方面，公有主机允许通过你的计算机 ssh 访问，因为 public-ssh 规则允许任何主机访问（0.0.0.0/0）。

```
$ ssh -A 35.196.228.40
The authenticity of host '35.196.228.40 (35.196.228.40)' can't be established.
ECDSA key fingerprint is SHA256:plGeb+dE1X0rANB4GklVeM0z835KE8FHGSCdSCdXCn4.
Are you sure you want to continue connecting (yes/no)? yes
Warning: Permanently added '35.196.228.40' (ECDSA) to the list of known hosts.
Linux public-on-subnet-b 4.9.0-3-amd64 #1 SMP Debian 4.9.30-2+deb9u3 (2017-08-06) x86_64

The programs included with the Debian GNU/Linux system are free software;
the exact distribution terms for each program are described in the
individual files in /usr/share/doc/*/copyright.

Debian GNU/Linux comes with ABSOLUTELY NO WARRANTY, to the extent
permitted by applicable law.
Last login: Thu Aug 24 06:27:21 2017 from 107.196.102.199
saito@public-on-subnet-b:~$
```

当然，因为 `internal-icmp` 规则和 `private-ssh` 规则，该主机可以通过私有 IP 地址 ping 和 ssh 到 subnet-a（10.0.1.2）上的私有主机。

让我们 ssh 到私有主机，然后安装 `tomcat8` 和 `tomcat8-examples` 包（这会将 /examples/ 安装到 Tomcat）。

```
saito@public-on-subnet-b:~$ ping -c 3 10.0.1.2
PING 10.0.1.2 (10.0.1.2) 56(84) bytes of data.
64 bytes from 10.0.1.2: icmp_seq=1 ttl=64 time=67.6 ms
64 bytes from 10.0.1.2: icmp_seq=2 ttl=64 time=66.5 ms
64 bytes from 10.0.1.2: icmp_seq=3 ttl=64 time=66.5 ms

--- 10.0.1.2 ping statistics ---
3 packets transmitted, 3 received, 0% packet loss, time 2003ms
rtt min/avg/max/mdev = 66.564/66.921/67.630/0.543 ms
saito@public-on-subnet-b:~$
saito@public-on-subnet-b:~$ ssh 10.0.1.2
Linux private-on-subnet-a 4.9.0-3-amd64 #1 SMP Debian 4.9.30-2+deb9u3 (2017-08-06) x86_64

The programs included with the Debian GNU/Linux system are free software;
the exact distribution terms for each program are described in the
individual files in /usr/share/doc/*/copyright.

Debian GNU/Linux comes with ABSOLUTELY NO WARRANTY, to the extent
permitted by applicable law.
Last login: Sun Aug 27 01:28:37 2017 from 172.16.1.2
saito@private-on-subnet-a:~$ sudo su
root@private-on-subnet-a:/home/saito# apt-get -y update; apt-get -y install tomcat8 tomcat8-examples
```

请记住，subnet-a 是 10.0.1.0/24 CIDR 前缀，subnet-b 是 172.16.1.0/24 CIDR 前缀。但是在同一个 VPC 中，彼此之间可以相互连接。这是使用 GCP 的一大优势，你可以随时、随地扩展网络地址块。

下面将 nginx 安装到公有主机（public-on-subnet-a 和 public-on-subnet-b）：

```
//logout from VM instance, then back to your machine
$ exit
```

GCP上的Kubernetes

```
//install nginx from your machine via ssh
$ ssh 35.196.228.40 "sudo apt-get -y install nginx"
$ ssh 35.199.171.31 "sudo apt-get -y install nginx"

//check whether firewall rule (public-http) work or not
$ curl -I http://35.196.228.40/
HTTP/1.1 200 OK
Server: nginx/1.10.3
Date: Sun, 27 Aug 2017 07:07:01 GMT
Content-Type: text/html
Content-Length: 612
Last-Modified: Fri, 25 Aug 2017 05:48:28 GMT
Connection: keep-alive
ETag: "599fba2c-264"
Accept-Ranges: bytes
```

但是，此时你无法访问私有主机上的 Tomcat，即使它有一个公有 IP 地址。这是因为主机没有设置任何允许 8080 / tcp 的防火墙规则：

```
$ curl http://104.199.121.234:8080/examples/
curl: (7) Failed to connect to 104.199.121.234 port 8080: Operation timed out
```

接下来，我们不仅要为 Tomcat 创建防火墙规则，还要设置负载均衡，并配置 nginx 和 Tomcat 允许从这个负载均衡访问。

负载均衡

GCP 提供了几种类型的负载均衡，如下所示：
- 4 层 TCP 负载均衡；
- 4 层 UDP 负载均衡；
- 7 层 HTTP（S）负载均衡。

4 层（TCP 和 UDP）负载均衡类似于 AWS Classic ELB。另一个 7 层 HTTP（S）负载均衡具有基于内容（上下文）的路由。例如，URL img 将转发到 instance-a，其他所有内容都将转发给 instance-b。所以，它更像应用程序级别的负载均衡。

AWS还提供应用程序负载均衡器（ALB或ELBv2），它与GCP第7层HTTP（S）负载均衡（LoadBalancer）非常相似。有关详细信息，请访问：https://aws.amazon.com/blogs/aws/new-aws-application-loadbalancer/。

与AWS ELB不同，为了设置负载均衡，需要预先配置一些项目：

配置项	目的
实例组	确定VM实例组或VM模板（OS镜像）
健康检查	设置运行状况阈值（间隔、超时等）以确定实例组健康状况
后端服务	设置负载阈值（最大CPU或每秒请求数）和会话关联（黏性会话）到实例组，并与健康检查相关联
URL映射（LoadBalancer）	这是一个占位符，代表一个L7负载均衡，它关联后端服务和目标HTTP（S）代理
目标HTTP（S）代理	这是一个前端转发规则和负载均衡之间的连接器
前端转发规则	将IP地址（临时或静态）、端口号关联到目标HTTP代理
外部IP（静态）	（可选）为负载均衡分配静态外部IP地址

下图是针对所有前面组件构造出的L7负载均衡（LoadBalancer）的关联图：

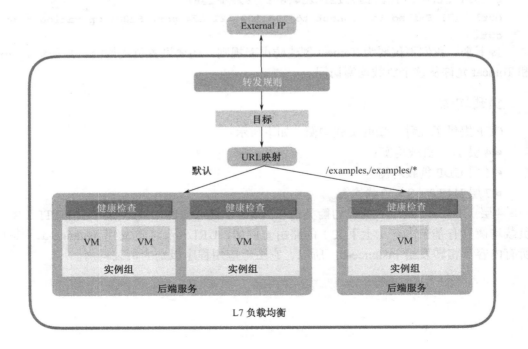

GCP上的Kubernetes 10

我们先设置一个实例组。在此示例中，要创建三个实例组。一个用于私有主机 Tomcat 实例（8080 / tcp），另一个用于每个区域的公有 HTTP 实例，包括两个实例组。

为此，执行以下命令创建这三个实例组：

```
//create instance groups for HTTP instances and tomcat instance
$ gcloud compute instance-groups unmanaged create http-ig-us-west --zone us-west1-a
$ gcloud compute instance-groups unmanaged create http-ig-us-east --zone us-east1-c
$ gcloud compute instance-groups unmanaged create tomcat-ig-us-west --zone us-west1-a

//because tomcat uses 8080/tcp, create a new named port as tomcat:8080
$ gcloud compute instance-groups unmanaged set-named-ports tomcat-ig-us-west--zone us-west1-a --named-ports tomcat:8080

//register an existing VM instance to correspond instance group
$ gcloud compute instance-groups unmanaged add-instances http-ig-us-west --instances public-on-subnet-a --zone us-west1-a
$ gcloud compute instance-groups unmanaged add-instances http-ig-us-east --instances public-on-subnet-b --zone us-east1-c
$ gcloud compute instance-groups unmanaged add-instances tomcat-ig-us-west --instances private-on-subnet-a --zone us-west1-a
```

健康检查

让我们通过执行以下命令来进行标准设置：

```
//create health check for http (80/tcp) for "/"
$ gcloud compute health-checks create http my-http-health-check -check-Interval 5 --healthy-threshold 2 --unhealthy-threshold 3 --timeout 5 --port 80 --request-path /

//create health check for Tomcat (8080/tcp) for "/examples/"
$ gcloud compute health-checks create http my-tomcat-health-check -chec-Kinterval 5 --healthy-threshold 2 --unhealthy-threshold 3 --timeout 5 --port 8080 --request-path /examples/
```

后端服务

首先，需要创建一个指定健康检查的后端服务。然后为每个实例组添加阈值，CPU 利用率最高可达 80%，最大容量为 100%，用于 HTTP 和 Tomcat：

```
//create backend service for http (default) and named port tomcat
```

```
(8080/tcp)
$ gcloud compute backend-services create my-http-backend-service -health-
checks my-http-health-check --protocol HTTP --global
$ gcloud compute backend-services create my-tomcat-backend-service --
health-checks my-tomcat-health-check --protocol HTTP --port-name tomcat --
global

//add http instance groups (both us-west1 and us-east1) to http backend
service
$ gcloud compute backend-services add-backend my-http-backend-service --
instance-group http-ig-us-west --instance-group-zone us-west1-a --
balancing-mode UTILIZATION --max-utilization 0.8 --capacity-scaler 1 --
global
$ gcloud compute backend-services add-backend my-http-backend-service --
instance-group http-ig-us-east --instance-group-zone us-east1-c --
balancing-mode UTILIZATION --max-utilization 0.8 --capacity-scaler 1 --
global

//also add tomcat instance group to tomcat backend service
$ gcloud compute backend-services add-backend my-tomcat-backend-service --
instance-group tomcat-ig-us-west --instance-group-zone us-west1-a --
balancing-mode UTILIZATION --max-utilization 0.8 --capacity-scaler 1 --
global
```

创建负载均衡（LoadBalancer）

负载均衡（LoadBalancer）需要绑定 my-http-backend-service 和 my-tomcatbackend-service。在这种情况下，只有/examples 和/examples/*将成为 my-tomcat- backend-service 的转发流量。除此之外，每个 URI 都会将流量转发到 my-http-backend-service：

```
//create load balancer(url-map) to associate my-http-backend-service as
default
$ gcloud compute url-maps create my-loadbalancer --default-service my-http-
backend-service

//add /examples and /examples/* mapping to my-tomcat-backend-service
$ gcloud compute url-maps add-path-matcher my-loadbalancer -default-
service my-http-backend-service --path-matcher-name tomcat-map --path-rules
/examples=my-tomcat-backend-service,/examples/*=my-tomcat-backend-service
```

GCP上的Kubernetes 10

```
//create target-http-proxy that associate to load balancer(url-map)
$ gcloud compute target-http-proxies create my-target-http-proxy --url-map=my-loadbalancer

//allocate static global ip address and check assigned address
$ gcloud compute addresses create my-loadbalancer-ip --global
$ gcloud compute addresses describe my-loadbalancer-ip --global
address: 35.186.192.6

//create forwarding rule that associate static IP to target-http-proxy
$ gcloud compute forwarding-rules create my-frontend-rule --global --target-http-proxy my-target-http-proxy --address 35.186.192.6 --ports 80
```

 如果未指定--address选项，则会创建并分配一个临时外部IP地址。

最后，已经创建了负载均衡（LoadBalancer），但是还缺少一个配置。私有主机没有任何防火墙规则允许 Tomcat 流量（8080 / tcp）。这就是为什么当你看到负载均衡（LoadBalancer）状态时，`my-tomcat-backend-service` 的健康状态不正常（0个健康实例组）。

Backend

Backend services

1. my-http-backend-service
Endpoint protocol: **HTTP**　Named port: **http**　Timeout: **30 seconds**　Health check: my-http-health-check
Cloud CDN: **disabled**

Advanced configurations

Instance group	Zone	Healthy	Autoscaling	Balancing mode	Capacity
http-ig-us-east	us-east1-c	1 / 1	Off	Max CPU: 80%	100%
http-ig-us-west	us-west1-a	1 / 1	Off	Max CPU: 80%	100%

2. my-tomcat-backend-service
Endpoint protocol: **HTTP**　Named port: **tomcat**　Timeout: **30 seconds**　Health check: my-tomcat-health-check
Cloud CDN: **disabled**

Advanced configurations

Instance group	Zone	Healthy	Autoscaling	Balancing mode	Capacity
tomcat-ig-us-west	us-west1-a	0 / 1	Off	Max CPU: 80%	100%

基于Kubernetes的DevOps实践
容器加速软件交付

在这种情况下，需要再添加一个防火墙规则，允许从负载均衡（LoadBalancer）连接到私有子网（使用 private 网络标签）。根据 GCP 文档（https://cloud.google.com/compute/docs/load-balancing/health-checks#https_ssl_proxy_tcp_proxy_and_internal_load_balancing），健康检查心跳地址范围为 130.211.0.0/22 和 35.191.0.0/16：

```
//add one more Firewall Rule that allow Load Balancer to Tomcat (8080/tcp)
$ gcloud compute firewall-rules create private-tomcat --network=my-custom-network --source-ranges 130.211.0.0/22,35.191.0.0/16 --target-tags private --allow tcp:8080
```

几分钟后，tomcat-backend-service 健康状态（变为正常）；现在可以从 Web 浏览器访问负载均衡（LoadBalancer）。当访问到 1 路径时，它应该路由到 my-httpbackend-service，能看到在公有主机上的 nginx 应用程序：

另一方面，如果使用相同的负载均衡 IP 地址访问 /examples/ URL，它将路由到 my-tomcat-backend-service，这里部署了私有主机上的 Tomcat 应用程序，如下图所示：

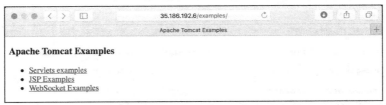

总体而言，设置负载均衡需要执行一些步骤，但这对将不同的 HTTP 应用程序集成到单个负载均衡上很有帮助，以便以最少的资源高效地提供服务。

持久化磁盘

GCE 还有一个名为 **Persistent Disk**（PD）的存储服务，它与 AWS EBS 非常相似，可以在每个区域分配所需的大小和类型（标准或 SSD），以便随时附加/分离到 VM 实例。

创建一个 PD，然后附加到 VM 实例。请注意，将 PD 附加到 VM 实例，两者必须位

GCP上的Kubernetes

于相同的区域，此限制与 AWS EBS 相同。因此，在创建 PD 之前，请再次检查 VM 实例位置：

```
$ gcloud compute instances list
NAME                                              ZONE         MACHINE_TYPE
PREEMPTIBLE    INTERNAL_IP     EXTERNAL_IP        STATUS
public-on-subnet-b                                us-east1-c   f1-micro
               172.16.1.2      35.196.228.40      RUNNING
private-on-subnet-a                               us-west1-a   g1-small
               10.0.1.2        104.199.121.234    RUNNING
public-on-subnet-a                                us-west1-a   f1-micro
               10.0.1.3        35.199.171.31      RUNNING
```

让我们选择 `us-west1-a`，然后将其附加到 `public-on-subnet-a`：

```
//create 20GB PD on us-west1-a with standard type
$ gcloud compute disks create my-disk-us-west1-a --zone us-west1-a --type pd-standard --size 20


//after a few seconds, check status, you can see existing boot disks as well
$ gcloud compute disks list
NAME                           ZONE            SIZE_GB    TYPE
STATUS
public-on-subnet-b             us-east1-c      10         pd-stan
dard READY
my-disk-us-west1-a             us-west1-a      20         pd-stan
dard READY
private-on-subnet-a            us-west1-a      10         pd-stan
dard READY
public-on-subnet-a             us-west1-a      10         pd-stan
dard READY

//attach PD(my-disk-us-west1-a) to the VM instance(public-on-subnet-a)
$ gcloud compute instances attach-disk public-on-subnet-a --disk my-disk-us-west1-a --zone us-west1-a

//login to public-on-subnet-a to see the status
$ ssh 35.199.171.31
Linux public-on-subnet-a 4.9.0-3-amd64 #1 SMP Debian 4.9.30-2+deb9u3 (2017-08-06) x86_64
```

/ 263 /

```
The programs included with the Debian GNU/Linux system are free software;
the exact distribution terms for each program are described in the
individual files in /usr/share/doc/*/copyright.
Debian GNU/Linux comes with ABSOLUTELY NO WARRANTY, to the extent
permitted by applicable law.
Last login: Fri Aug 25 03:53:24 2017 from 107.196.102.199
saito@public-on-subnet-a:~$ sudo su
root@public-on-subnet-a:/home/saito# dmesg | tail
[ 7377.421190] systemd[1]: apt-daily-upgrade.timer: Adding 25min 4.773609s
random time.
[ 7379.202172] systemd[1]: apt-daily-upgrade.timer: Adding 6min 37.770637s
random time.
[243070.866384] scsi 0:0:2:0: Direct-Access Google PersistentDisk 1
PQ: 0 ANSI: 6
[243070.875665] sd 0:0:2:0: [sdb] 41943040 512-byte logical blocks: (21.5
GB/20.0 GiB)
[243070.883461] sd 0:0:2:0: [sdb] 4096-byte physical blocks
[243070.889914] sd 0:0:2:0: Attached scsi generic sg1 type 0
[243070.900603] sd 0:0:2:0: [sdb] Write Protect is off
[243070.905834] sd 0:0:2:0: [sdb] Mode Sense: 1f 00 00 08
[243070.905938] sd 0:0:2:0: [sdb] Write cache: enabled, read cache:
enabled, doesn't support DPO or FUA
[243070.925713] sd 0:0:2:0: [sdb] Attached SCSI disk
```

可以在/dev/sdb 中看到 PD 已附加。与 AWS EBS 类似，必须格式化此磁盘。由于这是 Linux 操作系统，因此，步骤与第 9 章《AWS 上的 Kubernetes》中所述的步骤完全相同。

Google 容器引擎（GKE）

总体来说，前面几节已经介绍了一些 GCP 组件。

现在，可以开始使用这些组件在 GCP VM 实例上设置 Kubernetes。你甚至可以参照第 9 章《AWS 上的 Kubernetes》引入 kops。

但是，GCP 有一个名为 GKE 的托管 Kubernetes 服务。服务的背后也是使用一些 GCP 组件，如 VPC、VM 实例、PD、防火墙规则和负载均衡（LoadBalancer）。

可以使用 `kubectl` 命令在 GKE 上控制 Kubernetes 集群，它被集成在 Cloud SDK 中。

GCP上的Kubernetes 10

如果尚未在计算机上安装 kubectl 命令，请键入以下命令以通过 Cloud SDK 安装 kubectl：

```
//install kubectl command
$ gcloud components install kubectl
```

在 GKE 上设置第一个 Kubernetes 集群 ●●●●

可以使用 gcloud 命令在 GKE 上设置 Kubernetes 集群。它需要指定几个参数来确定一些配置。其中，一个重要参数是网络。必须指定要部署的 VPC 和子网。虽然 GKE 支持部署多个区域，但需要为 Kubernetes 主节点指定至少一个区域。使用以下参数来启动 GKE 集群：

参数	描述	值
--cluster-version	指定 Kubernetes 版本	1.6.7
--machine-type	Kubernetes 节点的 VM 实例类型	f1-micro
--num-nodes	Kubernetes 节点的初始数量	3
--network	指定 GCP VPC	my-custom-network
--subnetwork	如果 VPC 是自定义模式，请指定 GCP 子网	subnet-c
--zone	指定单个区域	asia-northeast1-a
--tags	分配给 Kubernetes 节点的网络标签	private

在此方案中，需要键入以下命令以启动 Kubernetes 集群。可能需要几分钟才能完成，因为在幕后它会启动几个 VM 实例，并设置 Kubernetes 主节点和工作点。请注意 Kubernetes 主节点和 etcd 将由 GCP 全托管。这意味着主节点和 etcd 不会使用下面的 VM 实例：

```
$ gcloud container clusters create my-k8s-cluster --cluster-version 1.6.7 --machine-type f1-micro --num-nodes 3 --network my-custom-network --subnetwork subnet-c --zone asia-northeast1-a --tags private
Creating cluster my-k8s-cluster...done.
Created
[https://container.googleapis.com/v1/projects/devops-with-kubernetes/zones/asia-northeast1-a/clusters/my-k8s-cluster].
kubeconfig entry generated for my-k8s-cluster.
NAME ZONE MASTER_VERSION MASTER_IP
MACHINE_TYPE NODE_VERSION NUM_NODES STATUS
my-k8s-cluster asia-northeast1-a 1.6.7      35.189.135.13      f1-micro
1.6.7         3            RUNNING
```

```
//check node status
$ kubectl get nodes
NAME                                                STATUS   AGE   VERSION
gke-my-k8s-cluster-default-pool-ae180f53-47h5       Ready    1m    v1.6.7
gke-my-k8s-cluster-default-pool-ae180f53-6prb       Ready    1m    v1.6.7
gke-my-k8s-cluster-default-pool-ae180f53-z6l1       Ready    1m    v1.6.7
```

请注意，我们指定了 `--tags private` 选项，因此，Kubernetes 节点 VM 实例将网络标签设置为 private。它的行为与其他具有 private 标签的常规 VM 实例相同。不能从互联网 ssh，也不能从互联网访问 HTTP 服务。但是，可以从另一个具有 public 网络标签的 VM 实例 ping 和 ssh。

准备好所有节点后，让我们访问默认安装的 Kubernetes UI。为此，请使用 `kubectl proxy` 命令作为代理连接到你的计算机。然后通过代理访问 UI：

```
//run kubectl proxy on your machine, that will bind to 127.0.0.1:8001
$ kubectl proxy
Starting to serve on 127.0.0.1:8001

//use Web browser on your machine to access to 127.0.0.1:8001/ui/
http://127.0.0.1:8001/ui/
```

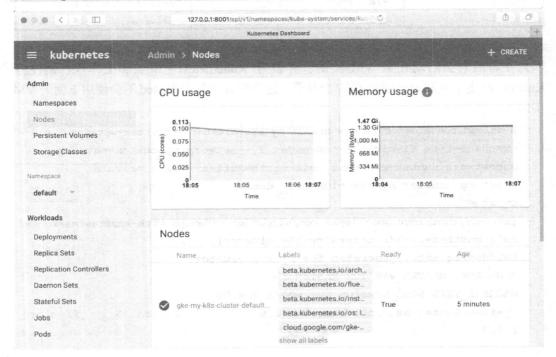

GCP上的Kubernetes　10

节点池 ●●●●

启动 Kubernetes 集群时，可以使用 --num-nodes 选项指定节点数。GKE 将 Kubernetes 节点作为节点池进行管理。这意味着你可以管理连接到 Kubernetes 集群的一个或多个节点池。

如果需要添加更多节点或删除某些节点，该怎么办？GKE 提供了对应的功能可以让你通过命令将 Kubernetes 节点从 3 更改为 5，以此来调整节点池大小：

```
//run resize command to change number of nodes to 5
$ gcloud container clusters resize my-k8s-cluster --size 5 --zone asia-northeast1-a

//after a few minutes later, you may see additional nodes
$ kubectl get nodes
NAME                                              STATUS   AGE   VERSION
gke-my-k8s-cluster-default-pool-ae180f53-47h5     Ready    5m    v1.6.7
gke-my-k8s-cluster-default-pool-ae180f53-6prb     Ready    5m    v1.6.7
gke-my-k8s-cluster-default-pool-ae180f53-f8ps     Ready    30s   v1.6.7
gke-my-k8s-cluster-default-pool-ae180f53-qzxz     Ready    30s   v1.6.7
gke-my-k8s-cluster-default-pool-ae180f53-z6l1     Ready    5m    v1.6.7
```

如果需要扩展节点容量，增加节点数将对其有所帮助。但是，在这种情况下，你仍然使用最小的实例类型（f1-micro，其内存仅为 0.6 GB）。如果单个容器需要超过 0.6GB 的内存，增加节点数则可能无济于事。在这种情况下，你需要向上扩展，这意味着你需要添加更大尺寸的 VM 实例。

在这种情况下，必须在集群上添加另一组节点池。因为在同一节点池中，所有 VM 实例配置相同，你无法在同一节点池中更改实例类型。

因此，需要向集群添加一个具有两组 g1-small（1.7 GB 内存）VM 实例类型的新节点池。然后，可以使用不同的硬件配置扩展 Kubernetes 节点。

> 默认情况下，在单个区域内，有一些可以创建的 VM 实例数的配额限制（例如，uswest1 上最多 8 个 cpu 核心）。如果希望增加此配额，则必须更改账户为付费账户，然后请求更改 GCP 配额。更多细节，请阅读在线文档 https://cloud.google.com/compute/quotas 和 https://cloud.google.com/free/docs/frequently-asked-questions#how-to-upgrade。

运行以下命令，添加另一个具有两个 g1-small 实例的节点池：

```
//create and add node pool which is named "large-mem-pool"
$ gcloud container node-pools create large-mem-pool --cluster my-k8s-cluster --machine-type g1-small --num-nodes 2 --tags private --zone asia-northeast1-a

//after a few minustes, large-mem-pool instances has been added
$ kubectl get nodes
NAME                                                      STATUS    AGE
VERSION
gke-my-k8s-cluster-default-pool-ae180f53-47h5             Ready     13m
v1.6.7
gke-my-k8s-cluster-default-pool-ae180f53-6prb             Ready     13m
v1.6.7
gke-my-k8s-cluster-default-pool-ae180f53-f8ps             Ready     8m
v1.6.7
gke-my-k8s-cluster-default-pool-ae180f53-qzxz             Ready     8m
v1.6.7
gke-my-k8s-cluster-default-pool-ae180f53-z6l1             Ready     13m
v1.6.7
gke-my-k8s-cluster-large-mem-pool-f87dd00d-9v5t           Ready     5m
v1.6.7
gke-my-k8s-cluster-large-mem-pool-f87dd00d-fhpn           Ready     5m
v1.6.7
```

现在，集群中总共有 7 个 CPU 核和 6.4 GB 内存。但是，由于硬件类型较大，Kubernetes 调度程序可能会将 Pod 先分配部署到 `large-mem-pool`，因为它有足够的内存容量。

但是，如果应用程序需要保留 `large-mem-pool` 节点大堆内存大小（例如，Java 应用程序），就要区分 `default-pool` 和 `large-mem-pool`。

在这种情况下，Kubernetes 标签 `beta.kubernetes.io/instance-type` 有助于区分实例类型的节点。因此，使用 `nodeSelector` 指定 Pod 所需节点。

例如，以下 `nodeSelector` 参数可以强制使用 `f1-micro` 节点给 nginx 应用程序：

```
//nodeSelector specifies f1-micro
$ cat nginx-Pod-selector.yml
apiVersion: v1
kind: Pod
metadata:
  name: nginx
spec:
```

GCP上的Kubernetes 10

```
    containers:
    - name: nginx
      image: nginx
    nodeSelector:
      beta.kubernetes.io/instance-type: f1-micro

//deploy Pod
$ kubectl create -f nginx-Pod-selector.yml
Pod "nginx" created

//it uses default pool
$ kubectl get Pods nginx -o wide
NAME    READY    STATUS    RESTARTS    AGE    IP             NODE
nginx   1/1      Running   0           7s     10.56.1.13     gke-my-k8s-
cluster-default-pool-ae180f53-6prb
```

> 如果要指定特定标签而不是beta.kubernetes.io/instance-type,
> 使用--node-labels选项创建一个节点池,为节点池分配所需的标签。有关详
> 细信息,请阅读以下在线文档:
>
> https://cloud.google.com/sdk/gcloud/reference/container/
> nodepools/create。

当然,如果不再需要节点池,可以随时删除它。可以运行以下命令删除默认池(5个 `f1-micro` 实例)。这个操作将涉及 Pod 迁移(在 default-pool 上终止 Pod,并在 large-mem-pool 上重新启动 pool),如果有一些 Pod 在 default-pool 上运行,则会自动执行:

```
//list Node Pool
$ gcloud container node-pools list --cluster my-k8s-cluster --zone asia-
northeast1-a
NAME              MACHINE_TYPE      DISK_SIZE_GB      NODE_VERSION
default-pool      f1-micro          100               1.6.7
large-mem-pool    g1-small          100               1.6.7

//delete default-pool
$ gcloud container node-pools delete default-pool --cluster my-k8s-cluster
--zone asia-northeast1-a

//after a few minutes, default-pool nodes x 5 has been deleted
```

```
$ kubectl get nodes
NAME                                                  STATUS    AGE    VERSION
gke-my-k8s-cluster-large-mem-pool-f87dd00d-9v5t       Ready     16m    v1.6.7
gke-my-k8s-cluster-large-mem-pool-f87dd00d-fhpn       Ready     16m    v1.6.7
```

你可能注意到所有上述操作都发生在单个区域中（asia-northeast1-a）。因此，如果 asia-northeast1-a 区域停运，集群将会崩溃。为了避免区域故障，可以考虑设置多区域集群。

多区域集群 ●●●●

GKE 支持多区域集群，允许在多个区域上启动 Kubernetes 节点，但限制在同一个地区内。在前面的例子中，已经在 asia-northeast1-a 上创建了集群，接下来我们重新设置一个跨 3 个区域 asia-northeast1-a，asia-northeast1-b 和 asia-northeast1-c 的集群。

操作很简单，只需要在创建集群时添加 --additional-zones 选项。

> 截至 2017 年 8 月，有一个 beta 特性支持将现有集群从单个区域更新到多个区域。使用如下命令：
>
> S gcloud beta container clusters update my-k8s-cluster --additional-zone=asia-nirtheast1-b,asia-northeast1-c。
>
> 若要将现有集群更改为多区域，可能需要安装额外的软件开发工具包（SDK），但不在服务级别协议（SLA）范围内。

让我们删除以前的集群，并使用 --additional-zones 选项创建一个新集群：

```
//delete cluster first
$ gcloud container clusters delete my-k8s-cluster --zone asia-northeast1-a

//create a new cluster with --additional-zones option but 2 nodes only
$ gcloud container clusters create my-k8s-cluster --cluster-version 1.6.7 --machine-type f1-micro --num-nodes 2 --network my-custom-network --subnetwork subnet-c --zone asia-northeast1-a --tags private -additional-zones
asia-northeast1-b,asia-northeast1-c
```

GCP上的Kubernetes 10

在这个例子中，它将为每个区域创建两个节点（asia-northeast1-a，b 和 c）；因此，总共添加六个节点：

```
$ kubectl get nodes
NAME                                              STATUS    AGE   VERSION
gke-my-k8s-cluster-default-pool-0c4fcdf3-3n6d     Ready     44s   v1.6.7
gke-my-k8s-cluster-default-pool-0c4fcdf3-dtjj     Ready     48s   v1.6.7
gke-my-k8s-cluster-default-pool-2407af06-5d28     Ready     41s   v1.6.7
gke-my-k8s-cluster-default-pool-2407af06-tnpj     Ready     45s   v1.6.7
gke-my-k8s-cluster-default-pool-4c20ec6b-395h     Ready     49s   v1.6.7
gke-my-k8s-cluster-default-pool-4c20ec6b-rrvz     Ready     49s   v1.6.7
```

你还可以通过 Kubernetes 标签 failure-domain.beta.kubernetes.io/zone 来区分节点区域，以便可以指定所需的用于部署 Pod 的区域。

集群升级 ●●●○

一旦开始管理 Kubernetes，可能会在升级时遇到一些障碍。因为 Kubernetes 项目每几个月就会有一个新版本，如 1.6.0（2017年3月28日发布）至 1.7.0（2017年6月29日发布）。

GKE 会及时添加新版本支持，它允许我们通过 gcloud 命令升级。可以运行以下命令看看 GKE 支持哪个 Kubernetes 版本：

```
$ gcloud container get-server-config
Fetching server config for us-east4-b
defaultClusterVersion: 1.6.7
defaultImageType: COS
validImageTypes:
- CONTAINER_VM
- COS
- UBUNTU
validMasterVersions:
- 1.7.3
- 1.6.8
- 1.6.7
validNodeVersions:
- 1.7.3
- 1.7.2
- 1.7.1
- 1.6.8
```

- 1.6.7
- 1.6.6
- 1.6.4
- 1.5.7
- 1.4.9

因此，你可能会在主节点和工作节点上看到最新支持的版本是 1.7.3。由于上一个安装的示例是版本 1.6.7，现需要更新到 1.7.3。首先，需要升级主节点：

```
//upgrade master using --master option
$ gcloud container clusters upgrade my-k8s-cluster --zone asia-northeast1-a --cluster-version 1.7.3 --master
Master of cluster [my-k8s-cluster] will be upgraded from version [1.6.7] to version [1.7.3]. This operation is long-running and will block other operations on the cluster (including delete) until it has run to completion.
Do you want to continue (Y/n)? y
Upgrading my-k8s-cluster...done.
Updated [https://container.googleapis.com/v1/projects/devops-with-kubernetes/zones/asia-northeast1-a/clusters/my-k8s-cluster].
```

大约需要 10 分钟，具体时间取决于环境，之后可以通过以下命令验证：

```
//master upgrade has been successfully to done
$ gcloud container clusters list --zone asia-northeast1-a
NAME               ZONE                MASTER_VERSION   MASTER_IP       MACHINE_TYPE   NODE_VERSION   NUM_NODES   STATUS
my-k8s-cluster     asia-northeast1-a   1.7.3            35.189.141.251  f1-micro       1.6.7 *        6           RUNNING
```

现在，可以将所有节点升级到 1.7.3 版。因为 GKE 可以进行滚动升级，它将逐个节点执行以下步骤：

① 从集群中注销目标节点；
② 删除旧的 VM 实例；
③ 配置新的 VM 实例；
④ 使用 1.7.3 版本设置节点；
⑤ 向主节点注册。

因此，它比主节点升级需要更长的时间：

```
//node upgrade (not specify --master)
$ gcloud container clusters upgrade my-k8s-cluster --zone asia-northeast1-a
```

GCP上的Kubernetes 10

```
--cluster-version 1.7.3
All nodes (6 nodes) of cluster [my-k8s-cluster] will be upgraded from
version [1.6.7] to version [1.7.3]. This operation is long-running and will
block other operations on the cluster (including delete) until it has run
to completion.
Do you want to continue (Y/n)? y
```

在滚动升级期间,可以按如下方式查看节点状态,它显示滚动更新的中间过程(两个节点已升级到 1.7.3,一个节点正在升级,三个节点在等待升级):

```
NAME                                                 STATUS
AGE          VERSION
gke-my-k8s-cluster-default-pool-0c4fcdf3-3n6d        Ready
37m          v1.6.7
gke-my-k8s-cluster-default-pool-0c4fcdf3-dtjj        Ready
37m          v1.6.7
gke-my-k8s-cluster-default-pool-2407af06-5d28        NotReady,
                                                     SchedulingDisabled
37m          v1.6.7
gke-my-k8s-cluster-default-pool-2407af06-tnpj        Ready
37m          v1.6.7
gke-my-k8s-cluster-default-pool-4c20ec6b-395h        Ready
5m           v1.7.3
gke-my-k8s-cluster-default-pool-4c20ec6b-rrvz        Ready
1m           v1.7.3
```

Kubernetes 云提供商 ●●●●

GKE 提供了 Kubernetes 云提供商与 GCP 基础设施的深度集成。例如,通过 VPC 路由提供覆盖网络,通过持久化磁盘提供存储类型(StorageClass)和通过 L4 负载均衡(LoadBalancer)提供服务,并且可以通过 L7 负载均衡(LoadBalancer)提供 Ingress。接下来,让我们看看它是如何工作的。

存储类型(StorageClass)

根据 AWS 上的 kops,GKE 默认设置存储类型(StorageClass)为使用持久化磁盘:

```
$ kubectl get storageclass
NAME                 TYPE
standard (default)   kubernetes.io/gce-pd
```

```
$ kubectl describe storageclass standard
Name:           standard
IsDefaultClass: Yes
Annotations:    storageclass.beta.kubernetes.io/is-default-class=true
Provisioner:    kubernetes.io/gce-pd
Parameters:     type=pd-standard
Events:         <none>
```

因此，在创建持久卷声明时，它会自动为 Kubernetes 持久卷分配 GCP 持久化磁盘。关于持久卷声明和动态配置，详情参阅第 4 章《存储与资源管理》。

```
$ cat pvc-gke.yml
apiVersion: v1
kind: PersistentVolumeClaim
metadata:
    name: pvc-gke-1
spec:
  storageClassName: "standard"
  accessModes:
    - ReadWriteOnce
  resources:
    requests:
      storage: 10Gi

//create Persistent Volume Claim
$ kubectl create -f pvc-gke.yml
persistentvolumeclaim "pvc-gke-1" created

//check Persistent Volume
$ kubectl get pv
NAME                                       CAPACITY   ACCESSMODES   RECLAIMPOLICY   STATUS   CLAIM                STORAGECLASS   REASON   AGE
pvc-bc04e717-8c82-11e7-968d-42010a920fc3   10Gi       RWO           Delete          Bound    default/pvc-gke-1    standard                2s
//check via gcloud command
$ gcloud compute disks list
NAME                                                                   ZONE              SIZE_GB   TYPE          STATUS
gke-my-k8s-cluster-d2e-pvc-bc04e717-8c82-11e7-968d-42010a920fc3         asia-northeast1-a 10        pd-standard   READY
```

10 GCP上的Kubernetes

L4 负载均衡

与 AWS 云提供商类似,GKE 也支持在 Kubernetes 中使用 L4 负载均衡服务。只需将 `Service.spec.type` 指定为 LoadBalancer,然后,GKE 将设置和自动配置 L4 负载均衡(LoadBalancer)。

请注意,L4 负载均衡(LoadBalancer)与 Kubernetes 节点之间的相应防火墙规则可以由云提供商自动创建。它简单、功能强大,能够快速地将应用程序开放给互联网:

```
$ cat grafana.yml
apiVersion: apps/v1beta1
kind: Deployment
metadata:
  name: grafana
spec:
  replicas: 1
  template:
    metadata:
      labels:
        run: grafana
    spec:
      containers:
        - image: grafana/grafana
          name: grafana
          ports:
            - containerPort: 3000
---
apiVersion: v1
kind: Service
metadata:
  name: grafana
spec:
  ports:
    - port: 80
      targetPort: 3000
  type: LoadBalancer
  selector:
    run: grafana

//deploy grafana with Load Balancer service
```

```
$ kubectl create -f grafana.yml
deployment "grafana" created
service "grafana" created

//check L4 Load balancer IP address
$ kubectl get svc grafana
NAME        CLUSTER-IP      EXTERNAL-IP      PORT(S)          AGE
grafana     10.59.249.34    35.189.128.32    80:30584/TCP     5m

//can reach via GCP L4 Load Balancer
$ curl -I 35.189.128.32
HTTP/1.1 302 Found
Location: /login
Set-Cookie: grafana_sess=f92407d7b266aab8; Path=/; HttpOnly
Set-Cookie: redirect_to=%252F; Path=/
Date: Wed, 30 Aug 2017 07:05:20 GMT
Content-Type: text/plain; charset=utf-8
```

L7 负载均衡（Ingress）

GKE 还支持 Kubernetes Ingress，可以设置 GCP L7 负载均衡（LoadBalancer）基于 URL 分配对目标服务的请求。你只需要设置一个或多个 NodePort 服务，然后创建 Ingress 规则以指向服务。在后端，Kubernetes 将自动创建和配置防火墙规则、健康检查、后端服务、转发规则和 URL 映射。

让我们首先创建使用 nginx 和 Tomcat 部署到 Kubernetes 集群的相同示例。这些绑定到 NodePort 而不是负载均衡（LoadBalancer）的 Kubernetes 服务：

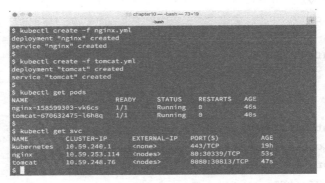

此时，你无法访问服务，因为没有允许从互联网访问 Kubernetes 节点的防火墙规则。所以，需要创建指向这些服务的 Kubernetes Ingress。

GCP上的Kubernetes 10

可以使用 `kubectl port-forward <Pod name> <your machire available port> <: service port number>`通过Kubernetes API服务器访问。对于前面的示例，请使用 `kubectl portforward tomcat-670632475-16h8q 10080:8080 ..`

之后，打开Web浏览器，输入 `http://localhost:10080/`，然后你可以直接访问 Tomcat Pod。

Kubernetes Ingress 定义与 GCP 后端服务定义非常相似，需要指定 URL 路径，Kubernetes 服务名称和服务端口号的组合。

在这种情况下，URL/和/*指向 nginx 服务，URL/examples，/examples/*指向 Tomcat 服务，如下所示：

```
$ cat nginx-tomcat-ingress.yaml
apiVersion: extensions/v1beta1
kind: Ingress
metadata:
  name: nginx-tomcat-ingress
spec:
  rules:
  - http:
      paths:
      - path: /
        backend:
          serviceName: nginx
          servicePort: 80
      - path: /examples
        backend:
          serviceName: tomcat
          servicePort: 8080
      - path: /examples/*
        backend:
          serviceName: tomcat
          servicePort: 8080

$ kubectl create -f nginx-tomcat-ingress.yaml
ingress "nginx-tomcat-ingress" created
```

完全配置 GCP 组件大约需要 10 分钟, 如健康检查、转发规则、后端服务和 URL 映射：

```
$ kubectl get ing
NAME                    HOSTS      ADDRESS            PORTS    AGE
nginx-tomcat-ingress    *          107.178.253.174    80       1m
```

可以在 Web 控制台上检查状态, 如下所示：

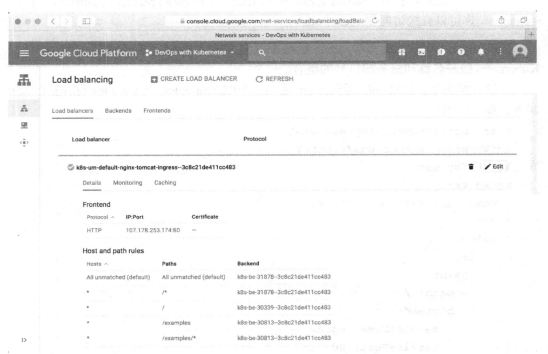

完成 L7 负载均衡的设置后, 即可访问负载均衡的公有 IP 地址 (`http://107.178.253.174/`), 查看 nginx 页面, 以及访问 `http://107.178.253.174/examples/`, 可以看到 Tomcat 的实例。

在前面的步骤中, 我们为 L7 负载均衡创建并分配了一个临时的 IP 地址。但是, 使用 L7 负载均衡的最佳做法是分配静态 IP, 因为你还可以将 DNS (FQDN) 与静态 IP 地址关联。

为此, 请更新 Ingress 设置, 添加注解 `kubernetes.io/ingress.global-static-ip-name` 关联 GCP 静态 IP 地址, 示例如下：

```
//allocate static IP as my-nginx-tomcat
$ gcloud compute addresses create my-nginx-tomcat -global

//check assigned IP address
```

GCP上的Kubernetes 10

```
$ gcloud compute addresses list
NAME                 REGION    ADDRESS            STATUS
my-nginx-tomcat                35.186.227.252     IN_USE

//add annotations definition
$ cat nginx-tomcat-static-ip-ingress.yaml
apiVersion: extensions/v1beta1
kind: Ingress
metadata:
  name: nginx-tomcat-ingress
  annotations:
    kubernetes.io/ingress.global-static-ip-name: my-nginxtomcat
spec:
  rules:
  - http:
      paths:
      - path: /
        backend:
          serviceName: nginx
          servicePort: 80
      - path: /examples
        backend:
          serviceName: tomcat
          servicePort: 8080
      - path: /examples/*
        backend:
          serviceName: tomcat
          servicePort: 8080

//apply command to update Ingress
$ kubectl apply -f nginx-tomcat-static-ip-ingress.yaml

//check Ingress address that associate to static IP
$ kubectl get ing
NAME                    HOSTS    ADDRESS            PORTS    AGE
nginx-tomcat-ingress    *        35.186.227.252     80       48m
```

现在可以通过静态 IP 地址访问 Ingress，如 http://35.186.227.252/（nginx）和 http://35.186.227.252/examples/（Tomcat）。

总结

在本章中，我们讨论了 GCP（Google Cloud Platform），很多基本概念与 AWS 类似，但是也有一些设置和概念是不同的。尤其是 GCE（Google Container Engine）使用 Kubernetes 为生产级别提供了强大的服务支持。*Kubernetes 集群和节点管理非常简单，除了安装配置，还可以升级。云提供商也可以完全集成到 GCP，特别是 Ingress，因为它可以一键配置 L7 负载均衡。因此，强烈建议你尝试 GKE，如果你打算在公有云上使用 Kubernetes。

下一章将针对 Kubernetes 服务介绍一些新功能和替代方案。

---

* 译者注：AWS 也提供 Kubernetes 的托管服务 Amazon EKS（Amazon Elastic Kubernetes Service），于 2018 年 5 月正式推出，是在本书原著撰写之后。

未来探究

到目前为止，我们已经全面讨论了在 Kubernetes 上执行 DevOps 任务的主题。然而，在现实世界里，实施起来总是具有挑战性，因此，你可能想知道 Kubernetes 是否能够解决目前面临的特定问题。在本章中，我们将学习以下主题以应对挑战：

- 高级 Kubernetes 功能；
- Kubernetes 社区；
- 其他容器编排框架。

探索 Kubernetes 的可能性

Kubernetes 正在日益发展，每季度会发布一个主要版本。除了每一个新的 Kubernetes 发行版附带的内置功能外，社区的贡献在生态系统中也发挥着重要作用，我们将在本节中作详细介绍。

掌握 Kubernetes

Kubernetes 的对象和资源分为 3 个 API 轨道，即 alpha、beta 和 stable，以表示它们的成熟度。每个资源头部的 apiVersion 字段表示其级别。如果某个功能具有版本控制（如 v1alpha1），则它属于 alpha 级 API，beta API 的命名方式也是相同的。默认情况下 Alpha 级 API 是禁用的，如有更改，不会另行通知。

默认情况下 beta 级 API 是启用的，它经过了良好的测试，并被认为是稳定的，但模式或对象语义也可能会改变。其他部分是 stable 级别，都是正式版本。API 进入稳定阶段后，不太可能再进行更改。

尽管前面我们已经广泛讨论了关于 Kubernetes 的概念和实践，但仍然有许多我们未提及的功能，它们处理各种工作负载和场景，并使 Kubernetes 更具灵活性。它们可能适用于或不适用于每个人的需求，并且在特定情况下不够稳定。

Job 和 CronJob

它们是高级 Pod 控制器，允许我们运行最终将终止的容器。Job 确保一定数量的 Pod 成功完成；CronJob 确保在给定时间调用 Job。如果需要运行批处理工作负载或计划任务，这个内置控制器可以发挥作用。相关信息可在以下网址找到：

https://kubernetes.io/docs/concepts/workloads/controllers/jobs-run-to-completion/。

Pod 和节点之间的亲和性与反亲和性

可以使用节点选择器手动将 Pod 分配给某些节点，并且节点可以拒绝具有容忍（Taint）的 Pod。然而，当遇到更灵活的情况时，比如说，我们可能希望将 Pod 放在一起，或者希望 Pod 可以在可用区域内平均分配，通过节点选择器或节点选择 Pod 可能会更好。亲和性（或反亲和性）旨在解决这种情况：

https://kubernetes.io/docs/concepts/configuration/assign-Pod-node/#affinityand-and-anti-affinity。

Pod 的自动伸缩

几乎所有现代基础设施都支持自动扩展运行应用程序的实例组，Kubernetes 也是如此。Pod 水平伸缩器（`PodHorizontalScaler`）能够在诸如部署（Deployment）之类的控制器中扩展具有 CPU/内存指标的 Pod 副本。从 Kubernetes 1.6 开始，伸缩器正式支持基于自定义指标的缩放，例如每秒事务数。更多信息可以参阅：

http://kubernetes.io/docs/tasks/run-applicatiomn/horizontal-Pod-autoscale/。

防止和缓解 Pod 中断

我们知道 Pod 是不稳定的，它们随着集群的大小会被终止并在节点间重新启动。如果一个应用程序有太多的 Pod 同时被中断，可能会导致服务水平的降低，甚至导致应用程序启动失败。尤其是当应用程序是有状态的或是基于仲裁的，它几乎无法容忍 Pod 的中断。为了减少干扰，可以利用 `PodDisruptionBudget` 通知 Kubernetes，在我们的应用程序允许的时间内，有多少不可用 Pod，以便 Kubernetes 能够在应用程序的基础上采取适当的行动。更多信息请参阅 http://kubernetes.io/docs/ comcepts/workloads/Pods/disruptions。

另一方面，由于 `PodDisruptionBudget` 是一个托管对象，它仍然不能排除

未来探究

Kubernetes 以外的因素造成的中断，例如节点的硬件故障，或者由于内存不足而被系统终止的节点组件。因此，我们可以将诸如节点问题探测器之类的工具整合到我们的监控栈中，并适当地配置节点资源上的阈值，以通知 Kubernetes，该节点开始耗尽节点或驱逐过多的 Pod，以防止情况变得更糟。有关解决问题的判据和资源阈值的详细指南，请参阅以下主题：

https://kubernetes.io/docs/tasks/debug-application-cluster/monitor-node-health/

https://kubernetes.io/docs/tasks/administer-cluster/out-of-resource/

Kubernetes 集群联邦（federation）

集群联邦（federation）是集群的集群。换句话说，它由多个 Kubernetes 集群组成，可从单个控制平面访问。在集群联邦（federation）上创建的资源将在所有连接的集群中同步。从 Kubernetes 1.7 开始，可以联合的资源包括命名空间（Namespace）、ConfigMap、密钥（Secret）、部署（Deployment）、DaemonSet、服务（Service）和 Ingress。

在构建软件时，集群联邦构建混合平台的能力为我们提供了另一种灵活性。例如，我们可以把在预付费数据中心和各种公有云中部署的集群联合在一起，按成本分配工作负载，并利用特定平台功能，同时保持弹性移动。另一个典型用例是联合分散在不同地理位置的集群，以降低全球客户的边缘延迟。此外，由 etcd3 支持的单个 Kubernetes 集群支持 5 000 个节点，同时保持 API 响应时间 p99 小于 1 秒（在版本 1.6 上）。如果需要拥有数千个节点或更多节点的集群，可以用集群联邦来实现目标。

可以在以下链接中找到指南：https://kubernetes.io/docs/tasks/federation/set-up-cluster-federation-kubefed/。

集群附加组件

集群附加组件是为增强 Kubernetes 集群而设计或配置的程序，它们被认为是 Kubernetes 的固有部分。例如，在第 6 章《监控与日志》中使用的 Heapster 是附加组件之一，我们之前提到的节点问题检测器也是。

由于集群附加组件可能在某些关键功能中使用，因此，某些托管的 Kubernetes 服务（如 GKE）会部署附加组件管理器，以保护附加组件的状态不被修改或删除。托管附加组件将在 Pod 控制器上使用标签 addonmanager.kubernetes.io/mode 进行部署。如果模式是 Reconcile，则对规约的任何修改都将回滚到其初始状态；EnsureExists 模式仅检查控制器是否存在，但不检查其规约是否已修改。例如，默认情况下，以下部署可以部署在 1.7.3 GKE 集群上，并且所有这些部署都将在 Reconcile 模式下受到保护：

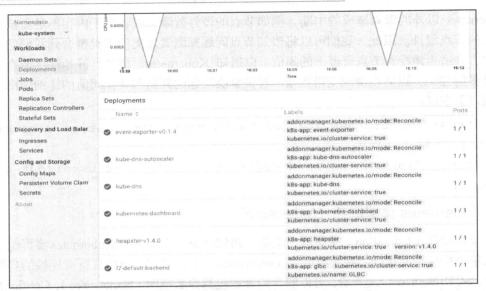

如果想在自己的集群中部署附加组件，可以参照以下链接：https://github.com/kubernetes/kubernetes/tree/master/cluster/addons。

Kubernetes 和社区 ●●●●

在选择使用开源工具时，我们肯定想知道在我们使用它之后能提供什么样的支持，诸如谁领导项目，项目是否固执己见，项目是否受欢迎等。

Kubernetes 起源于 Google，现在由云原生计算基金会（CNCF，https://www.cncf.io）管理。在发布 Kubernetes 1.0 时，Google 与 Linux 基金会合作组建了 CNCF，并捐赠了 Kubernetes 作为种子项目。CNCF 旨在促进容器化、动态编排和面向微服务的应用程序开发。

由于 CNCF 下的所有项目都是基于容器的，因此它们当然可以与 Kubernetes 一起协同工作。在第 6 章《监控与日志》中演示和提到的 Prometheus、Fluentd 和 OpenTracing 都是 CNCF 的成员项目。

Kubernetes 孵化器

Kubernetes 孵化器支持 Kubernetes 项目：

https://github.com/kubernetes/community/blob/master/incubator.md。

毕业项目可能成为 Kubernetes 的核心功能，作为 Kubernetes 的集群附加组件，或者成为 Kubernetes 的独立工具。在本书中，我们已经看到并使用了其中的许多内容，包括

未来探究　11

Heapster、cAdvisor、dashboard、minikube、kops、kube-statemetrics 和 kube-problem-detector，它们使得 Kubernetes 变得越来越好。你可以在 Kubernetes（https://github.com/kubernetes）或孵化器（https://github.com/kubernetes-incubator）下查阅这些项目信息。

Helm 和 chart

Helm（https://github.com/kubernetes/helm）是一个包管理器，它简化了在 Kubernetes 上运行软件的第 0 天到第 n 天的操作。它也是孵化器的毕业项目。

正如我们在第 7 章《持续交付》中所学到的，将容器化软件部署到 Kubernetes 上，基本上就是编写清单。尽管如此，应用程序可能会使用数十种 Kubernetes 资源构建。如果我们要多次部署这样的应用程序，重命名冲突部分的任务可能很麻烦。如果引入模板引擎的思想来解决重命名问题，我们很快就会意识到我们应该有一个存储模板和资源清单。Helm 旨在解决这些琐事。

Helm 中的包称为 chart，它是运行应用程序的配置、定义和清单的集合。社区贡献的图表发布在 https://github.com/kubernetes/charts。即使不打算使用它，我们仍然可以在那里找到某个包的验证清单。

使用 Helm 非常简单。首先通过运行官方安装脚本来获取 Helm：https://raw.Githubusercontent.com/kubernetes/helm/master/scripts/get。

获取 Helm 二进制文件后，它会获取我们的 kubectl 配置以连接到集群。我们需要在 Kubernetes 集群中配置一个管理器 Tiller 来管理 Helm 的部署任务：

```
$ helm init
$HELM_HOME has been configured at /Users/myuser/.helm.
Tiller (the Helm server-side component) has been installed into your Kubernetes Cluster.
Happy Helming!
```

> 如果想在不安装 Tiller 的情况下初始化 Kubernetes 集群 Helm 客户端，我们可以将 --client-only 标志添加到 helm init。
> 此外，使用 --skip-refresh 标志允许我们离线初始化客户端。

Helm 客户端能够从命令行搜索可用的 chart：

```
$ helm search
NAME                                    VERSION   DESCRIPTION
stable/aws-cluster-autoscaler           0.2.1     Scales worker nodes within
autoscaling groups.
stable/chaoskube                        0.5.0     Chaoskube periodically kills
```

/ 285 /

```
random Pods in you...
...
stable/uchiwa                    0.2.1      Dashboard for the Sensu
monitoring framework
stable/wordpress                 0.6.3      Web publishing platform for
building blogs and ...
```

让我们从存储库安装一个 chart，比如 Wordpress：

```
$ helm install stable/wordpress
NAME: plinking-billygoat
LAST DEPLOYED: Wed Sep 6 01:09:20 2017
NAMESPACE: default
STATUS: DEPLOYED
...
```

Helm 中部署的图表是一个发布（release）`plinking-billygoat`。一旦 Pod 和服务准备就绪，我们就可以连接到站点，并查看结果：

删除发布只需要一行命令：

```
$ helm delete plinking-billygoat
release "plinking-billygoat" deleted
```

未来探究 11

> Helm 利用 ConfigMap 存储发布的元数据，但通过 `helm delete` 删除发布不会删除其元数据。要完全清除这些元数据，可以手动删除这些 ConfigMap，也可以在执行 `helm delete` 时添加 `--purge` 标志。

除了管理我们集群中的软件包之外，Helm 的另一个价值是它被建立为共享软件包的标准，因此，它允许我们直接安装流行的软件，例如 Wordpress，而不是为每个软件重写清单。

未来基础设施

很难判断一个工具是否适合，特别是选择集群管理软件来支持业务任务，因为每个人面临的困难和挑战各不相同。除了关注诸如性能、稳定性、可用性、可扩展性之类的问题之外，真实环境也是决策需要考虑的重要部分。例如，开发全新的项目和遗留系统上添加新功能需要考虑的因素是不同的。同样，由高度凝聚的 DevOps 团队和以其他旧派风格工作的组织来运行服务可能导致不同的结果。

除了 Kubernetes 之外，还有其他平台具有编排容器的功能，它们都提供了一些简单的入门方法。让我们退后一步概述其内容，并试图找出最合适的方法。

Docker Swarm 模式

Swarm 模式（https://docs.docker.com/engine/swarm/）是从版本 1.12 开始集成在 Docker 引擎中的 Docker 编排工具。因此，它与 Docker 本身共享相同的 API 和用户界面，包括使用 Docker Compose 文件。这种集成度被认为既有优点，也有缺点，其优缺点取决于是否适合在所有组件都来自同一供应商的堆栈上工作。

Swarm 集群由 manager 和 worker 组成，其中，manager 是维护集群状态的共识组的一部分，同时保持高可用性。启用 Swarm 模式非常简单。粗略地说，只需要两个步骤：使用 `docker swarm init` 创建一个集群，并使用 `docker swarmjoin` 加入其他 manager 和 worker。此外，由 Docker 提供的 Docker Cloud（https://cloud.docker.com/swarm）可以帮助我们在各种云提供商上创建 Swarm 集群。

Swarm 集群模式附带的功能是我们期望在容器平台中使用的功能，也就是容器生命周期管理、两种调度策略（复制和全局，类似于 Kubernetes 中的 Deployment 和 DaemonSet）、服务发现、密钥管理等。还有一个 Ingress 网络就像 Kubernetes 中的

NodePort 服务一样，但是如果需要一个 L7 负载均衡（LoadBalancer），需要引入 nginx 或 Traefik 等。

总而言之，Swarm 模式提供了一个选项来编排容器化应用程序。一旦开始使用 Docker，就可以开箱即用。同时，因为它使用 Docker 语言和简单的架构，也被认为是所有选择中最简单的平台。因此，选择 Swarm 模式确实可以很快地做一些事。然而，它的简单有时会导致缺乏灵活性。例如，对于 Kubernetes 来说，我们可以使用蓝/绿部署策略操纵选择器和标签，但在 Swarm 模式下没有简单的方法。由于 Swarm 模式仍在积极开发中，例如存储配置数据，类似于 Kubernetes 中的 ConfigMap，我们可以期待 Swarm 模式变得在保持其简洁性的同时有更美好的未来。

Amazon Elastic Container Service

Elastic Container Service（ECS，https://aws.amazon.com/ecs/）是 AWS 对 Docker 投入的研发项目。与提供开源集群管理器（例如 Kubernetes、Docker Swarm 和 DC/OS）的 GCP（Google Cloud Platform）和 Microsoft Azure 不同，AWS 以自己的方式满足容器市场需求。

ECS 将 Docker 作为容器运行时，在第 2 个版本还接受 Docker Compose 文件。此外，ECS 和 Docker Swarm 模式的术语非常相似。作为 AWS 的一部分，ECS 的核心功能很简单，并充分利用其他 AWS 产品来增强自身，例如，VPC 用于容器网络、CloudWatch 和 CloudWatch Logs 用于监控和日志，应用负载均衡（LoadBalancer）和带有目标组的网络负载均衡（LoadBalancer）用于服务发现，Lambda to Route 53 用于基于 DNS 的服务发现，CloudWatch Event 用于 CronJob，EBS 和 EFS 用于数据持久性，用于 ECR Docker 镜像仓库，Parameter Store 和 KMS 用于存储配置文件和密钥，CI/CD 的 CodePipeline 等。还有另一个 AWS 产品，AWS Batch（https://aws.amazon.com/batch/），构建于 ECS 之上处理批量工作负载。此外，来自 AWS ECS 团队的开源工具 Blox（https://blox.github.io），增强了自定义调度的功能，例如类似 DaemonSet 的策略，可以通过连接 AWS 的一组产品实现。从另一个角度来看，如果将 AWS 作为一个整体来评估 ECS，它非常强大。

设置 ECS 集群很简单：通过 AWS 控制台或 API 创建 ECS 集群，并加入具有 ECS 代理的 EC2 节点到集群。其好处是由 AWS 管理，不需要过多关注管理。

总体来说，ECS 很容易上手，特别是对于熟悉 Docker 及 AWS 产品的人来说。另一方面，如果对目前提供的产品不满意，我们必须与其他 AWS 服务配合进行一些手工操作，或者结合第三方解决方案来完成工作，这可能导致额外成本的增加，以及需要在配

未来探究

置和维护上工作，以确保组件能很好地协同工作。此外，ECS 只在 AWS 上可用，这也是你需要关注的问题点。

Apache Mesos ●●●

早在 Docker 流行之前就已经有 Mesos（http://mesos.apache.org/），其目标是解决资源管理方面的困难，包括通用硬件，同时支持各种工作负载。为了建立这样一个通用平台，Mesos 利用双层架构来划分、分配资源和执行任务。因此，执行部分理论上可以扩展到任何一种任务，包括编排 Docker 容器。

尽管我们在这里只讨论了 Mesos 这个名字，但实际上它负责上层工作，而执行部分是由称为 Mesos 框架的其他组件完成的。例如，Marathon（http://mesosphere.github.io/marathon）和 Chronos（http://mesos.github.io/chronos）是两个流行的框架，分别部署长期运行和批量的工作任务，它们都支持 Docker 容器。当提到 Mesos 术语时，它指的是一个堆栈，比如 Mesos、Marathon、Chronos，或者 Mesos、Aurora。事实上，在 Mesos 的双层架构下，作为 Mesos 框架运行 Kubernetes 也是可行的。

坦率地说，一个适当组织的 Mesos 堆栈和 Kubernetes 在功能上几乎是一样的，只是 Kubernetes 要求在其上运行的东西都应该被打包，而不管 Docker、rkt 或 hypervisor 容器是什么。另一方面，由于 Mesos 专注于它的通用调度，并倾向于保持它的核心，一些基本的功能应该单独安装、测试和操作，这可能会需要额外的工作。

Mesosphere 发布的 DC/OS（http://dcos.io）利用 Mesos 构建了一个全栈群管理平台，在功能上比 Kubernetes 更优。作为构建在 Mesos 之上的每一个解决方案的一站式商店，它捆绑了很多的组件来驱动整个系统，Marathon 用于普通工作负载，Metronome 用于计划作业，Mesos-DNS 用于服务发现，等等。尽管这些构建块看起来很复杂，但 DC/OS 通过 CloudFormation/Terraform 模板及其包管理系统 Mesosphere Universe 大大地简化了安装和配置工作。自 DC/OS 1.10 以来，Kubernetes 已正式集成到 DC/OS，并可以通过 Universe 安装。托管的 DC/OS 也可以在一些云提供商（如 Microsoft Azure）上使用。

下面的截图是 DC/OS 的 Web 控制台界面，它聚集了各个组件的信息：

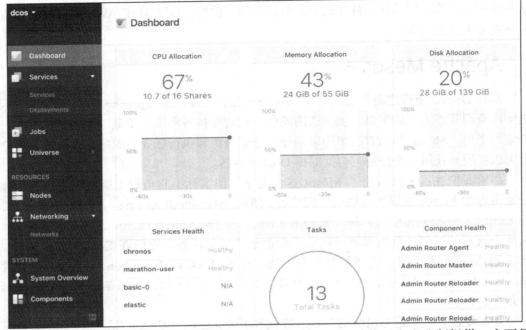

以上，我们已经讨论了 DC/OS 的社区版本，但有一些功能只在企业版提供。主要是涉及安全性和合规性功能，详细列表可以在 https://mesosphere.com/pricing/ 找到。

总结

在本章中，我们简要讨论了 Kubernetes 特性的具体用例，并指导在哪里及如何利用强大的社区，包括 Kubernetes 孵化器和包管理器 Helm。

最后，我们回到起点，介绍了实现相同目标——容器编排的其他三种流行的替代方案，以便帮助你选择下一代基础设施。

读者调查表

尊敬的读者：

　　自电子工业出版社工业技术分社开展读者调查活动以来，收到来自全国各地众多读者的积极反馈，他们除了褒奖我们所出版图书的优点外，也很客观地指出需要改进的地方。读者对我们工作的支持与关爱，将促进我们为你提供更优秀的图书。你可以填写下表寄给我们（北京市丰台区金家村288#华信大厦电子工业出版社工业技术分社 邮编：100036），也可以给我们电话，反馈你的建议。我们将从中评出热心读者若干名，赠送我们出版的图书。谢谢你对我们工作的支持！

姓名：_____　　　　　性别：□男 □女

年龄：_____　　　　　职业：_____

电话（手机）：_____　　E-mail：_____

传真：_____　　通信地址：_____

邮编：_____

1. 影响你购买同类图书因素（可多选）：
□封面封底　　□价格　　　　□内容提要、前言和目录
□书评广告　　□出版社名声
□作者名声　　□正文内容　　□其他_____

2. 你对本图书的满意度：

从技术角度　　　□很满意　□比较满意
　　　　　　　　□一般　　□较不满意　　□不满意

从文字角度　　　□很满意　□比较满意　　□一般
　　　　　　　　□较不满意　□不满意

从排版、封面设计角度　□很满意　□比较满意
　　　　　　　　□一般　　□较不满意　　□不满意

3. 你选购了我们哪些图书？主要用途？

_____

4．你最喜欢我们出版的哪本图书？请说明理由。
_____

5．目前教学你使用的是哪本教材？（请说明书名、作者、出版年、定价、出版社），有何优缺点？
_____

6．你的相关专业领域中所涉及的新专业、新技术包括：
_____

7．你感兴趣或希望增加的图书选题有：
_____

8．你所教课程主要参考书？请说明书名、作者、出版年、定价、出版社。
_____

邮寄地址：北京市丰台区金家村288#华信大厦电子工业出版社工业技术分社　邮编：100036
电　　话：010-88254479　E-mail：lzhmails@phei.com.cn　　微信ID：lzhairs
联 系 人：刘志红

电子工业出版社编著书籍推荐表

姓名		性别		出生年月		职称/职务	
单位							
专业				E-mail			
通信地址							
联系电话				研究方向及教学科目			
个人简历（毕业院校、专业、从事过的以及正在从事的项目、发表过的论文）							
你近期的写作计划：							
你推荐的国外原版图书：							
你认为目前市场上最缺乏的图书及类型：							

邮寄地址：北京市丰台区金家村288#华信大厦电子工业出版社工业技术分社　邮编：100036
电　　话：010-88254479　E-mail：lzhmails@phei.com.cn　　微信 ID：lzhairs
联 系 人：刘志红

反侵权盗版声明

电子工业出版社依法对本作品享有专有出版权。任何未经权利人书面许可，复制、销售或通过信息网络传播本作品的行为；歪曲、篡改、剽窃本作品的行为，均违反《中华人民共和国著作权法》，其行为人应承担相应的民事责任和行政责任，构成犯罪的，将被依法追究刑事责任。

为了维护市场秩序，保护权利人的合法权益，我社将依法查处和打击侵权盗版的单位和个人。欢迎社会各界人士积极举报侵权盗版行为，本社将奖励举报有功人员，并保证举报人的信息不被泄露。

举报电话：（010）88254396；（010）88258888

传　　真：（010）88254397

E-mail：dbqq@phei.com.cn

通信地址：北京市万寿路 173 信箱
　　　　　电子工业出版社总编办公室

邮　　编：100036